Mathematisch begabte Grundschulkinder

Mathematik Primarstufe und Sekundarstufe I + II

Herausgegeben von
Prof. Dr. Friedhelm Padberg
Universität Bielefeld

Bisher erschienene Bände (Auswahl):

Didaktik der Mathematik

P. Bardy: Mathematisch begabte Grundschulkinder – Diagnostik und Förderung (P)
M. Franke: Didaktik der Geometrie (P)
M. Franke/S. Ruwisch: Didaktik des Sachrechnens in der Grundschule (P)
K. Hasemann/H. Gasteiger: Anfangsunterricht Mathematik (P)
K. Heckmann/F. Padberg: Unterrichtsentwürfe Mathematik Primarstufe (P)
K. Heckmann/F. Padberg: Unterrichtsentwürfe Mathematik Primarstufe, Band 2 (P)
F. Käpnick: Mathematiklernen in der Grundschule (P)
G. Krauthausen: Digitale Medien im Mathematikunterricht der Grundschule (P)
G. Krauthausen/P. Scherer: Einführung in die Mathematikdidaktik (P)
G. Krummheuer/M. Fetzer: Der Alltag im Mathematikunterricht (P)
F. Padberg/C. Benz: Didaktik der Arithmetik (P)
P. Scherer/E. Moser Opitz: Fördern im Mathematikunterricht der Primarstufe (P)
A.-S. Steinweg: Algebra in der Grundschule – Muster und Strukturen/Gleichungen/funktionale Beziehungen (P)

G. Hinrichs: Modellierung im Mathematikunterricht (P/S)

R. Danckwerts/D. Vogel: Analysis verständlich unterrichten (S)
G. Greefrath: Didaktik des Sachrechnens in der Sekundarstufe (S)
K. Heckmann/F. Padberg: Unterrichtsentwürfe Mathematik Sekundarstufe I (S)
F. Padberg: Didaktik der Bruchrechnung (S)
H.-J. Vollrath/H.-G. Weigand: Algebra in der Sekundarstufe (S)
H.-J. Vollrath/J. Roth: Grundlagen des Mathematikunterrichts in der Sekundarstufe (S)
H.-G. Weigand/T. Weth: Computer im Mathematikunterricht (S)
H.-G. Weigand et al.: Didaktik der Geometrie für die Sekundarstufe I (S)

Mathematik

F. Padberg: Einführung in die Mathematik I – Arithmetik (P)
F. Padberg: Zahlentheorie und Arithmetik (P)

K. Appell/J. Appell: Mengen – Zahlen – Zahlbereiche (P/S)
A. Filler: Elementare Lineare Algebra (P/S)
S. Krauter/C. Bescherer: Erlebnis Elementargeometrie (P/S)
H. Kütting/M. Sauer: Elementare Stochastik (P/S)
T. Leuders: Erlebnis Arithmetik (P/S)
F. Padberg: Elementare Zahlentheorie (P/S)
F. Padberg/R. Danckwerts/M. Stein: Zahlbereiche (P/S)

A. Büchter/H.-W. Henn: Elementare Analysis (S)
G. Wittmann: Elementare Funktionen und ihre Anwendungen (S)

P: Schwerpunkt Primarstufe
S: Schwerpunkt Sekundarstufe

Weitere Bände in Vorbereitung

Peter Bardy

Mathematisch begabte Grundschulkinder

Diagnostik und Förderung

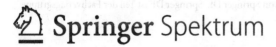

Autor
Prof. Dr. Peter Bardy
Institut für Schulpädagogik und Grundschuldidaktik
Martin-Luther-Universität Halle-Wittenberg
E-Mail: peter.bardy@paedagogik.uni-halle.de

ISBN 978-3-642-38948-1   ISBN 978-3-642-38949-8 (eBook)
DOI 10.1007/978-3-642-38949-8

Die Deutsche Nationalbibliothek verzeichnet diese Publikation in der Deutschen Nationalbibliografie; detaillierte bibliografische Daten sind im Internet über http://dnb.d-nb.de abrufbar.

Springer Spektrum

Planung und Lektorat: Dr. Andreas Rüdinger, Bianca Alton

Gedruckt auf säurefreiem und chlorfrei gebleichtem Papier

Springer Spektrum ist eine Marke von Springer DE. Springer DE ist Teil der Fachverlagsgruppe Springer Science+Business Media.
www.springer-spektrum.de

Vorwort

Im Vergleich zum enttäuschenden Abschneiden deutscher Schülerinnen und Schüler der Sekundarstufe I im Rahmen der PISA-Studien (Programme for International Student Assessment) sind die Leistungen deutscher Schülerinnen und Schüler am Ende der vierten Jahrgangsstufe bei IGLU-E (Internationale Grundschul-Lese-Untersuchung; E steht für eine deutsche Erweiterung, u. a. auch um die Erfassung mathematischer Kompetenzen) insgesamt durchaus recht positiv einzuschätzen. Die IGLU-E-Untersuchungen belegen jedoch auch, dass mathematisch leistungsstarke Kinder in deutschen Grundschulen bei weitem nicht optimal gefördert werden: Beim Leistungswert, den die 5 Prozent besten Schülerinnen und Schüler eines Landes mindestens erreichen (Perzentil 95 genannt) erzielte Deutschland die (rekonstruierte) Zahl 692 (siehe *Bos et al. 2003*, S. 209). Sieben der anderen 26 beteiligten Länder liegen vor Deutschland, der Stadtstaat Singapur an der Spitze mit dem beachtlichen Perzentilwert 95 von immerhin 788 (*a.a.O.*). Hierbei ist allerdings zu beachten, dass die internationale Einordnung der Testergebnisse auf einem Vergleich der Leistungen der deutschen Schülerinnen und Schüler aus IGLU-E (Erhebung der Daten 2001) mit den internationalen Leistungen aus der TIMMS-Primarstufenuntersuchung (Datenerhebung 1995), an der Deutschland nicht teilnahm, beruht (zu dieser Problematik siehe *a.a.O.*, S. 206 ff.).

Die Autoren der IGLU-E-Studie von 2003, die über die mathematischen Kompetenzen am Ende der vierten Jahrgangsstufe berichten, fordern für mathematisch begabte Grundschulkinder (*a.a.O.*, S. 224): „Besonders leistungsfähigen oder an Mathematik besonders interessierten Kindern sollte in der Grundschule ein Angebot zu einer herausfordernden mathematischen Betätigung gemacht werden. Mit solchen Angeboten ist die Erwartung verbunden, die bereits vorhandene positive Einstellung der

Kinder zur Mathematik weiter auszubauen und sie längerfristig für die Mathematik zu gewinnen." Eine solche Forderung kann ich nur unterstreichen.

Das vorliegende Buch wurde jedoch nicht mit dem Ziel geschrieben, dazu beizutragen, die Testergebnisse der 5 Prozent besten deutschen Schülerinnen und Schüler am Ende ihrer Grundschulzeit in internationalen Vergleichsstudien zu mathematischen Kompetenzen zu verbessern – ein solcher Effekt wäre natürlich auch begrüßenswert –, sondern im Vordergrund steht das Recht eines jeden Kindes auf angemessene Förderung. Aus unterschiedlichen Begabungs- und Leistungsvoraussetzungen erwachsen auch bereits in der Grundschule individuelle Lernbedürfnisse. Diese sind zu berücksichtigen und erfordern schulische Differenzierungsmaßnahmen.

Für lernschwache Kinder spielt diese Erkenntnis in der Schulpraxis schon lange eine bedeutende Rolle, für besonders befähigte Kinder leider noch nicht. Diese Kinder, auch solche mit außergewöhnlichen mathematischen Fähigkeiten, haben – wie später noch ausführlich dargelegt wird – kein geringeres Förderbedürfnis als Kinder mit Lernschwächen. Durch eine geeignete Förderpraxis kann die persönliche Entwicklung mathematisch besonders befähigter Kinder unterstützt und stabilisiert werden.

Differenzierende Maßnahmen im Mathematikunterricht der Grundschule benötigen flexible Organisationsformen sowie Lehrerinnen und Lehrer, die sich für die Identifikation und Förderung (mathematisch) besonders befähigter Kinder engagieren, selbst über das dazu erforderliche Wissen, über ein hohes Maß an Kreativität und Flexibilität verfügen sowie bereit sind, zusätzliche Vorbereitungen auf sich zu nehmen.

In einer (bezüglich der bayerischen Grundschulverhältnisse) repräsentativen Befragung von Grundschullehrkräften haben *Heller et al.* 2005 versucht, herauszufinden, inwieweit Grundschullehrerinnen und -lehrer über die Erscheinungsformen und Bedingungen von Hochbegabung im Grundschulalter informiert sind. Etwa 80 % der Grundschullehrkräfte vermuten keine hoch begabten Kinder in der von ihnen unterrichteten Klasse (der 3. oder 4. Jahrgangsstufe). Intellektuell hoch begabte Grundschülerinnen und -schüler werden von ihnen wesentlich besser identifiziert als kreativ oder sozial besonders befähigte Kinder. Allerdings nominieren „Grundschullehrkräfte bei der Einschätzung *intellektuell* hoch begabter Kinder maximal 60 % der 10 % Testbesten korrekt" (*a.a.O.*, S. 13). Dabei bezieht sich das Wort „maximal" auf unterschiedliche Inhaltsdimensionen im verwendeten Test; der Median aller Einzelmesswerte beträgt 51 %.

Bei Befragungen von Grundschullehrerinnen und -lehrern in Sachsen-Anhalt (n = 413) und Münster (n = 62) zur Identifikation und Förderung mathematisch sehr leistungsfähiger Grundschulkinder (siehe *Hrzán/Peter-Koop 2001*) wurden von diesen vor allem folgende Wünsche geäußert:

- das eigene Wissen über mathematisch begabte Grundschulkinder zu erweitern,
- Hilfen für die Identifizierung solcher Kinder zu erhalten,
- Material zur adäquaten Förderung dieser Kinder in die Hand zu bekommen.

Diese drei Wünsche werden mit dem Erscheinen des vorliegenden Buches erfüllt. Für die Förderpraxis zusätzlich empfehlenswert ist *Bardy/Hrzán 2005/2006*, eine Sammlung von 200 Aufgaben (mit ausführlichen Lösungen und didaktischen Hinweisen zu diesen Lösungen).

Das vorliegende Buch wendet sich an Studierende für das Lehramt an Grundschulen, an Lehramtsanwärterinnen und -anwärter mit dem Fach Mathematik sowie an alle Lehrkräfte der Grundschule und der Jahrgangsstufen 5 und 6, die sich individuell oder in Form von Fort- oder Weiterbildungsmaßnahmen mit der Thematik „Mathematisch begabte Grundschulkinder" – unter Berücksichtigung der neuesten Entwicklungen – ausführlich und intensiv beschäftigen wollen. Auch Schulpsychologen und Eltern dürften sich angesprochen fühlen.

Der vorliegende Band ...
- ist sehr stark *praxisorientiert*. Die im Kapitel 8 zu den einzelnen Förderschwerpunkten vorgestellten Aufgaben können unmittelbar in der Förderpraxis mit mathematisch leistungsstarken Grundschulkindern verwendet werden.
- ist geeignet, *Unsicherheiten* von Grundschullehrerinnen und -lehrern im Umgang mit begabten Kindern *abzubauen*.
- thematisiert ausführlich den *Begabungsbegriff* und stellt die bekanntesten *Modelle zur Hochbegabung* vor.

■ differenziert zwischen *Alltagsdenken* und *mathematischem Denken* und hebt die geistigen Grundlagen mathematischen Denkens hervor, wobei auch ein kurzer Blick in die *Geschichte der Menschheit* und in die *Geschichte der Mathematik* nicht fehlt.

■ beschreibt *Charakteristika mathematischer Begabung*, wobei auch biologische, soziologische und geschlechtsspezifische Aspekte angesprochen werden.

■ stellt in *Fallstudien* mathematisch begabte Grundschulkinder vor, wobei u. a. *Eigenproduktionen* und *Transkripte* zu Videoaufnahmen bei der Bearbeitung anspruchsvoller mathematischer Problemstellungen präsentiert werden. Aber auch über das Umfeld dieser Kinder und ihre schulische Entwicklung wird berichtet.

■ begründet und beschreibt *diagnostische Maßnahmen* zur Identifikation mathematisch begabter Grundschulkinder. Dabei werden *Merkmalskataloge* für Eltern sowie für Grundschullehrerinnen und -lehrer vorgestellt. Außerdem werden *Prüfaufgaben* für Dritt- und auch für Viertklässler bereit gestellt, die es ermöglichen, pragmatisch (im Rahmen eines Zeitaufwands von nur einer Stunde) erste Hinweise zum Vorliegen einer mathematischen Begabung zu erhalten.

■ diskutiert Gründe, warum (mathematisch) begabte Grundschulkinder *frühzeitig gefördert* werden sollten, benennt Vor- und Nachteile unterschiedlicher *Organisationsformen der Förderung* und formuliert *allgemeine und spezielle Ziele* der Förderung.

■ gibt Empfehlungen zu der Frage, welches *Bild von Mathematik* bei der Förderung im Grundschulalter vermittelt werden sollte.

■ klärt, was unter dem Begriff „*Heuristik*" zu verstehen ist, und gibt eine große Zahl von Beispiel-Aufgaben an, bei denen der Einsatz *heuristischer Hilfsmittel* (z.B. von Tabellen oder von informativen Figuren/Skizzen) sehr hilfreich sein kann.

■ beschreibt *allgemeine Strategien/Prinzipien des Lösens mathematischer Probleme*, die bereits von (mathematisch begabten) Grundschulkindern intuitiv eingesetzt oder nach entsprechender Anleitung erfolgreich verwendet bzw. beachtet werden: systematisches Probieren, Vorwärtsarbeiten, Rückwärtsarbeiten/Rückwärtsrechnen, Umstrukturieren, Benutzen von Variablen, Suchen nach Beziehungen/Aufstellen von Gleichungen oder Ungleichungen, das Analogieprinzip, das Symmetrieprinzip, das Invarianzprinzip, das Extremalprinzip, das Zerlegungsprinzip. Jede Strategie/jedes Prinzip wird an einem Beispiel erläutert.

- zeigt auf, wie Kinder im *logischen/schlussfolgernden Denken* gefördert werden können.
- thematisiert das *Argumentieren, Begründen* und *Beweisen*, wobei insbesondere verschiedene Beweisformen (formale/symbolische, zeichnerische/diagrammatische, operative, verbale, generische, induktive und kontextuelle Beweise) erörtert und anhand eines Beispiels erklärt werden.
- beschäftigt sich mit dem Erkennen von *Mustern* und *Strukturen* sowie mit dem *Verallgemeinern* und *Abstrahieren*. Wie wichtig das Erkennen von Strukturen für das Lösen mathematischer Probleme ist, wird durch Eigenproduktionen von Kindern verdeutlicht.
- hebt die Bedeutung der *Kreativität* als Komponente mathematischer Begabung hervor und zeigt auf, wie kreative Vorgehensweisen gefördert werden können.
- beschreibt *Strategien des Erweiterns und Variierens von Aufgaben* und macht Vorschläge, in welcher Weise Kinder selbstständig Aufgaben erweitern bzw. variieren können.
- gibt Anregungen zur *Förderung der Raumvorstellung.*
- beleuchtet anhand einiger Beispiele den *Beginn algebraischen Denkens* bei Grundschulkindern und zeigt Möglichkeiten und Grenzen einer diesbezüglichen Förderung auf.
- dokumentiert exemplarisch, wie sich Kinder – ausgehend von speziellen Aufgaben – weitgehend selbstständig umfangreiche *Problemfelder* erschließen können.
- geht auf die Problematik der sog. hoch begabten *„Underachiever"* ein.

Sehr herzlich danke ich …
- Herrn Kollegen Prof. Dr. Friedhelm Padberg, der die Aufnahme dieses Bandes in die von ihm herausgegebene Reihe „Mathematik Primar- und Sekundarstufe" gewünscht und ermöglicht sowie konstruktiv Änderungen für die Endfassung vorgeschlagen hat;
- Frau Bianca Alton für die geduldige und effektive Betreuung von Verlagsseite;
- Herrn Dr. Joachim Hrzán, der mich bei den Fallstudien im Abschnitt 5.2 unterstützt hat;
- meinem Sohn Thomas für die statistische Auswertung der Bearbeitung von Prüfaufgaben durch mehr als 600 Probanden, die Herstellung einiger Abbildungen und seine Verbesserungsvorschläge zum Layout;

- Susanne Köckert und Franziska Tornow für die Überprüfung des Manuskripts auf Verständlichkeit und Lesbarkeit aus studentischer Sicht;

- Frau Dagmar Franke und Frau Wera Friedrich für das hervorragende Schreiben und Gestalten des Textes und die Ausdauer bei meinen Änderungswünschen;

- den mehr als 1000 Viertklässlern, die an von mir organisierten Mathematischen Korrespondenzzirkeln teilgenommen haben und teilweise hoch interessante, gelegentlich auch überraschende Lösungsvorschläge zu den von mir gestellten Aufgaben eingesandt haben;

- den mehr als 110 Kindern, mit denen ich jeweils eine Woche lang (6 Unterrichtsstunden täglich) im Rahmen von sog. „Kinderakademien" auf mathematische Entdeckungsreise gehen konnte und ohne deren Ideen einige Inhalte dieses Buches nicht entstanden wären;

- den im Buch namentlich genannten Kindern, deren kreative Produktionen bzw. Überlegungen den Band – wie ich meine – bereichert haben;

- den zahlreichen Kolleginnen und Kollegen, Lehrerinnen und Lehrern sowie Eltern und Studierenden, von denen ich viel Zustimmung und Ermunterung nach Tagungsbeiträgen oder Kolloquiumsvorträgen, nach Lehrerfortbildungsveranstaltungen, bei Seminaren oder nach Veröffentlichungen zum Thema „Mathematisch begabte Grundschulkinder" bzw. zur Vorstellung meines Förderkonzepts erhalten habe.

Halle, November 2006   Peter Bardy

Inhaltsverzeichnis

1   Erfahrungen mit mathe-
matisch leistungsstarken
Kindern – einige Beispiele
zur Einführung

*Nicht nur Essen und Fortpflanzung erzeugen die bekannten
Botenstoffe im menschlichen Gehirn, sondern auch das
Problemlösen, haben Hirnforscher beobachtet.
Diese Botschaft verändert unseren Blick aufs Kind: Der
Mensch will lernen, üben, von Anfang an. Er will Probleme
lösen, nicht nur als Diktat, als Leistungsqual, sondern als
primäres Glückserlebnis – vorausgesetzt, das Kind ist
beteiligt am Wissensaufbau.*

Donata Elschenbroich 2001

Um in die Thematik dieses Buches einzuführen und aufzuzeigen, mit
welch großer Freude, mit welchem Erfolg und wie kreativ bereits Kinder
mathematische Probleme lösen, werde ich zunächst über einige Erfahrungen mit Kindern im Alter von drei bis zehn Jahren berichten. Es
handelt sich nur um eine kleine Auswahl aus vielen Begegnungen mit
Kindern, die mich haben staunen lassen und mich begeistert haben.

Beispiel Julius (knapp drei Jahre)
Beginnen möchte ich mit einem Erlebnis, das ich vor einigen Jahren bei
einer Bahnfahrt hatte. In das Abteil, in dem ich saß, stieg eine Mutter mit
ihrem Sohn Julius[1] ein. Schon nach ein paar Sätzen, die die Mutter und
Julius miteinander gewechselt hatten, fiel mir der Junge wegen seiner
erstaunlichen sprachlichen Kompetenz auf. Er fragte u. a., wozu denn die
Ablagen auf beiden Seiten des Aschenbechers vorgesehen seien. Die
Mutter antwortete: „Für Zeitungen".

---

[1] Die Namen der in diesem Buch genannten Kinder wurden geändert; mit Ausnahme der Namen, die in Veröffentlichungen anderer Autoren vorkommen.

Julius nahm sich ein Faltblatt „Ihr Fahrplan" und wollte es in eine Ablage stecken. Die Mutter protestierte und meinte: „Wenn du das reinwirfst, kannst du es nicht mehr rausholen." Julius sagte: „Dann gib mir mal Zeitungen!" Die Antwort der Mutter: „Ich habe keine." Zum Glück konnte ich aushelfen. Ich gab ihm Blätter von einer Zeitung. Er faltete diese sehr sorgfältig zusammen, steckte sie alle in eine Ablage und erkannte, dass sie gut hineinpassten. Als er fertig war, fragte ich ihn, wie viele Zeitungsblätter er denn hineingesteckt habe.

Er fasste jedes Blatt an und zählte dabei in aller Ruhe und korrekt bis 9 (also kein „Herunterleiern" der ersten neun natürlichen Zahlen). Dann fragte ich ihn, wie viele Blätter er denn noch brauche, um 10 zu haben. Antwort: „Noch eins."

Julius dürfte zu diesem Zeitpunkt demnach bereits mindestens das zweite der fünf Niveaus erreicht haben, die sich beim Einsatz der Zahlwortreihe unterscheiden lassen (siehe dazu *Padberg 2005*, S. 10f.), bzw. die Phase 4 des Zählens (resultatives Zählen) nach *Hasemann* (*2003*, S. 8f.).

Haben die Lehrerinnen und Lehrer, die Julius mittlerweile unterrichtet haben, ihn seinen Begabungen entsprechend fördern wollen und können?

Beispiel Tina (1. und 2. Schuljahr)
Fünf Kinder treffen sich zum Kindergeburtstag. Wie oft werden Hände geschüttelt (falls jedes Kind jedes andere begrüßt)?

Diese Aufgabe wurde in einer Kreisarbeitsgemeinschaft[2] für Erst- und Zweitklässler gegen Ende des Schuljahres gestellt (*Bardy et al. 1999*, S. 13). Tina (1. Jahrgangsstufe) fertigte eine Skizze an (siehe Abbildung 1.1) und rechnete die Lösung korrekt aus. Dabei benutzte sie farbige Pfeile, jeweils eine Farbe für die jeweils zu ermittelnde Anzahl (z.B. 4). Die Pfeile sind hier schwarz wiedergegeben.

---

[2] Zu Kreisarbeitsgemeinschaften und Korrespondenzzirkeln in Sachsen-Anhalt sei auf *Bardy/Hrzán 2006* verwiesen.

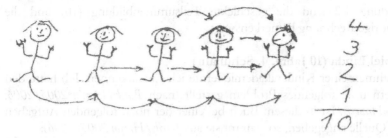

Abb. 1.1   Eine Eigenproduktion von Tina im ersten Schuljahr

Ein knappes Jahr später wurde die gleiche Aufgabe (jetzt allerdings bezogen auf neun Kinder) noch einmal gestellt. Die Eigenproduktion in Abbildung 1.2 stammt ebenfalls von Tina.

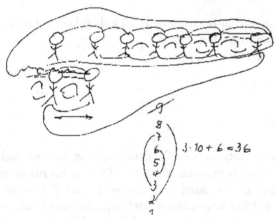

Abb. 1.2   Tinas Eigenproduktion ein Jahr später

Interessant ist die Tatsache, dass die Darstellung der Kinder durch Tina im 2. Schuljahr abstrakter ausgeführt ist als im 1. Schuljahr (Haare, Augen, Nase, Mund, Hände und Füße fehlen jetzt). Außerdem sind aus den Pfeilen (nicht gerichtete) Linien geworden. Obwohl Tina die Pfeile bzw. Linien nicht im Sinne des Händeschüttelns gezeichnet hat (sonst müssten in Abbildung 1.1 z.B. vom ersten Kind aus vier Pfeile gezeichnet sein, deren Spitzen jeweils bei einem anderen Kind ankommen), hat sie die Problemstellung verstanden und jeweils die richtige Lösung gefunden. Bei

Abbildung 1.2 · sind die geschickte Teilsummenbildung (10) und die zugehörige Rechnung bemerkenswert.

Beispiel Linda (10 Jahre, 4. Schuljahr)
Im Rahmen einer Kinderakademie lernte ich Linda kennen. Ich hatte den Kindern u. a. folgendes Problem gestellt (nach *Bardy/Hrzán 2005/2006*, S. 44; *Hinweis*: Ist in diesem Buch bei einer der noch folgenden Aufgaben keine Quelle angegeben, so stammt sie aus *Bardy/Hrzán 2005/2006*):

Luise fragt ihren Großvater: „Wie alt bist du?" Der Großvater antwortet: „Wenn du zu meinem Alter noch die Hälfte meines Alters und dazu noch den vierten Teil meines Alters addieren würdest, so würdest du ein Alter von 133 Jahren erhalten."
Wie alt ist der Großvater?

Nach kurzer Bearbeitungszeit präsentierte mir Linda folgende Lösung:
„x ist der viertteil von Großvatersalter.
$x + 2 \cdot x + 4 \cdot x = 7 \cdot x$
$133 : 7 = 19$
$19 = x$
$x \cdot 4 = 76$
76 ist der Großvater."

Dass Linda bei dieser Aufgabe eine Variable benutzt hat, ist nicht die Besonderheit, die ich hier herausstellen möchte. Dies ist bei mathematisch leistungsstarken Viertklässlern durchaus nicht selten der Fall (siehe dazu auch Abschnitt 8.10). Eher ungewöhnlich ist dagegen, wie Linda Brüche geschickt dadurch vermieden hat, dass sie nicht das Alter des Großvaters mit x bezeichnet hat, sondern den vierten Teil dieses Alters. Die Erkenntnis, dass dann $2 \cdot x$ die Hälfte des Alters und $4 \cdot x$ das Alter selbst ist, ist eine erstaunliche Leistung.

Beispiel Georg (8 Jahre, 4. Schuljahr)
Georg lernte ich ebenfalls in einer Kinderakademie kennen. Am letzten Tag wollten die Kinder (allen voran Georg) auch mir Aufgaben stellen. Hier eine von Georgs Aufgaben (siehe Abbildung 1.3):

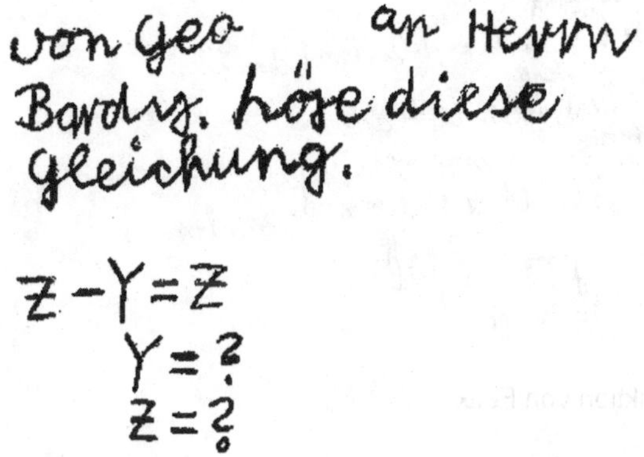

von Geo an Herrn Bardry. Löse diese Gleichung.

$$Z - Y = Z$$
$$Y = ?$$
$$Z = ?$$

Abb. 1.3   Georgs Aufgabe

Dass diese Aufgabenstellung kein Zufallsprodukt war, erfuhr ich in einem kurzen Gespräch mit Georg. Er wollte mir tatsächlich eine Gleichung vorsetzen, bei der Y eindeutig bestimmt ist und Z (aus der Menge der natürlichen Zahlen) beliebig gewählt werden kann, die Gleichung also unendlich viele Lösungen (Lösungspaare) besitzt.

Beispiel Felix (8 Jahre 10 Monate, 3. Schuljahr)
Felix lernte ich in einer Kreisarbeitsgemeinschaft Mathematik kennen. Er fiel mir durch seine originellen Lösungsideen auf. Felix nahm zu dieser Zeit auch an einem Mathematischen Korrespondenzzirkel teil. In diesem wurde u. a. folgendes Problem gestellt:
Bei einer Tafel Schokolade mit 3 mal 6 Stücken findet sich folgende Besonderheit: Geht man davon aus, dass die Einzelstücke eine quadratische Form haben, so gilt: Die Maßzahlen des Flächeninhalts und des Umfangs sind gleich (18 Flächeneinheiten bzw. 18 Längeneinheiten).
Finde **alle** Rechtecke (mit ganzzahligen Seitenlängen), bei denen die Maßzahlen von Flächeninhalt und Umfang jeweils übereinstimmen.
Begründe, dass du alle Rechtecke gefunden hast.

Felix sandte folgende Lösung ein (es handelte sich um die dritte Aufgabe des Aufgabenblatts):

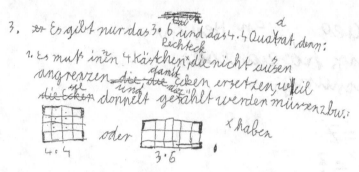

Abb. 1.4 Eine Eigenproduktion von Felix

Auf den ersten Blick mutet die Ausarbeitung von Felix sehr unordentlich, vielleicht sogar chaotisch an. Seine Argumentation ist aber mathematisch völlig korrekt und originell. Mit Hilfe einer zusätzlichen Skizze will ich seine Argumentationskette (etwas verständlicher) beschreiben:

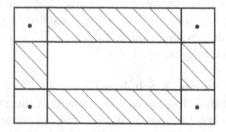

Abb. 1.5 Drei Sorten von Quadraten

Felix unterscheidet bei den zu untersuchenden Rechtecken drei Sorten von Quadraten:
1) die Quadrate im schraffierten Bereich: jedes einzelne trägt sowohl zum Umfang als auch zum Flächeninhalt eine Einheit bei;
2) die Quadrate im inneren Bereich: sie liefern nur Beiträge zum Flächeninhalt;
3) die Quadrate an den Ecken: jedes einzelne trägt *zwei* Einheiten zum Umfang, aber nur *eine* Einheit zum Flächeninhalt bei, also tragen alle beim Umfang insgesamt vier Einheiten mehr als beim Flächeninhalt bei.

Das muss durch vier Quadrate im Inneren ausgeglichen werden.
Im Inneren gibt es also folgende Möglichkeiten:

  ▭▭▭▭ oder ⊞

Daraus ergeben sich das 3x6-Rechteck bzw. das 4x4-Quadrat.

Die Beispiele haben gezeigt, zu welch ungewöhnlichen mathematischen Leistungen einzelne Kinder bereits in der Lage sind. Dennoch habe ich es vermieden, diese Kinder als „begabt" oder „hoch begabt" zu bezeichnen. Dies hat mehrere Gründe:
Ich kenne sie nicht lange genug (Julius z.B. habe ich nur für gut eine Stunde kennen gelernt); der Leserin/dem Leser werden lediglich Momentaufnahmen präsentiert; die IQ-Werte der Kinder sind mir nicht bekannt; nur die Kinder aus den Kinderakademien haben an einem Mathematik-„Test" (siehe Abschnitt 6.6) teilgenommen. Der Hauptgrund besteht jedoch darin, dass ich die Begriffe „begabt" bzw. „hoch begabt" noch nicht erläutert habe bzw. noch nicht festgelegt habe, was in diesem Buch unter einem „mathematisch begabten" Grundschulkind (siehe den Titel des Buches) zu verstehen sein soll. Wegen der beschriebenen Leistungen der Kinder dürfte die Leserin/der Leser nicht gegen die Verwendung des Prädikats „mathematisch leistungsstark" protestieren, insbesondere dann nicht, wenn sie/er Erfahrungen mit jeweils gleichaltrigen Kindern und deren mathematischen Fähigkeiten hat. Einen Widerspruch erwarte ich auch nicht, wenn ich diese Kinder (in einem noch zu präzisierenden Sinne) vorsichtig mit dem Etikett „höher als durchschnittlich mathematisch begabt" versehe. (Die Präzisierung erfolgt im Kapitel 4.)

2 Begabung/Hochbegabung

Da der vorliegende Band den Charakter eines Lehrbuches hat und nicht alle Leserinnen und Leser mit der Diskussion über den (allgemeinen) Begabungs- bzw. Hochbegabungsbegriff in der Psychologie und in der Pädagogik vertraut sein dürften, wird in diesem Kapitel kurz über diese Diskussion und deren Ergebnisse berichtet. Um über mathematische Begabung ausreichend informiert sein zu können, ist es erforderlich, sich mit dem allgemeinen Begabungsbegriff auseinanderzusetzen.

So wird im ersten Abschnitt dieses Kapitels u. a. herausgestellt, dass es keine allgemein akzeptierte Definition des Konstrukts „Hochbegabung" gibt. Weiterhin werden hier (notwendige) Kriterien für das Vorliegen einer Hochbegabung genannt, und es wird eine Klassifikation von Begabungs-definitionen vorgenommen. Dabei ist es ebenfalls erforderlich, den Intelligenzbegriff zu beleuchten.

Während im ersten Abschnitt die intellektuellen Fähigkeiten im Zusammenhang mit „Begabung" (in eindimensionaler Sichtweise) im Vordergrund stehen, werden im zweiten Abschnitt sowohl andere Fähigkeiten (wie z.b. musische oder psychomotorische) mit betrachtet als auch mehrdimensionale Begabungsmodelle vorgestellt, die neben überdurchschnittlichen intellektuellen Fähigkeiten auch Motivation und Kreativität als konstituierend für Hochbegabung postulieren.

2.1 Zum Begabungs- und Intelligenzbegriff

Bevor wir uns im 4. Kapitel mit „mathematischer Begabung" auseinandersetzen, wollen wir uns hier zunächst mit dem (allgemeinen) Begabungsbegriff beschäftigen. Auf welcher „Bedeutungsebene" (in welcher analytischen Dimension) dies geschieht, kann Abbildung 2.1 entnommen werden:

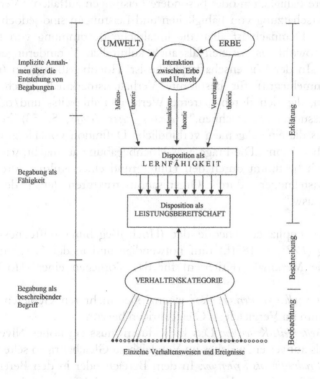

Abb. 2.1 Bedeutungsebenen des Begabungsbegriffs
(nach *Schiefele/Krapp 1973*, S. 26; siehe auch *Helbig 1988*, S. 34)

In diesem Abschnitt geht es nicht um die Entstehung von Begabungen (siehe dazu Abschnitt 4.4), sondern um eine Beschreibung („Definition") des Begriffs „Begabung" bzw. „Hochbegabung", die für die Zwecke dieses Buches geeignet ist. Bezogen auf Abbildung 2.1 ist also hier die Bedeutungsebene „Begabung als beschreibender Begriff" angesprochen.

In der einschlägigen (psychologischen und pädagogischen) Literatur trifft man auf eine große terminologische Vielfalt bezüglich der Begriffe „Begabung" und „Hochbegabung" und findet z.b. zum Konstrukt „Hochbegabung" keine einheitliche, (von der Mehrzahl der Hochbegabungsforscher) allgemein akzeptierte Definition. Nach *Hany* (*1987*, S. 87f.) dient der qualitative Begriff „Hochbegabung" „in der Laiensprache zur Kenntlichmachung von Personen, die durch besondere Fähigkeiten oder besondere Leistungen auffallen". Verständnis und Wertschätzung von Fähigkeiten und Leistungen sind jedoch kulturabhängig. Demnach ist auch die inhaltliche Bestimmung von Hochbegabung sowohl historischen als auch kulturellen Veränderungen unterworfen. „In der Wissenschaftssprache ist 'Hochbegabung' ein (unscharfer) Sammelbegriff für bestimmte Verhaltensmerkmale ‚hochbegabter' Personen, die sich durch extreme Werte in Fähigkeits- und/oder Leistungsmessungen auszeichnen." (*a.a.O.*) *Feger* (*1988*, S. 53) begründet, warum es die eine allgemein verbindliche Definition von Hochbegabung nicht geben kann: „Die Frage, was Hochbegabung ausmacht, wird immer wesentlich bestimmt durch den Hintergrund einer Kultur, durch Werte und Einstellungen, durch Organisationsstrukturen (etwa des Schulsystems) usw."

In seiner impliziten Theorie der (Hoch-)Begabung (giftedness) nennt *Sternberg* (*1993*, S. 185ff.) fünf notwendige und in der Gesamtheit hinreichende Merkmale (Kriterien) für das Vorliegen einer (Hoch-)Begabung:

1. Das *Exzellenz-Kriterium*: Auf einem oder mehreren Gebieten ragt ein Individuum im Vergleich zu Gleichaltrigen hervor.

2. Das *Seltenheits-Kriterium*: Das Individuum muss ein hohes Niveau eines Merkmals aufweisen, welches im Vergleich zu Gleichaltrigen selten ist.

3. Das *Produktivitäts-Kriterium*: In dem Bereich oder in den Bereichen, in denen das Individuum herausragt, muss es produktiv sein oder potentiell produktiv sein können. „In childhood, of course, it is possible to be labelled as gifted without having been productive. In fact, children are typically judged largely on potential rather than actual productivity. As people get older, however, the relative weights of potential and actualized potential change, with more emphasis placed on actual productivity." (*a.a.O.*, S. 186)

4. Das *Nachweis-Kriterium*: Durch einen oder mehrere valide Tests muss das Individuum seine Ausnahme-Stellung in dem betreffenden Bereich nachgewiesen haben.

5. Das *Wert-Kriterium*: Das Individuum muss in einem Bereich besondere Leistungen zeigen bzw. erwarten lassen, der von seiner Gesellschaft, in der es lebt, als wertvoll angesehen wird.

Im Rahmen dieses Buches ist es nicht möglich, alle relevanten Definitionsvarianten und Theorien/Modelle zur Hochbegabung bzw. Begabung zu diskutieren (eine gut lesbare Übersicht bietet ein Teil der Dissertation von *Hany 1987*, siehe dort S. 5-91). Die Zahl der Definitionsversuche war (und ist) so groß, dass *Lucito* sich (bereits) 1964 veranlasst sah, zur besseren Überschaubarkeit eine Klassifikation vorzuschlagen (außer *Lucito 1964* siehe auch *Holling/Kanning 1999*, S. 5f., und *Feger 1988*, S. 57ff.):

1. Klasse (*Ex-post-facto-Definitionen*): Nach diesen Definitionen wird eine Person als hoch begabt bezeichnet, nachdem sie etwas Herausragendes vollbracht hat. Kinder jüngeren Alters, insbesondere Grundschulkinder, können mit solchen Definitionen im Regelfall nicht erfasst werden.
2. Klasse (*IQ-Definitionen*): Diese Definitionen beziehen sich auf eine explizit genannte untere Schranke des IQ-Wertes, meist von 130. Wer diese Schranke erreicht oder einen höheren Wert erzielt, gilt als hoch begabt.
3. Klasse (*Talentdefinitionen*): Bei diesen Definitionen geht es um Ausweitungen des Begabungskonzeptes. Sie beziehen Sonderbegabungen und Begabungen in einer großen Zahl von Bereichen ein.
4. Klasse (*Prozentsatzdefinitionen*): Ein bestimmter Prozentsatz der Bevölkerung wird als hoch begabt definiert. Bei dem zugrunde gelegten Kriterium kann es sich um Schulnoten, um Schulleistungstests oder auch um Werte in Intelligenztests (dabei Überschneidung mit der 2. Klasse) handeln.
5. Klasse (*Kreativitätsdefinitionen*): Bei diesen Definitionen wird ausdrücklich eine reine Definition nach dem IQ abgelehnt. Originelle und produktive Leistungen werden für das Vorliegen einer Hochbegabung als kennzeichnend hervorgehoben.

Diese Klassen schließen sich nicht gegenseitig aus. So können Definitionen von Hochbegabung gleichzeitig mehreren Klassen zugeordnet werden. „Für einige Autoren ist Begabung nahezu identisch mit intellektuellen Fähigkeiten. Gelegentlich erwähnen diese Autoren, dass ihre Definition *intellektuelle* Hochbegabung betrifft und erkennen so implizit an, dass auch andere Arten von Hochbegabung möglich sind. Einige Modelle schließen explizit eine Vielzahl anderer Fähigkeiten ein: Physische Fähigkeiten, künstlerische Fähigkeiten etc." (*Holling/Kanning 1999,* S. 6) *Lucito* selbst hat eine **6. Definitionsmöglichkeit** herausgearbeitet, bei der er das Guilfordsche Modell der Intelligenz stärker betont, als dies üblicherweise in der Klasse der Kreativitätsdefinitionen der Fall ist: „Hochbegabt sind jene Schüler, deren potentielle intellektuelle Fähigkeiten sowohl im produktiven als auch im kritisch bewertenden Denken ein derartig hohes Niveau haben, dass begründet zu vermuten ist, dass sie diejenigen sind, die in der Zukunft Probleme lösen, Innovationen einführen und die Kultur kritisch bewerten, wenn sie adäquate Bedingungen der Erziehung erhalten" (*Lucito 1964,* S. 184).

In dem häufig zitierten Quadermodell von *Guilford* werden drei Hauptdimensionen der Intelligenz unterschieden: Denkinhalte, Denkprodukte und Denkoperationen. Berücksichtigt man weitere Untergliederungen (siehe Abbildung 2.2), so ergeben sich $4 \cdot 5 \cdot 6 = 120$ Intelligenzfaktoren.

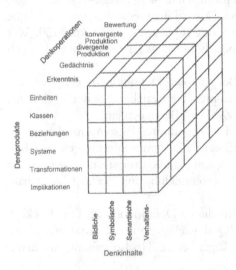

Abb. 2.2 Intelligenzstrukturmodell von *Guilford*
(siehe *Guilford 1965,* S. 388, und *Heller 2000,* S. 27)

Bei der oben angegebenen Definition von *Lucito* (6. Definitionsmöglichkeit) stehen die *Denkoperationen* im Vordergrund. Diese gliedern sich in fünf Faktoren:

1. Erkenntnis/Kognition (Entdecken, Wiederentdecken, Verstehen, Aufnehmen);
2. Gedächtnis (Behalten des Erkannten);
3. divergente Produktion/divergentes Denken (möglichst vielfältige, verschiedene Antworten);
4. konvergente Produktion/konvergentes Denken (richtige, konventionelle Antworten);
5. Bewertung (nach bestimmten Kriterien werden Entscheidungen getroffen bzw. Urteile über Güte, Richtigkeit oder Geeignetheit gefällt).

Erkenntnis und Gedächtnis sind Voraussetzungen für die beiden Arten der Produktion und für die Bewertung. Nach Auffassung *Lucitos (1964, S. 185)* schließen Produktion und Bewertung kreatives und kritisches Denken ebenso ein wie die Fähigkeit des Problemlösens.

Bei den *Denkinhalten* (siehe *Amelang/Bartussek 1997, S. 219*) handelt es sich um substanzielle, grundlegende Arten oder Bereiche der Information. Bildliche Inhalte sind in konkreter Form vorliegende Informationen, wie sie in Form von Vorstellungen wahrgenommen oder erinnert werden. Visuelle, auditive oder kinästhetische Sinnesqualitäten können beteiligt sein. Bei den symbolischen Inhalten liegt die Information in Form von Zeichen vor, welche für sich allein keinen Sinn haben, wie z.B. Buchstaben, Zahlen, Codes, Musiknoten oder Wörter (als geordnete Kombinationen von Buchstaben). Semantische Denkinhalte sind Begriffe oder geistige Konstrukte, auf die Wörter häufig angewendet werden. Diese Inhalte sind beim verbalen Denken und bei der verbalen Kommunikation sehr wichtig, aber nicht unbedingt abhängig von Worten. Verhaltensmäßige Inhalte (im Wesentlichen nicht bildhaft und nicht verbal) spielen bei menschlichen Interaktionen eine Rolle. Dabei sind Einstellungen, Bedürfnisse, Wünsche, Stimmungen, Absichten, Wahrnehmungen und Gedanken von anderen und von einem selbst mit einbezogen.

Denkprodukte (a.a.O.) sind grundlegende Formen, die Informationen beim Verarbeiten annehmen können. Unter Einheiten versteht *Guilford* relativ getrennte und abgegrenzte Teile oder „Brocken" von Information, die „Dingcharakter" besitzen. Klassen sind Begriffe, die Sätzen von nach ihren gemeinsamen Merkmalen gruppierten Informationen zugrunde liegen. Beziehungen sind Verknüpfungen zwischen Informationen. Bei Systemen handelt es sich um organisierte oder strukturierte Ansammlungen von Informationen, von zusammenhängenden oder sich beeinflussenden Teilen. Transformationen sind Veränderungen unterschiedlicher Art (Übergänge, Wechsel, Redefinitionen) bei bereits vorhandenen Informationen. Implikationen sind bei *Guilford* zufällige Verbindungen zwischen Informationen, wie z.b. das zeitliche Zusammensein verschiedener Erlebnisinhalte.

Ich stelle nun noch kurz die Theorie der multiplen Intelligenzen von *Gardner 1983/1991* vor.

Gardner unterscheidet folgende relativ autonome Intelligenzbereiche:
1. Sprachliche Intelligenz: Sensibilität für gesprochene und geschriebene Sprache; Fähigkeit, Sprachen zu lernen und sie zu gebrauchen.
2. Logisch-mathematische Intelligenz: formallogische und mathematische Denkfähigkeiten.
3. Räumliche Intelligenz: Fähigkeiten der Raumwahrnehmung und -vorstellung, des räumlichen Denkens.
4. Körperlich-kinästhetische Intelligenz: psychomotorische Fähigkeiten, wie sie z.b. für sportliche, tänzerische oder schauspielerische Leistungen benötigt werden.
5. Musikalische Intelligenz: Begabung zum Musizieren und Komponieren, Sinn für musikalische Prinzipien.
6. Intrapersonale Intelligenz: Sensibilität gegenüber der eigenen Empfindungswelt.
7. Interpersonale Intelligenz: Fähigkeit zur differenzierten Wahrnehmung anderer Menschen (soziale Intelligenz).
8. Naturalkundliche Intelligenz: Fähigkeit zur Mustererkennung in der Lebensumwelt.

Ich verzichte darauf, Vor- und Nachteile der aufgeführten Definitionsklassen nach *Lucito* herauszuarbeiten (siehe dazu *Feger 1988*, S. 60), und beschränke mich darauf, eine weitere (bereichsunspezifische) Beschreibung des Begabungsbegriffs anzugeben, die ich im Rahmen dieses Buches für passend halte und daher im Folgenden zu Grunde legen werde: **Begabung** lässt sich nach *Heller (1996*, S. 12) als individuelles, relativ stabiles und überdauerndes Fähigkeits- und Handlungspotenzial auffassen, bestehend aus kognitiven, emotionalen, kreativen und motivationalen Bestandteilen, die durch bestimmte Einflüsse weiter ausgeprägt werden können und so eine Person in die Lage versetzen, in einem mehr oder weniger eng umschriebenen Bereich besondere Leistungen zu erbringen.

Gelegentlich findet man in der Literatur die Differenzierung in „begabt", „durchschnittlich hoch begabt" und „hoch begabt vom Typ des Wunderkindes" (siehe z.B. *Chauvin 1979*, S. 70) oder von „hoch begabt"[3] und „höchst begabt" (*Feger 1988*, S. 56). Auf solche Abstufungen wird im Folgenden nicht eingegangen. Ich verstehe den Begriff „begabt" als Oberbegriff von „hoch begabt" und nicht als Synonym zu „hoch begabt". Im nächsten Abschnitt (2.2) werden noch beide Begriffe („begabt" und „hoch begabt") verwendet, insbesondere um Modelle zur Hochbegabung beschreiben zu können. Danach werde ich in der Regel den Begriff „begabt" benutzen (insbesondere „mathematisch begabt"). Gemeint sind dann bis zu 10 % der Grundschulkinder eines Jahrgangs. Um diese Kinder (um ihre Diagnose und um ihre Förderung) geht es in diesem Buch. Es dürfte nur wenige Grundschullehrerinnen/-lehrer geben, die noch nie ein solches Kind unterrichtet haben.

Bei der obigen Beschreibung des Begabungsbegriffs nach *Heller* ist besonders hervorzuheben, dass es sich um ein **individuelles** Fähigkeits- und Handlungspotenzial handelt. Begabungen sind so unterschiedlich, wie Menschen verschieden sind. „Begabung ist eng mit der Entwicklung verschiedener Persönlichkeitseigenschaften verbunden. Interessen und Neigungen ebenso wie Beharrlichkeit und Ausdauer, Charakterstärke und Verantwortungsbewusstsein fördern ihre Herausbildung. Umgekehrt können besondere Leistungen, die auf der Grundlage von Begabungen vollbracht werden, auch die Selbstsicherheit, das Selbstbewusstsein und die soziale Kompetenz fördern. Diese Wechselwirkungen verlaufen nicht

---

[3] Es gibt auch das Phänomen der Spezialbegabung (in einem bestimmten Gebiet) oder das des Idiot-Savant. Bei Idiots-Savants liegen eine erhebliche Intelligenzminderung und eine Hochbegabung in einem isolierten Bereich vor.

immer harmonisch, sondern können auch zu widersprüchlichen, konfliktreichen Entwicklungen führen. Besondere Aufmerksamkeit verdienen dabei Widersprüche zwischen Interessen und Können, zwischen kognitiven Fähigkeiten und sozialer/körperlicher Entwicklung, zwischen Leistung und sozialer Kommunikation. Begabte junge Menschen können auch ‚schwierig' sein: Sie denken ‚quer', fallen durch Ungeduld, Unruhe und andere ‚unangepasste' Verhaltensweisen auf, sie können introvertiert oder exzentrisch sein. Ihre ‚Abweichung von der Normalität' verlangt auch Einfühlungsvermögen und Verständnis ihrer Umwelt." (*BLK 2001*, S. 6)

Im Übrigen treten die meisten Hochbegabungen bereichsspezifisch in Erscheinung, universelle Hochbegabungen sind relativ selten. Außerdem gibt es unter den spezifisch mathematisch Hochbegabten verschiedene Ausprägungen (Genaueres siehe Kapitel 4).

2.2 (Mehrdimensionale) Modelle zur (Hoch-) Begabung

Verschiedene Autoren haben versucht, Modelle zur Begabung bzw. Hochbegabung zu entwickeln. Solche Modelle sollen sowohl die Grundlagen von Begabung/Hochbegabung wie auch deren mögliche Wirkungen aufzeigen. *Mönks/Ypenburg* (*2005*, S.16-20) unterscheiden folgende Arten von Modellen (siehe auch *Hany 1987*, S. 5-91):

- *Fähigkeitsmodelle*: diese gehen von der Annahme aus, dass intellektuelle Fähigkeiten bereits im Kindesalter festgestellt werden können und sich im Laufe des Lebens nicht wesentlich verändern, d.h. dass es sich dabei um stabile Fähigkeiten handelt;
- *kognitive Komponentenmodelle*: diese beziehen sich vor allem auf Prozesse der Informationsverarbeitung;
- *leistungs-/förderungsorientierte Modelle*: diese machen einen Unterschied zwischen Anlagen eines Menschen und ihrer Verwirklichung;
- *soziokulturell orientierte Modelle*: diese gehen davon aus, dass sich Begabung/Hochbegabung nur bei einem günstigen Zusammenwirken von individuellen und sozialen Faktoren verwirklichen kann.

Im Folgenden werden vier primär leistungs-/förderungsorientierte Modelle vorgestellt, die in der Literatur häufig genannt werden und im Rahmen der Begabtenförderung in verschiedenen Ländern als theoretische Basis dienen. Auch für die Thematisierung der Schwerpunkte dieses Buches – Diagnostik und Förderung – scheinen sie mir besonders geeignet. (Auf Evaluationskriterien für Hochbegabungsmodelle gehe ich hier nicht weiter ein. Ein für unsere Zwecke wichtiges Kriterium dürfte die Möglichkeit sein, Fördermaßnahmen aus dem jeweiligen Modell ableiten zu können.)

2.2.1 Das „Drei-Ringe-Modell" von *Renzulli*

In den 70er Jahren (des 20. Jahrhunderts) war *Renzulli* zu der Überzeugung gekommen, dass Hochbegabung nicht allein durch hohe intellektuelle Fähigkeiten charakterisiert werden kann (siehe *Renzulli 1978*). Vielmehr betonte er für ihr Vorliegen das erfolgreiche Zusammenspiel dreier Persönlichkeitsmerkmale, nämlich hoher intellektueller Fähigkeiten, der Kreativität und der Motivation. Alle diese drei gleichberechtigten Ausprägungen von Fähigkeiten müssen nach *Renzulli* jeweils in überdurchschnittlicher, aber nicht unbedingt in herausragender Qualität vorhanden sein. Aufgrund dieser Erkenntnis entwickelte Renzulli das sogenannte „Drei-Ringe-Modell" der Hochbegabung, das diese als Schnitt der genannten drei Persönlichkeitsmerkmale charakterisiert (siehe Abbildung 2.3).

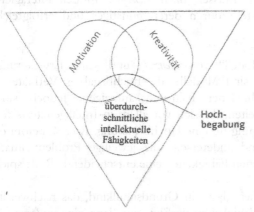

Abb. 2.3 Drei-Ringe-Modell von *Renzulli* (nach *Renzulli 1978*, S. 182)

Überdurchschnittliche intellektuelle Fähigkeiten (above average ability) umfassen nach *Renzulli* allgemeine Fähigkeiten wie

- ein hohes Niveau im Schlussfolgern und abstrakten Denken, im räumlichen Vorstellungsvermögen, im Erinnern und in sprachlicher Gewandtheit;
- gute situative Anpassungsfähigkeit;
- schnelle Informationsverarbeitung und schneller Informationszugriff.

Unter **Motivation** (bei *Renzulli* task commitment, wörtlich: Aufgaben-bezogenheit) versteht er eine spezielle Form der Leistungsmotivation: Energie in Form von Ausdauer, Beharrlichkeit, Begeisterungsfähigkeit und Entschlossenheit, aber auch z.b. Offenheit für Selbst- oder Fremdkritik, die Personen bei der Bearbeitung spezieller Probleme einbringen.

Kreativität (Genaueres siehe 8.7.1) ist nach *Renzulli* eine bestimmte Form des Lösungsverhaltens, die sich durch Flüssigkeit, Flexibilität und Originalität im Denken, durch Offenheit für neue Erfahrungen sowie die Bereitschaft auszeichnet, Risiken im Denken und Handeln einzugehen.

Überdurchschnittliche Einzel-Ausprägungen in den drei beschriebenen Persönlichkeitsmerkmalen stellen dabei eine notwendige, jedoch nicht hinreichende Bedingung für die Entstehung von Hochbegabung dar. Diese Komponenten müssen nach *Renzullis* Modell interagieren, d.h. Hochbegabung entsteht durch deren günstiges und erfolgreiches Zusammenspiel.

Das „Drei-Ringe-Modell" von *Renzulli* und seine Erweiterung durch *Mönks* (siehe 2.2.2) sind Modelle, die hochbegabtes Verhalten als Zusammenspiel verschiedener Faktoren aufzeigen. Jedoch sind hohe intellektuelle Fähigkeiten, die sich vor allem in Intelligenztests feststellen lassen, Grundbedingung für eine Hochbegabung. *Renzulli* betont einerseits das Prozesshafte und andererseits die jeweilige Problem-situation, die neben den vorhandenen Fähigkeiten eine entscheidende Rolle spielen.

Konkret bedeutet dies, dass ein Grundschulkind, das nachweislich über hohe intellektuelle Fähigkeiten verfügt, nur dann eine außergewöhnliche Leistung erbringen kann, wenn es sich von der jeweiligen Aufgabe/vom jeweiligen Problem in hohem Maße angesprochen und herausgefordert fühlt (task commitment) und die Möglichkeit besteht, kreativ tätig werden zu können. Ein Kind mit hohem Potenzial wird dauerhaft kaum entsprechende Leistungen erbringen, wenn es sich nicht mit Aufgaben/ Problemen auseinander setzen darf, die seinen Fähigkeiten entsprechen.

Im Übrigen hat *Renzulli* neuerdings (siehe *Renzulli 2004*) seinen Hochbegabungsbegriff um sogenannte „co-kognitive" Merkmale erweitert. Zu ihnen zählt er: Optimismus; Mut; Hingabe an ein Thema oder Fach; Sensibilität für menschliche Belange; physische und mentale Energie; Zukunftsvision/Gefühl, eine Bestimmung zu besitzen.

2.2.2 Das „Mehr-Faktoren-Modell" von *Mönks*

Mönks entwickelte Anfang der 90er Jahre (des 20. Jahrhunderts) das oben beschriebene Modell von *Renzulli* zum sogenannten „Triadischen Interdependenzmodell .der Hochbegabung" weiter, welches auch als Mehr-Faktoren-Modell bezeichnet wird (*Mönks 1992*). Dieses später überarbeitete Modell (siehe *Mönks 1996*) basiert ebenfalls auf den drei Persönlichkeitsmerkmalen Intelligenz, Kreativität und Motivation (*Mönks* wählt hierfür den Begriff „Aufgabenzuwendung") als konstituierende Merkmale für Hochbegabung, welche durch den Schnitt dieser Faktoren dargestellt wird.

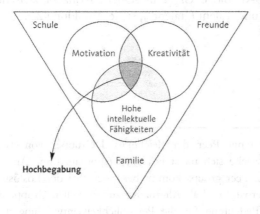

Abb. 2.4   Das Mehr-Faktoren-Modell der Hochbegabung nach *Mönks* (*Mönks/Ypenburg 2005, S. 26*)

Mönks geht davon aus, dass sich Hochbegabung nur dann entfalten kann, wenn die drei äußeren Einflussgrößen (Familie, Schule, Peers[4]) und die drei inneren Fähigkeitsbereiche (hervorragende intellektuelle Fähigkeiten, Kreativität, Motivation) günstig ineinander greifen (siehe Abbildung 2.4).

Zusammenfassend kann Hochbegabung auf der Grundlage des Modells von *Mönks* als Resultat eines dynamischen und harmonischen Interaktionsprozesses zwischen den anlagebedingten Merkmalen (Triade von intellektuellen Fähigkeiten, Kreativität und Motivation) einer Person und den ihre Entwicklung beeinflussenden sozialen Bereichen (Triade von Familie, Schule und Freunden) beschrieben werden, wobei für die Vermittlung zwischen beiden Triaden die soziale Kompetenz der betreffenden Person entscheidend ist.

Kritisch anzumerken ist, dass in diesem Modell weitgehend ungeklärt bleibt, wie die Faktoren genau zusammenspielen, wie die drei Ringe voneinander abzugrenzen sind (siehe auch *Renzulli*) und wie die innere und äußere Triade zusammenwirken (vgl. z.B. *Holling/Kanning 1999, S. 12)*.

2.2.3 Das Modell von *Gagné*

Im Unterschied zu *Renzulli* und *Mönks* unterscheidet der kanadische Entwicklungspsychologe *Gagné* in seinem Konzept zwischen Begabung („giftedness") und Talent („talent"), siehe Abbildung 2.5.

---

[4] „Peer groups (engl. Peer: der gleiche) sind Gruppen von etwa gleichartigen Jugendlichen, welche sich meist informell (spontan, ohne Anlass von Außen) bilden [...] Den Peer groups kommt besonders bei der Loslösung des Kindes vom Familienverband und als Alternative zur formellen Gruppe der Schulklasse entscheidende Bedeutung für die Persönlichkeitsentwicklung im Rahmen der Sozialisation der Heranwachsenden zu." (*Schröder 1992*, S. 268)

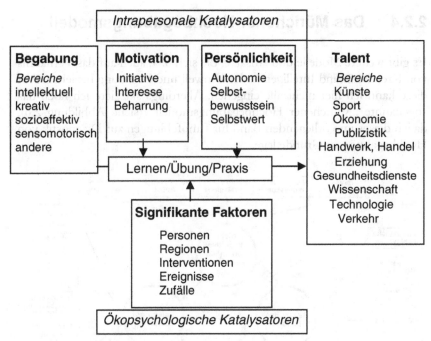

Abb. 2.5 Das Modell von *Gagné* (vgl. *Gagné 2000*, S. 68)

Hiernach soll der Begriff „giftedness" nur für angeborene Begabungs-
bereiche und der Begriff „talent" ausschließlich für Leistungsaspekte
gebraucht werden (vgl. *Hany 1987*, S. 62).

Leistungsfähigkeit ist also für *Gagné* eine veränderbare Größe in Abhängigkeit von inneren und äußeren Leistungsbedingungen. Den unterschiedlichen Anlagen des Individuums sind spezifische Fähigkeitsbereiche zugeordnet, und Begabung liegt dann vor, wenn in dem einen oder anderen
Bereich ein hohes Potenzial vorhanden ist. Beim Talent wird die außergewöhnliche Befähigung durch ein entsprechendes Leistungsprodukt für
die Umwelt sichtbar. Ob ein solches jedoch entstehen kann, hängt ab von
den „Katalysatoren", die leistungsfördernd oder leistungshemmend auf
ein Individuum wirken können. Diese können in seiner Umwelt (u. a.
Familie, Schule) liegen oder in seiner Person (u. a. Einstellungen, Interessen) begründet sein.

2.2.4 Das Münchener Hochbegabungsmodell

Es gibt weitere Modelle und Ansätze, die sich u. a. auch auf das Verhältnis von Kreativität und Intelligenz oder Umwelt und Begabung beziehen. Auf diese kann ich hier nicht alle eingehen. Allerdings skizziere ich noch das sogenannte „Münchener Hochbegabungsmodell" (siehe Abbildung 2.6), da ich dieses im vorliegenden Band für Empfehlungen zur Diagnostik von Hochbegabung zu Grunde lege.

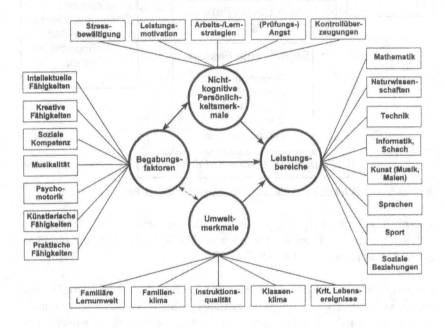

Abb. 2.6 Das Münchener Hochbegabungsmodell (nach *Heller 2001*, S. 24)

Dieses mehrdimensionale Konzept, das u. a. auf der Theorie der multiplen Intelligenzen von *Gardner (1983/1991)* und dem multidimensionalen Begabungsmodell von *Gagné (2000)* basiert, fasst Hochbegabung als „individuelle kognitive, motivationale und soziale Möglichkeit" auf, um „Höchstleistungen in einem oder mehreren Bereich/Bereichen zu erbringen, z.B. auf sprachlichem, mathematischem, naturwissenschaftlichem vs. technischem oder künstlerischem Gebiet, und zwar bezüglich theoretischer und/oder praktischer Aufgabenstellungen" (*Heller 1990*, S. 87).

Ähnlich wie *Gagné* unterscheiden die Münchener Begabungsforscher (*Heller, Hany* und *Perleth*) in ihrem Modell zwischen Begabungsfaktoren oder Fähigkeitsdimensionen auf der einen Seite und Leistungsbereichen auf der anderen Seite. Sie verzichten jedoch auf den Talentbegriff und sprechen unmittelbar von Leistung. Gemäß den Persönlichkeits- und Umweltkatalysatoren nach *Gagné* benennen sie Moderatormerkmale in der Form von nicht-kognitiven Persönlichkeitsmerkmalen und familiären bzw. schulischen Umweltmerkmalen. Bei den nicht-kognitiven Persönlichkeitsmerkmalen bedarf die „Kontrollüberzeugung" einer Erläuterung: Mit dem Konzept der „Kontrollüberzeugung" werden in der Psychologie Ursachenzuschreibungen für Erfolge oder Misserfolge der eigenen Person verknüpft. „Eine internale Kontrollüberzeugung liegt vor, wenn eine Person die Ursache für ein Ereignis (z.B. gutes Leistungsergebnis) in ihrer eigenen Person ansiedelt (z.B. eigene Begabung und/oder Anstrengung). Glaubt die betreffende Person hingegen, dass die Ursachen nicht in ihr selbst, sondern einer anderen Person begründet sind, so liegt eine ‚sozial-externale Kontrollüberzeugung' vor. Schließlich kann die Person auch der Überzeugung sein, die Ursachen wären überhaupt nicht durch sie oder andere Menschen zu kontrollieren. Verantwortlich ist vielleicht das ‚Schicksal' oder eine ‚Gottesfügung'. In diesem Falle liegt eine sog. ‚fatalistisch-externale Kontrollüberzeugung' vor. Es ist offensichtlich, dass letztere sich negativ auf das Leistungsverhalten einer Person auswirken dürfte. Wer nicht selbst für die Leistung, die er erbringt, verantwortlich zu machen ist, für den erübrigt sich jegliche Form der Anstrengung." (*Holling/Kanning 1999*, S. 62)

Untersuchungen zu Kontrollüberzeugungen hoch begabter Kinder belegen, dass sich diese darin signifikant von normalbegabten Kindern unterscheiden. „Hochbegabte Kinder nehmen eine positivere Selbsteinschätzung ihrer eigenen Fähigkeiten vor. [...] Gleichzeitig beschreiben sie sich in ihrer Selbsteinschätzung als anstrengungsbereiter. Beide Ergebnisse weisen auf eine hohe internale Kontrollüberzeugung hin. Zusätzlich sehen sie sich negativen schulischen Ereignissen weniger hilflos ausgeliefert als normalbegabte Kinder (geringe fatalistisch-externale Kontrollüberzeugung). Beides zusammengenommen beschreibt eine sehr gute motivationale Basis für leistungsbezogenes Handeln." (*a.a.0.*)

Nach dem Münchener Hochbegabungsmodell sind die Leistungen in den unterschiedlichen Bereichen bedingt durch die Begabungsfaktoren und die beiden Moderatorfaktoren. Die Begabungsfaktoren stehen in wechselseitiger Beziehung zu den zwei Moderatorfaktoren. Dies wird in Abbildung 2.6 durch die Doppelpfeile angedeutet. Der gestrichelte Doppelpfeil zwischen den Begabungsfaktoren und den Umweltmerkmalen (im Gegensatz zum durchgezogenen Doppelpfeil zwischen den Begabungsfaktoren und den nicht-kognitiven Persönlichkeitsmerkmalen) soll darauf hinweisen, dass die Beziehung dort als „schwächer" angesehen wird.

Wegen der Kritik an eindimensionalen Intelligenz- und Begabungstheorien stellen die Münchener Begabungsforscher den reinen IQ-Messungen ihr „Münchner Hochbegabungs-Testsystem" (siehe Abschnitt 6.4) entgegen.

2.2.5 Kennzeichen von Hochbegabung nach *Bauersfeld*

Bauersfeld (2001/2002) sieht wesentliche Unterschiede zwischen Normalbegabten und Hochbegabten vor allem in den Bereichen des Wahrnehmens, des Lernens und des Denkens.

Bauersfeld betont als ein wichtiges Kennzeichen hochbegabter Kinder die „hohe Sensibilität", die sich u. a. „in ihrer hochdifferenzierten Wahrnehmung" äußert: „Sie sehen mehr als andere und das zugleich gegliederter, strukturierter. Sie sind aber auch empfindlicher gegen Kritik und rasch beleidigt bei Ungerechtigkeiten; korrigieren gelegentlich auch gern andere. Und sie brauchen Lob und Anerkennung." (*Bauersfeld 2002*, S. 6)

Weitere wichtige Kennzeichen von Hochbegabung sind nach *Bauersfeld*: Eigenständigkeit des Handelns, Zähigkeit im Verfolgen eigener Ideen, rascher Aufmerksamkeitswechsel, spontane Änderung der Zuwendung, Vergnügen an Spiel und Witz (*a.a.O.* S. 8ff.).

3   Mathematisches Denken

Dieses Kapitel ist eine wichtige Grundlage für die nachfolgenden Kapitel 4 (Mathematische Begabung), 6 (Zur Diagnostik von Begabung/mathematischer Begabung im Grundschulalter) und 8 (Schwerpunkte der Förderung mathematisch begabter Grundschulkinder). Bevor über mathematische Begabung und ihre Diagnose sowie über Förderschwerpunkte gesprochen werden kann, muss herausgearbeitet werden, welche geistigen Fähigkeiten erforderlich sind, um Mathematik zu betreiben, auch im Vergleich zu den Fähigkeiten, die wir zur Bewältigung von Alltagssituationen benötigen.

In diesem Kapitel wollen wir uns jedoch *nicht* mit philosophischen Fragen zur Mathematik beschäftigen, obwohl die Überschrift des ersten Abschnitts („Was ist Mathematik?") dies vermuten lassen könnte. Insbesondere mit z.B. folgenden Fragen werden wir uns dort nicht befassen (siehe z.b. *Shapiro 2000*, S. VII): Um welchen Gegenstand/um welche Gegenstände geht es in der Mathematik? Was sind Zahlen, Mengen, Punkte, Geraden, Funktionen usw.? Was bedeuten mathematische Aussagen? Welches ist die Natur mathematischer Wahrheit? Welches ist die Methodologie der Mathematik? Ist Beobachtung involviert, oder ist Mathematik eine reine „Geistesübung"? Was ist ein Beweis? Sind Beweise absolut sicher? Was ist die Logik der Mathematik?

Auf eine tiefgründige Beantwortung solcher Fragen muss hier verzichtet werden.

3.1 Was ist Mathematik?

Auf diese Frage gibt es keine eindeutige Antwort. So weist *Freudenthal* (in *Davis/Hersh 1986*, S. 4) mit Recht darauf hin, dass sich die Definition von Mathematik durchaus verändert: „Jede Generation und jeder scharfsinnige Mathematiker innerhalb einer Generation formuliert eine Definition, die seinen Fähigkeiten und Einsichten entspricht."

Mit einem Schnelldurchgang durch die Geschichte der Mathematik wollen wir uns verdeutlichen, wie man (im Rückblick ihres Verlaufs) bezogen auf große Zeiträume die Ausgangsfrage beantworten könnte (siehe *Devlin 2003*, S. 20-22):

Bis etwa 500 v. Chr. kann man die Mathematik als *Lehre von den Zahlen* bezeichnen. Die Mathematik im alten Ägypten, in Babylonien und im alten China bestand fast nur aus *Arithmetik*. Diese war weitestgehend an Anwendungen orientiert und überwiegend eine Art Sammlung von Rezepten für den Alltag.

In der Zeit von 500 v. Chr. bis 300 n. Chr. gingen die mathematischen Forschungen über den Bereich der Zahlen hinaus. Die Mathematiker im alten Griechenland beschäftigten sich mehr mit Geometrie. Sie betrachteten die Zahlen auf geometrische Art und Weise, nämlich als Maßzahlen für Längen. Als sie schließlich Längen entdeckten, für die sie keine Zahlen fanden (die sogenannten irrationalen Längen, z.B. die Länge einer Diagonale im Einheitsquadrat), stagnierten ihre Forschungen über die Zahlen. Für die alten Griechen bestand also die Mathematik aus *Zahlen und Formen*, wobei der *Schwerpunkt auf der Geometrie* lag.

„Erst mit den Griechen wandelte sich die Mathematik von einer Sammlung von Vorschriften zum Messen, Zählen und für die Buchhaltung in eine akademische Disziplin mit sowohl ästhetischen als auch religiösen Elementen." (*a.a.0.* S. 21)

Thales von Milet (um 600 v. Chr.) brachte in die Mathematik den Gedanken ein, dass präzise formulierte Behauptungen durch formales Argumentieren logisch bewiesen werden können. Dies führte schließlich um 350 v. Chr. zu dem dreizehnbändigen Werk „Die Elemente" des *Euklid*. In den nächsten Jahrhunderten entwickelte sich die Mathematik zwar weiter – vor allem in Arabien und China –, jedoch gab es kaum wesentliche Fortschritte. Sie blieb im Wesentlichen auf die statischen *Probleme des Zählens, des Messens und der Beschreibung von Flächen* beschränkt.

Dies änderte sich erst Mitte des 17. Jahrhunderts, als *Newton* (in England) und *Leibniz* (in Deutschland) unabhängig voneinander die Differenzialrechnung entwickelten. Diese ist im Kern die Lehre von den Bewegungen und Veränderungen. „Mit den neuen Techniken zur Beschreibung von Bewegungen und Veränderungen konnten die Mathe-matiker nun den Lauf der Planeten ebenso wie das Fallen von Körpern auf der Erde untersuchen, das Funktionieren von Apparaturen, den Fluss von Flüssigkeiten, die Ausdehnung von Gasen, physikalische Kräfte wie Magnetismus und Elektrizität, den Flug von Vögeln und Kanonenkugeln, das Wachstum von Pflanzen und Tieren, die Ausbreitung von Seuchen und die Zu- und Abnahme von Gewinnen in der Wirtschaft." (*a.a.O.* S. 21f.) Damit war die Mathematik zur *Wissenschaft der Zahlen, der geometrischen Formen, der Bewegungen und Veränderungen sowie mehrdimensionaler Räume* geworden.

Die Differenzialrechnung wurde zunächst hauptsächlich in der Physik angewandt. Viele bekannte Mathematiker des 17. und 18. Jahrhunderts waren gleichzeitig Physiker. Doch ab Mitte des 18. Jahrhunderts verstärkte sich auch das Interesse an der Theorie der Mathematik, nicht nur an ihren Anwendungen. Die Mathematiker versuchten allmählich, die Ursachen für die große Wirksamkeit der Differenzialrechnung zu verstehen. Am Ende des 19. Jahrhunderts war die Mathematik nicht nur die Wissenschaft der Zahlen, der geometrischen Formen, der Bewegungen und Veränderungen sowie mehrdimensionaler Räume, sondern *auch der Methoden* geworden, die bei deren Untersuchungen verwendet wurden. Das war dann der Anfang der modernen Mathematik. „Das Anwachsen des mathematischen Wissens im Verlauf des 20. Jahrhunderts kann man am ehesten als Explosion beschreiben. Noch um 1900 hätte das gesamte mathematische Wissen der Menschheit in etwa 1000 Büchern Platz gehabt. Heute dürfte man etwa 100 000 Bücher dafür benötigen. Nicht nur bereits bekannte Zweige wie Geometrie und Differenzialrechnung wuchsen weiter, sondern eine große Zahl neuer Gebiete wurde erschlossen. Um die Wende zum 20. Jahrhundert bestand die Mathematik aus zwölf Teilbereichen: Arithmetik, Geometrie, Differentialrechnung usw. Heute unterscheidet man 60 bis 70 solcher Teilgebiete. Einige Bereiche wie Algebra oder Topologie haben sich weiter aufgespalten, während andere wie die Komplexitätstheorie oder die Theorie der dynamischen Systeme vollkommen neu entstanden sind." (*a.a.0.* S. 22)

3.2 Alltagsdenken und mathematisches Denken

Sind Alltagsdenken[5] und mathematisches Denken in einem gewissen Sinne „verwandt", oder sind sie grundsätzlich verschieden? Anhand zweier (zugespitzter) Thesen hat *Heymann* idealtypisch die extremen Standpunkte aus einem Spektrum von Antwortmöglichkeiten auf diese Frage deutlich gemacht.

Die „Differenzannahme" beschreibt er in der folgenden Weise (*Heymann 1996*, S. 224): „Alltägliches und mathematisches Denken sind grundverschieden. Das Alltagsdenken ist – wie die Alltagssprache, auf die es sich stützt – vage, unpräzise und führt zu keinen klaren Ergebnissen. Eine Ursache von Fehlern ist, dass die Schüler ihrem Alltagsdenken verhaftet bleiben. Im Mathematikunterricht ist jedoch die mathematische Denkweise die allein angemessene. Ein vorrangiges Ziel des Mathematikunterrichts muss es sein, das Alltagsdenken der Schüler möglichst weitgehend durch mathematisches Denken zu ersetzen. Schülern, denen das 'Umschalten' auf das mathematische Denken nicht gelingt, ist die Unvollkommenheit und Problemunangemessenheit des Alltagsdenkens zu demonstrieren."

Bei diesem Standpunkt wird Mathematik als ein von der Lebenswelt völlig losgelöstes Denkgebäude angesehen. Ein von dieser Position ausgehender

---

[5] Denken an sich könnte man in einem weit gefassten kognitionspsychologischen Sinne als ein kognitives Operieren mit Repräsentationen von Inhalten umschreiben (vgl. *Heymann 1996*, S. 226).

Mathematikunterricht kann kaum zwischen Alltagsdenken und mathematischem Denken vermitteln. Den anderen extremen Standpunkt, die „Kontinuitätsannahme", erläutert *Heymann* so *(a.a.0.)*: „Das mathematische Denken stellt gleichsam eine systematische Fortschreibung des Alltagsdenkens dar: Das Alltagsdenken wird durch Schärfung seiner Begrifflichkeit und durch systematische und bewusste Anwendung bestimmter Schlussweisen und Strategien, die im Prinzip (aber häufig eben inkonsequent) auch im Alltagsdenken schon nachweisbar sind, für eine bestimmte Klasse von Problemen (eben die sogenannten 'mathematischen' Probleme) effektiviert. Zwischen dem Alltagsdenken (bzw. der Alltagssprache) und dem mathematischen Denken (bzw. der Fachsprache) gibt es eine Fülle von Zwischenstufen, die für das Mathematiklernen wichtig sind. Mathematisches Lernen hat desto größere Erfolgschancen, je weniger die Lernenden zwischen ihrem Alltagsdenken und dem im Unterricht geforderten mathematischen Denken eine Kluft empfinden."

Bei dieser Kontinuitätsannahme werden im Vergleich zur Differenzannahme die Vermittlungsintentionen des Mathematikunterrichts (zwischen Alltagsdenken und mathematischem Denken sowie zwischen den mathematischen Inhalten und einer über das Fach „Mathematik" hinausweisenden Allgemeinbildung) deutlich.

Die Kontinuitätsannahme kommt der Auffassung von *Lengnink/Peschek (2001)* näher als die Differenzannahme. Aber auch sie trifft nicht vollständig ihre Sichtweise. Nach ihrer Vorstellung gibt es zwischen Alltagsdenken und mathematischem Denken neben Entsprechungen auch grundlegende qualitative Unterschiede; mathematisches Denken sei – so ihre Auffassung – keine kontinuierliche Fortschreibung des Alltagsdenkens.

„Daher sollte der Wechsel zwischen den beiden Denkformen (in beiden Richtungen!) bewusst und möglichst reflektiert erfolgen. Wir würden jenem Lernen die größten Erfolgschancen einräumen, das die Übergänge zwischen den beiden Denkformen zu einem zentralen Inhalt des Lernens von Mathematik macht. So ließe sich nicht nur das Alltagsdenken für mathematische Probleme effektivieren, sondern auch umgekehrt das mathematische Denken besser (durchaus auch im Sinne von kritischer) für das Alltagdenken nutzen." *(a.a.0.* S. 68/69)

Lengnink/Peschek (a.a.0. S. 69) versuchen, Alltagsdenken und mathematisches Denken in der folgenden Weise begrifflich zu trennen: „Wenn wir von mathematischem Denken sprechen, so meinen wir ein Denken in und mit Begriffen, Regeln und (oft symbolischen) Darstellungen, die Elemente einer konventionalisierten Fachsprache darstellen und innerhalb eines begrenzten Kontexts, den man Mathematik nennt, mit relativ hoher Präzision, Exaktheit und Eindeutigkeit festgelegt sind. Wir meinen mit mathematischem Denken also ein Denken mit den Mitteln und nach den Regeln einer relativ klar abgegrenzten, hochgradig konventionalisierten Mathematik. Unter Alltagsdenken wollen wir [...] jegliches Denken verstehen, das nicht dem mathematischen Denken (im eben beschriebenen, konventionalisierten Sinn) zuzuordnen ist."

Wenn ich mich dieser Umschreibung der beiden Begriffe anschließe, erwarte ich durchaus Widerspruch:
1. Es könnte eingewandt werden, dass es außer mathematischem Denken (und Alltagsdenken) ebenfalls z.b. (spezifisch) naturwissen-schaftliches Denken gebe und dieses nicht unter „Alltagsdenken" subsummiert werden dürfe (und auch nicht unter mathematischem). Dem kann ich selbstverständlich zustimmen, möchte aber im Rahmen dieses Buches die beschriebene Trennung aufrechterhalten, um diese spezielle Einteilung verfügbar zu haben.
2. Bezogen auf Grundschulkinder mag die gewählte Beschreibung von mathematischem Denken als zu „hoch gegriffen" anmuten. Dennoch bin ich der Meinung, dass es Grundschulkinder gibt (siehe z.b. Felix), die bereits im beschriebenen Sinne mathematisch denken, zumindest auf dem Wege sind, mathematisch zu denken. Sie brauchen über den „normalen" Mathematikunterricht hinaus noch ein klein wenig Unter-stützung, um ihre Ideen in der Sprache und mit den Begriffen der „konventionalisierten Mathematik" ausdrücken zu können.

Erwähnt sei noch ein wesentlicher Unterschied zwischen Alltagsdenken und mathematischem Denken im oben genannten Sinne: Durch die Festlegung der Mathematik auf das Muster der formalen Herleitbarkeit werden (mathematische) Aussagen in formalen Systemen auf Richtigkeit überprüft. Die Tatsache, dass in der Mathematik die Idee der Begründung durch die Idee des Beweises ersetzt wird, drückt *Apel (1989,* S. 15) so aus: „Begründung ist jetzt nicht mehr jedes Angeben von Gründen als

Antwort auf eine Warumfrage, sondern [...] *Deduktion* von Sätzen aus Sätzen gemäß angebbaren *Verfahrensregeln* (Prinzipien der formalen Logik)."

3.3 Geistige Grundlagen mathematischen Denkens

Devlin (2003, S. 26ff.) hebt als die wichtigsten geistigen Fähigkeiten, die es uns gestatten, Mathematik zu betreiben, die folgenden hervor (damit stimme ich voll überein, wähle hier aber eine etwas andere Reihenfolge als bei *Devlin 2003*):

(1) die Ausprägung eines „Zahlensinns";
(2) numerische Kompetenz;
(3) algorithmische Fähigkeiten;
(4) der Sinn für Ursache und Wirkung;
(5) die Fähigkeit, Bezüge herzustellen/über Zusammenhänge nachzudenken;
(6) die Fähigkeit, eine längere Kausalkette von Tatsachen oder Ereignissen zu konstruieren und zu verfolgen;
(7) die Fähigkeit zum logischen Denken;
(8) die Fähigkeit zu abstrahieren;
(9) räumliches Vorstellungsvermögen.

Diese Fähigkeiten können nicht alle als unabhängig voneinander angesehen werden.

Zu (1), die Ausprägung eines „Zahlensinns": Zusammen mit einigen Tierarten (z.B. Vögeln[6]) haben Menschen einen (angeborenen) Sinn für

---

[6] Nach *Ifrah 1991* können z.B. Raben und Elstern Mengen mit einem bis vier Elementen unterscheiden (*a.a.O.* S. 21): „So berichtet Tobias Dantzig [...] von einem Schlossherrn, der einen Raben töten wollte, der sein Nest im Wachturm des Schlosses gebaut hatte. Der Schlossherr hatte mehrmals versucht, den Vogel zu überraschen, aber jedes Mal, wenn er sich näherte, floh der Rabe aus seinem Nest und ließ sich auf einem benachbarten Baume nieder, um zurückzukommen, sobald sein Verfolger den Turm wieder verlassen hatte. Der Schlossherr griff

Anzahlen von Objekten. Wir sind in der Lage, simultan (mit einem Blick, ohne zu zählen), zwischen einem, zwei, drei oder vier Objekten zu unterscheiden. Einige schaffen es sogar, auch fünf oder mehr Objekte so zu erfassen.

Zu (2), numerische Kompetenz: Der erläuterte Zahlensinn, also die Fähigkeit, kleine Mengen zu unterscheiden und untereinander zu vergleichen, beinhaltet nicht, zählen zu können bzw. ein Konzept von Zahlen als abstrakten Symbolen entwickelt zu haben. Zählen und Zahlen werden erlernt. „Mit einigem Aufwand kann man Schimpansen und anderen Menschenaffen beibringen, ungefähr bis 10 zu zählen. Doch soweit bekannt, sind nur Menschen in der Lage, die Reihe der Zahlen beliebig weit fortzusetzen und beliebig große Mengen von Objekten zu zählen." (*a.a.0.* S. 26)

Zu (3), algorithmische Fähigkeiten: Unter einem Algorithmus versteht man (hier vereinfacht formuliert, nicht in einer wie z.B. in der Informatik gewünschten präziseren Fassung) ein Verfahren (eine Folge von Handlungsanweisungen), mit dem unter Anwendung einfacher Rechenvorschriften rechnerische oder algebraische Probleme gelöst werden können. Ein typisches Beispiel für einen Algorithmus in der Grundschulmathematik ist die schriftliche Multiplikation, in der Sekundarschulmathematik die Bestimmung der Lösungsmenge einer quadratischen Gleichung mit Hilfe der sogenannten „p, q-Formel".

Zu (1) bis (3): Mit den ersten drei genannten Fähigkeiten sind wir bereits in der Lage, Arithmetik zu betreiben. (2) und (3) werden bei den

---

daraufhin zu einer List: Er ließ zwei seiner Begleiter in den Turm ein; nach wenigen Minuten zog sich der eine zurück, während der andere blieb. Der Rabe ließ sich aber nicht überlisten und wartete das Verschwinden des zweiten ab, bevor er an seinen alten Platz zurückkehrte. Das nächste Mal gingen drei Männer in den Turm, von denen sich zwei wieder entfernten; aber das listige Federvieh wartete mit noch größerer Geduld als sein verbliebener Kontrahent. Danach wiederholte man das Experiment mit vier Männern, aber ohne Erfolg. Es gelang schließlich mit fünf Personen, da der Rabe nicht mehr in der Lage war, vier von fünf Leuten zu unterscheiden."

insgesamt sieben Primärfaktoren der Intelligenz nach *Thurstone* zum Faktor N (number) zusammengefasst (siehe *Thurstone 1938/1969*).

Zu (4), der Sinn für Ursache und Wirkung: Neben vielen Tierarten erwerben auch die Menschen den Sinn für Ursache und Wirkung in einem frühen Alter. Durch diesen Sinn ergibt sich offenbar ein Überlebensvorteil.

Zu (5), die Fähigkeit, Bezüge herzustellen/über Zusammenhänge nachzudenken: In einer etwas fortgeschritteneren Mathematik geht es häufig darum, Bezüge zwischen abstrakten Objekten herzustellen. Als Beispiel aus der Grundschulmathematik kann die Herstellung von Bezügen zwischen Arithmetik und Geometrie genannt werden, etwa beim Thema „figurierte Zahlen" (siehe dazu z.B. *Käpnick 2001*, S. 46 ff.).

Hier kann auch die Fähigkeit zum analogen Denken eingeordnet werden. In der Kognitionspsychologie wird dem analogen Denken eine große Bedeutung zuerkannt, da es in verschiedenen Bereichen eine zentrale Rolle spielt, z.B. für das Lernen an Beispielen sowie im Rahmen des Problemlösens und des kreativen Denkens. Wichtige wissenschaftliche Entdeckungen werden dem „Denken in Analogien" zugeschrieben. „Unter dem Denken in Analogien versteht man die Fähigkeit, Entsprechungen zwischen einzelnen Merkmalen oder Merkmalskombinationen zu nutzen, um weitere Merkmale auf Grund der Kenntnisse über ein Vergleichsobjekt vorherzusagen. Dabei sind die Kenntnisse über das Vergleichsobjekt ausgeprägter, und es wird Nutzen aus dem gespeicherten Wissen gezogen. Von analogem Denken spricht man, wenn in Vorstellungsbildern und gedanklichen Konstruktionen Relationen vorhergesagt werden können, die realen Relationen entsprechen." (*Bösel 2001*, S. 311)

Zur Nutzung des Analogieprinzips sei auf Abschnitt 8.2 verwiesen.

Zu (6), die Fähigkeit, eine längere Kausalkette von Tatsachen oder Ereignissen zu konstruieren und zu verfolgen: Über die Fähigkeit, eine längere Kausalkette von Tatsachen oder Ereignissen zu konstruieren und zu verfolgen, verfügen wir nicht in den ersten Lebensjahren. Ab welchem Alter sich diese Fähigkeit zu entwickeln beginnt, ist individuell sehr unterschiedlich. Gerade hierin (und in den Fähigkeiten (7) und (8)) dürften begabte Kinder gegenüber „normal begabten" Kindern gleichen Alters einen erheblichen Entwicklungsvorsprung aufweisen. Nach Auffassung von *Devlin (2003*, S. 28) erwarben unsere Vorfahren diese Fähigkeit zusammen mit dem Sprachvermögen. Als eine sehr abstrakte Form einer Kausalkette von Tatsachen kann ein mathematischer Beweis angesehen werden.

Zu (7), die Fähigkeit zum logischen Denken: Diese Fähigkeit ist eine Grundvoraussetzung, um (zumindest fortgeschrittenere) Mathematik betreiben zu können. Im Thurstoneschen Intelligenzmodell stellt dieser (sehr komplexe) Faktor (Faktor R: reasoning) die Fähigkeiten zum logischen Schließen, zur Induktion (Erkennen von Regeln) und zur Deduktion dar (mit Deduktion ist dabei die praktische Anwendung von Regeln oder Prinzipien gemeint). Der Reasoning-Faktor kann als Denkfähigkeitsfaktor im engeren Sinne angesehen werden und ist nicht an ein bestimmtes Aufgabenmaterial gebunden (sprachlich, numerisch, figural).

Zu (8), die Fähigkeit zu abstrahieren: Über die Fähigkeit zu abstrahieren äußert sich *Devlin (2003*, S. 149 ff.) so: „Eines der Charakteristika des menschlichen Gehirns, über das anscheinend keine andere Spezies verfügt, ist die Fähigkeit zum abstrakten Denken. Zwar scheinen zahlreiche Tierarten in der Lage – wenn auch nur in sehr begrenztem Maße – , über reale Objekte in ihrer unmittelbaren Umgebung nachzudenken. Einige, darunter Schimpansen und andere Menschenaffen, können darüber hinaus anscheinend noch mehr. So kann ein Bonobo-Affe zum Beispiel in geringem Umfang über ein einzelnes, ihm vertrautes Objekt aus seiner Umgebung nachdenken, das gerade nicht da ist. Das Abstraktionsvermögen des Menschen dagegen ist so stark, dass man es als eigene Gehirnleistung bezeichnen könnte. Wir können praktisch über alles nachdenken, was wir wollen: reale, uns vertraute, aber zur Zeit nicht vorhandene Objekte, reale Objekte, die wir nie gesehen, sondern von denen wir nur gehört oder gelesen haben, oder rein fiktionale Objekte. Während also ein Bonobo darüber nachdenken mag, wie er an die Banane kommen könnte, die er seinen Pfleger gerade hat verstecken sehen, haben wir kein Problem damit, uns eine zwei Meter lange vergoldete Banane vorzustellen, die auf einer mit zwei rosa Einhörnern bespannten Kutsche gezogen wird.

Wie ist es möglich, über etwas nachzudenken, was es gar nicht gibt? Anders gefragt, *was genau* ist das Objekt unseres Nachdenkens, wenn wir beispielsweise an ein rosa Einhorn denken? Dies ist eine jener Fragen, über die sich Philosophen endlos auslassen können, doch als Standardantwort gilt, dass es sich bei den Objekten, über die wir nachdenken, um *Symbole* handelt, d.h. um Objekte, die für andere Objekte stehen. [...] Die Symbole, die das Objekt der Gedanken eines Schimpansen oder eines anderen Menschenaffen bilden, sind beschränkt auf die Darstellung realer Objekte. Dagegen können die Symbole für die Objekte unserer Gedanken auch Phantasieversionen realer Objekte darstellen, etwa imaginäre Bananen oder Pferde, ja sogar vollends phantasierte Objekte wie vergoldete Bananen oder ein Einhorn."

Devlin (2003) unterscheidet vier Abstraktionsebenen:

Als *Abstraktionen der Ebene 1* bezeichnet er diejenigen, bei denen überhaupt keine Abstraktion stattfindet. „Die Objekte des Nachdenkens sind real und in der unmittelbaren Umgebung sinnlich erfassbar. (Nachdenken über Objekte in der unmittelbaren Umgebung kann jedoch durchaus beinhalten, dass man sie sich an einen anderen Ort gebracht oder anders angeordnet vorstellt. Daher scheint es mir sinnvoll, auch diesem Prozess eine gewisse Abstraktionsleistung zuzugestehen.) Zahlreiche Tierarten scheinen zu solchen Abstraktionen der Ebene 1 in der Lage." (*a.a.O.*, S. 150)

Abstraktionen der Ebene 2 befassen sich mit realen und vertrauten Objekten. Diese befinden sich allerdings nicht in der unmittelbaren Umgebung. Schimpansen und andere Menschenaffen dürften noch zu solchen Abstraktionen fähig sein.

Nur Menschen sind zu *Abstraktionen der Ebene 3* in der Lage. „Dabei können die Objekte des Nachdenkens real, aber der Person noch nie begegnet sein, imaginäre Versionen oder Varianten realer Objekte oder imaginäre Kombinationen realer Objekte sein. Auch wenn es sich bei Objekten der Abstraktionsebene 3 um imaginäre Objekte handelt, können sie doch mit Bezeichnungen für reale Objekte beschrieben werden. So können wir ein Einhorn als Pferd mit einem Horn auf der Stirn beschreiben." (*a.a.O.*) Nach *Devlin* ist die Fähigkeit zu Abstraktionen der 3. Ebene im Wesentlichen äquivalent zu der Fähigkeit, über eine Sprache zu verfügen.

„Mathematisches Denken findet auf *Abstraktionsebene 4* statt. Mathematische Objekte sind etwas vollkommen Abstraktes. Sie haben keine offensichtliche oder direkte Verbindung zur realen Welt." (*a.a.0.*)

Wie konnte sich das menschliche Gehirn so weit entwickeln, dass es zur (höheren) Mathematik fähig wurde? Hierzu waren nach Auffassung von *Devlin* keine neuen Denkprozesse notwendig. Vielmehr ging es um „die Anwendung bereits vorhandener Denkprozesse auf einer höheren Abstraktionsebene. Mit anderen Worten, der entscheidende Schritt bestand nicht in einer höheren Komplexität des Denkprozesses, sondern in einer höheren Abstraktion. [...]
Der Schlüssel zur Fähigkeit zum mathematischen Denken besteht darin, diese Fähigkeit, die « Realität in unserem Kopf zu kopieren », noch weiter zu verbessern, bis zu jener Ebene 4 der reinen Symbole." (*a.a.0.*, S. 151 f.)

Zu (9), räumliches Vorstellungsvermögen: Die Fähigkeit des räumlichen Vorstellungsvermögens (Faktor S: space im Thurstoneschen Modell) ist für die meisten Spezies überlebenswichtig.

Nach *Besuden* (*1999*, S. 2f.) lässt sich das räumliche Vorstellungsvermögen in folgende Komponenten einteilen:
- räumliches Orientieren (als Fähigkeit, sich wirklich oder gedanklich im Raum orientieren zu können);
- räumliches Vorstellen im engeren Sinne (als Fähigkeit, räumliche Objekte oder Beziehungen in der Vorstellung reproduzieren zu können);
- räumliches Denken (als Fähigkeit, mit Vorstellungsinhalten gedanklich zu operieren, ihre Lage bzw. Beziehungen zueinander in der Vorstellung zu verändern).

Bezogen auf die genannten neun geistigen Grundlagen mathematischen Denkens werfen wir nun noch einen kurzen Blick in die Entwicklungsgeschichte des Menschen (siehe dazu auch *Devlin 2003*, S. 216f. und S. 230f.):

Bereits beim Homo habilis[7] lassen sich Ansätze der Fähigkeiten (1) (Zahlensinn) und (9) (räumlicher Orientierungssinn) feststellen. Da ebenfalls alle heutigen höheren Primaten ein (gewisses) Verständnis von Ursache und Wirkung ausgebildet haben (Fähigkeit (4)), ist anzunehmen, dass der Homo habilis auch bereits darüber verfügte.

Weil der Aufbau einer Sozialstruktur eine Fähigkeit des Homo erectus[8] war, dürfte sich bei ihm die Fähigkeit (5) (Nachdenken über Zusammenhänge) entwickelt haben. Eine solche Lebensweise erfordert nämlich, über Beziehungen innerhalb einer Gruppe nachzudenken und sich auch daran zu erinnern. Die Entwicklung von Speeren mit Widerhaken ist zudem ein untrügliches Zeichen dafür, dass der Homo erectus (zumindest in einem gewissen Umfang) bereits über die Fähigkeit (6) verfügte (eine Kausalkette von Tatsachen oder Ereignissen zu konstruieren und zu verfolgen). Ihm fehlten demnach nur die Fähigkeiten (2), (3), (7) und (8). Entscheidend unter diesen ist die Fähigkeit (8). Aus dem Abstraktionsvermögen folgen die anderen Fähigkeiten fast von allein. Denn mit diesem Vermögen kann Sprache entstehen. Und Sprache in Verbindung mit dem Zahlensinn führt zur Fähigkeit (2), der numerischen Kompetenz. Algorithmische Fähigkeiten (3) und die Fähigkeit zum logischen Denken (7) sind im Grunde genommen lediglich abstrakte Formen von Fähigkeit (6). Der entscheidende Schritt vom Homo erectus zum Homo sapiens (wörtlich: „der einsichtige Mensch") war demnach die Entwicklung des abstrakten Denkens.

---

[7] Der Homo habilis folgte vor etwa zwei Millionen Jahren den Australopithecinen. Diese Art hatte auch noch ein affenähnliches Äußeres, war allerdings etwas größer. Das Gehirnvolumen betrug etwa 640 cm³ im Vergleich zu etwa 440 cm³ bei den Australopithecinen oder bei unseren heutigen Menschenaffen. Dies war jedoch noch weniger als die Hälfte des Gehirnvolumens des modernen Menschen (etwa 1350 cm³).

[8] Diese neue Spezies entstand vor etwa einer Million Jahren. Es steht nicht fest, ob der Homo erectus vom Homo habilis oder aus einer getrennten parallelen Linie abstammt, die mit den Australopithecinen begann. Ein besonderes Kennzeichen dieser neuen Spezies war das Gehirnvolumen (etwa 950 cm³, also mehr als das Doppelte des Volumens heutiger Menschenaffen).

Um erfolgreich mathematisch tätig sein zu können, muss ein Individuum über die von *Devlin* herausgearbeiteten neun geistigen Grundlagen mathematischen Denkens hinaus zu weitergehenden spezifischeren Denkleistungen fähig sein. Mit Blick auf die Diagnostik mathematischer Begabung und die Förderung mathematisch begabter Kinder und Jugendlicher hat *Kießwetter (1985*, S. 302) einen „Katalog von Kategorien mathematischer Denkleistungen" zusammengestellt, dem ich mich hier anschließe:

„(1) Organisieren von Material;

(2) Sehen von Mustern und Gesetzen;

(3) Erkennen von Problemen, Finden von Anschlussproblemen;

(4) Wechseln der Repräsentationsebene (vorhandene Muster/Gesetze in ‚neuen' Bereichen erkennen und verwenden);

(5) Strukturen höheren Komplexitätsgrades erfassen und darin arbeiten;

(6) Prozesse umkehren."

Während verständlich sein dürfte, was *Kießwetter* mit den Kategorien (2) bis (6) meint, bedarf die Kategorie (1) m.E. einer Erläuterung. Was soll in der Mathematik das „Organisieren von Material" bedeuten?

Um in der Mathematik zu Entdeckungen oder Vermutungen zu gelangen (z.B. im Kontext des Problemfeldes „Summenzahlen", siehe Unterabschnitt 8.11.2) ist es in der Regel erforderlich, im jeweiligen Feld zunächst anhand von Beispielen (und Gegenbeispielen) Erkundungen durchzuführen. Diese (geeignet gewählten) Beispiele stellen dann das „Material" dar, auf das man sich bei den weiteren Untersuchungen stützen kann.

Sowohl die neun geistigen Grundlagen mathematischen Denkens nach *Devlin* als auch die sechs Kategorien mathematischer Denkleistungen nach *Kießwetter* werden bei den Überlegungen und Vorschlägen in den nächsten Kapiteln – vor allem zu den Förderschwerpunkten im Kapitel 8 – eine Rolle spielen.

4 Mathematische Begabung

Devlin schreibt im „Prolog" zu seinem Buch „Das Mathe-Gen" (*2003*, S. 13): „Gleich zu Beginn möchte ich eines klarstellen: Es gibt kein 'Mathematik-Gen' in dem Sinn, dass eine bestimmte DNA-Sequenz dem Menschen die Fähigkeit verleiht, Mathematik zu betreiben. Natürlich gibt es Gene, die diese Fähigkeit beeinflussen, [...] Grob gesagt meine ich mit 'dem Mathe-Gen' nichts weiter als 'eine angeborene Fähigkeit zum mathematischen Denken', [...]"

Im Zusammenhang mit dem Phänomen „mathematische Begabung" sind zwei Fragen von besonderem Interesse (siehe auch *Wieczerkowski et al. 2000*, S. 413):
(1) Ist mathematische Begabung Ausdruck einer spezifischen kognitiven Charakteristik, oder ist sie – zumindest in einem beträchtlichen Ausmaß – das Resultat hoher allgemeiner Intelligenz?
(2) Ist mathematische Begabung ein einheitliches Konstrukt, oder gibt es viele verschiedene Profile außergewöhnlicher mathematischer Fähigkeiten?

Nach *Wieczerkowski et al.* (*1987*, S. 223) ist „eine weit überdurchschnittliche Intelligenz vermutlich eine notwendige, nicht aber eine hinreichende Bedingung" für die erfolgreiche Bearbeitung mathematischer Probleme. Für *Heilmann* (*1999*, S. 37) sind bezogen auf das Verhältnis von allgemeiner Intelligenz und mathematischer Begabung folgende drei Hypothesen nahe liegend:
„Außergewöhnliche mathematische Leistungen könnten zurückgeführt werden auf
1. die hohe Ausprägung spezifischer mathematischer Fähigkeiten,
2. die hohe Ausprägung allgemeiner intellektueller Fähigkeiten in Kombination mit spezifischen mathematischen Fähigkeiten,

3. die hohe Ausprägung allgemeiner intellektueller Fähigkeiten, ohne dass spezielle mathematische Fähigkeiten angenommen werden."

Für alle drei Hypothesen gibt es Belege aus Untersuchungen und einleuchtende Argumente. Zunächst (im Abschnitt 4.1) werden wir uns mit der dritten Hypothese beschäftigen, im Abschnitt 4.2 mit der ersten. Auf die zweite Hypothese gehen wir in 4.3 (teilweise auch noch in 4.4) ein, wobei sowohl (allgemeine) Begabungs- bzw. Intelligenzmodelle aus der Kognitionspsychologie als auch Charakteristika mathematischer Begabung (vor allem bezogen auf das Grundschulalter) thematisiert werden. Dabei wird deutlich, dass mathematische Begabung kein einheitliches Konstrukt sein kann (siehe Frage (2) von oben). Im Abschnitt 4.4 werden biologische und soziologische Aspekte von Begabung angesprochen, der Abschnitt 4.5 enthält Hinweise zu geschlechtsspezifischen Unterschieden hinsichtlich mathematischer Begabung.

4.1   Hohe allgemeine Intelligenz

Lange Zeit, beginnend mit den Anfängen der Intelligenzmessung, waren Begabungskonzepte durch die Auffassung von der Intelligenz als einer *einheitlichen* (bereichsunspezifischen) Fähigkeit durchdrungen, in der auch mathematisches Leistungsvermögen eingeschlossen ist (siehe dazu auch *Käpnick 1998*, S. 66). In der Begabungsdiagnostik sind die dazugehörigen Faktorentheorien[9] der Intelligenz auch heute noch bedeutsam. Die in der Literatur am meisten erwähnten Faktorentheorien sind das Intelligenzstrukturkonzept von *Guilford*, die Generalfaktorentheorie von *Spearman et al.* und die Zwei-Faktoren-Theorie von *Cattell*. Mit dem Konzept von *Guilford* haben wir uns bereits in 2.1 beschäftigt. Daher gehen wir in diesem Abschnitt (nur) noch auf die beiden anderen Theorien ein.

---

[9] Die Bezeichnung dieser Theorien weist auf die sogenannte „Faktorenanalyse" hin, die in ihnen zentraler Untersuchungsansatz ist und auf der Korrelationsrechnung beruht.

Die Generalfaktorentheorie von *Spearman et al.*:

Die Faktorentheorie der sogenannten „Englischen Schule" (hierzu gehören vor allem *Spearman, Burt* und *Vernon*) geht in ihrer neuesten Fassung über die ursprüngliche Zwei-Faktoren-Theorie *Spearmans* hinaus und versucht, wesentliche Auffassungen multifaktorieller Konzepte mit dem Spearmanschen Modellansatz zu verbinden. Das Spearmansche Faktorenmodell der Intelligenz enthielt in seiner ersten Fassung einen allgemeinen Faktor (general factor) und eine nicht näher bestimmte Anzahl spezifischer Faktoren (specific factors). Die Bezeichnung „Zwei-Faktoren-Theorie" ist demnach nicht ganz treffend, sie drückt nur die Unterscheidung von g- und s-Faktoren(gruppen) aus. Dem „allmächtigen" g-Faktor wird eine Beteiligung an allen Intelligenzleistungen zuerkannt; ihm wird eine Art „zentrale mentale Energie" zugeordnet. Die s-Faktoren stellen die jeweiligen Besonderheiten spezieller Leistungsformen dar. Da Überlappungsbereiche dieser s-Faktoren nicht zu übersehen waren, sah *Burt* sich veranlasst, die ursprüngliche Zwei-Faktoren-Theorie zu revidieren. Er erkannte die Realität von Gruppenfaktoren im Prinzip an und berücksichtigte sie in seinem modifizierten Modell. Nach den Ergebnissen von Faktorenanalysen mussten weitere g-Faktoren angenommen werden, die neben dem traditionellen g-Faktor für die anderen, sonst nicht aufzuklärenden gemeinsamen Varianzanteile der s-Faktoren verantwortlich sind. Damit man einerseits an der Ausgangshypothese des Generalfaktors festhalten und andererseits weitere Komplexitätsfaktoren mit in die Theorie aufnehmen konnte, wurden nun verschiedene Generalitätsebenen postuliert. Dies führte zum sogenannten „hierarchischen Intelligenzmodell". Dieses Modell ist nach *Vernon* in der folgenden Weise konzipiert:

Dem g-Faktor (general intelligence) sind die „major group factors" und diesen wiederum die „minor group factors" als übergreifende Einheiten der s-Faktoren untergeordnet (siehe Abbildung 4.1):

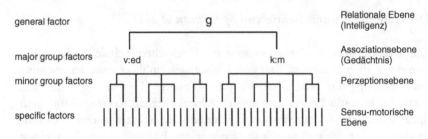

general factor		Relationale Ebene (Intelligenz)
major group factors	v:ed k:m	Assoziationsebene (Gedächtnis)
minor group factors		Perzeptionsebene
specific factors		Sensu-motorische Ebene

Abb. 4.1 Faktorenmodell der „Englischen Schule"
(nach *Heller 2000*, S. 29)

Erläuterung: g = general intelligence
v:ed = verbal-numerical-educational
k:m = practical-mechanical-spatial-physical

Das Hierarchienmodell der Intelligenz von *Vernon 1965* wird bei *Kail/Pellegrino 1988* in der folgenden Weise dargestellt (siehe Abbildung 4.2).

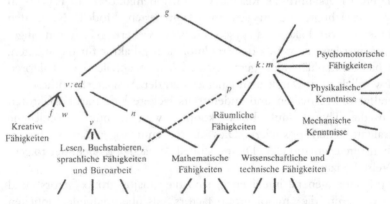

Abb. 4.2 Das Hierarchienmodell der Intelligenz von *Vernon*
(nach *Kail/Pellegrino 1988*, S. 33)

Erläuterung:
f = fluency (Flüssigkeit)
w = word fluency (rasches Produzieren von Wörtern)
v = verbal comprehension (Kenntnis von Wörtern und ihrer Bedeutung
sowie deren angemessene Verwendung im Gespräch)

n = number (Geschwindigkeit und Präzision bei einfachen arithmetischen Aufgaben)

p = perceptual speed (Geschwindigkeit beim Vergleich oder der Identifikation visueller Konfigurationen)

Die Zwei-Faktoren-Theorie von Cattell:

Cattell (1973) unterscheidet zwei g-Faktoren, den „General Fluid Ability Factor" (gf) und den „General Crystallized Ability Factor" (gc). Der gf-Faktor ist eine eher allgemeine, weitgehend angeborene Leistungsfähigkeit. Sie drückt sich darin aus, dass sich das Individuum neuen Situationen und Problemen anpassen kann, ohne umfangreiche, frühere Lernerfahrungen gesammelt zu haben („schnelles Schalten", „sofort im Bilde sein"). Der gc-Faktor vereinigt all diejenigen kognitiven Fähigkeiten, in denen sich aus bisherigen Lernprozessen angehäuftes Wissen kristallisiert und verfestigt hat. „Die kristallisierte Intelligenz ist gewissermaßen das Endprodukt dessen, was flüssige Intelligenz und Schulbesuch gemeinsam hervorgebracht haben." (*Cattell 1973*, S. 268)

Während sich die auf dem gf-Faktor basierenden Fähigkeiten und Verhaltensweisen relativ kulturfrei erfassen lassen, beinhaltet der gc-Faktor in hohem Maße kulturspezifische Elemente. *Cattell* fand in seinen Analysen Primärfaktoren der Intelligenz, die jeweils auf einem der beiden Faktoren gf oder gc basieren. Mehrere Faktoren basieren aber sowohl auf dem gf-Faktor als auch auf dem gc-Faktor. Dies führte dazu, einen weiteren Faktor mit einem noch größeren Allgemeinheitsgrad zu fordern, den gf(h), den General Fluid Ability Factor („historisch") (siehe Abbildung 4.3).

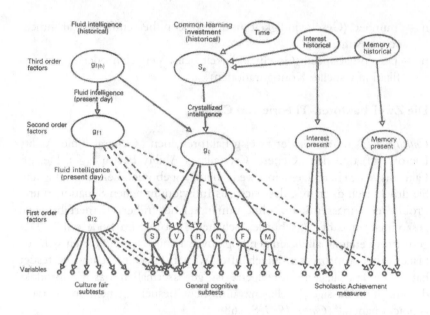

Abb. 4.3 Das Intelligenz-Modell von *Cattell*
(nach *Amelang/Bartussek 2001*, S. 216)

Erläuterung:

S_e = schulische und erzieherische Erfahrung

S = räumliche Orientierung (<u>s</u>pace)

V = verbales Verständnis (<u>v</u>erbal comprehension)

R = allgemeines Schlussfolgern (<u>r</u>easoning)

N = Umgang mit Zahlen (<u>n</u>umber)

F = rasches Produzieren von Wörtern (word <u>f</u>luency)

M = Gedächtnis (<u>m</u>emory)

(Die Pfeile geben die Richtung einer Wirkung an; durchgezogene Linien stehen für stärkeren, gestrichelte für weniger starken Einfluss.)

Das Intelligenz-Modell von *Cattell* sieht zusätzlich auch noch Interessen und Gedächtnisfaktoren – sowohl historischer als auch aktueller Art – vor.

Die fluide Intelligenz erreicht ihr Entwicklungsoptimum bereits im 14. bis 15. Lebensjahr, während die kristalline Intelligenz, in Abhängigkeit von

Lern- und Erziehungseinflüssen, im Regelfall nicht vor dem 20. Lebensjahr ihren Kulminationspunkt hat. Bei der kristallinen Intelligenz sind sogar Steigerungen bis in das 50. Lebensjahr oder noch später möglich.

Wie wir gesehen haben, wird Begabung nach traditionellen faktorentheoretischen Ansätzen als einheitliche bereichsunspezifische Intelligenz aufgefasst, während mathematische Begabung als Bestandteil einer hohen allgemeinen Intelligenz gilt. „Jedoch bleibt ein zentrales Problem faktorentheoretischer Ansätze, worin die Spezifik mathematischer Begabungen (im Unterschied zu Begabungen für andere Tätigkeitsbereiche) besteht." (*Käpnick 1998*, S. 70)

4.2 Bereichsspezifische Intelligenz

Zweifel am Vorliegen eines Generalfaktors der Intelligenz brachten Intelligenzforscher dazu, bereichsspezifische Konzeptionen zu entwickeln. Eine dieser Konzeptionen ist das bereits in 2.1 (kurz) vorgestellte multiple Intelligenzmodell von *Gardner*. Unter den dort genannten „Intelligenzen" sind für unsere Zielstellung die „logisch-mathematische" und die „räumliche" Intelligenz von besonderer Bedeutung.

Gardner stellt in seinem Modell durch die Kennzeichnung einer logisch-mathematischen Intelligenz die Spezifika einer mathematischen Begabung im Unterschied zu Begabungen für andere Bereiche heraus. Nach *Gardner* ist das Vorliegen folgender Fähigkeiten wesentlich für eine mathematische Begabung (siehe dazu auch *Käpnick 1998*, S. 72):

- Fähigkeiten im flexiblen Umgang mit Regeln der Logik,
- Fähigkeiten im Erfassen und Speichern mathematischer Sachverhalte,
- Fähigkeiten im Erkennen von Mustern,
- Fähigkeiten im Finden und Lösen von Problemen.

Gardner stützt sich bei seinen Aussagen zur logisch-mathematischen Intelligenz u. a. auf biographisches Material sehr bekannter Mathematiker (siehe *Gardner 1991*, S. 130-138).

Obwohl die Trennung von logisch-mathematischer und räumlicher Intelligenz bei *Gardner* verständlich erscheint (insbesondere mit Blick auf die Bedeutung der räumlichen Intelligenz in anderen Bereichen, z.B. in den

„visuell-räumlichen Künsten"), muss bezüglich mathematischer Begabung (insbesondere Hochbegabung) darauf verwiesen werden, dass in dieser m. E. räumliche Intelligenz mit eingeschlossen[10], zumindest für eine hohe mathematische Leistungsfähigkeit räumliche Intelligenz sehr günstig ist. Ein Beleg dafür ist der Beweis des letzten Fermatschen Satzes[11] durch *Andrew Wiles*, der ihm 1994 gelang (siehe das äußerst spannend geschriebene Buch von *Simon Singh, 2000*).

Auch Gardner erwähnt „produktive Interaktionen zwischen logisch-mathematischen und räumlichen Intelligenzen" (*Gardner 1991*, S. 158).

4.3 Ansätze aus der Kognitionspsychologie und Charakteristika mathematischer Begabung

Während die bisher hier besprochenen Begabungstheorien mehr oder weniger psychometrisch fundiert und damit fähigkeitsorientiert sind, entwickelten Kognitionspsychologen eigenständige prozessorientierte Begabungs- bzw. Intelligenzmodelle. Dazu gehören informationstheoretische Modelle wie z.b. der Kognitive Komponenten-Ansatz von *Sternberg* und seiner Forschergruppe (siehe z.b. *Sternberg/Davidson 1986*). *Sternberg* entwickelte frühere Forschungsansätze zum analogen Denken (*Sternberg 1977*) zu seiner sogenannten „triarchischen Intelligenztheorie" (*Sternberg 1985*) fort. Diese Theorie besteht aus drei Untertheorien, die *Sternberg* als Kontext-, Zwei-Facetten- und Komponententheorie bezeichnet.

Die *Kontext-Subtheorie* betont das Kulturspezifische der Intelligenz, wonach diese immer im entsprechenden sozio-kulturellen Kontext zu definieren sei. In dieser Subtheorie geht es um Aspekte der sozialen und praktischen Intelligenz.

In der *Zwei-Facetten-Subtheorie* versucht *Sternberg*, den (seiner Ansicht nach nur scheinbaren) Widerspruch denk- und lernpsychologischer Annahmen

---

[10] siehe dazu auch die kritische Stellungnahme zu *Gardners* Intelligenzmodell bei *Käpnick 1998* (S. 71f.)

[11] Dieser Satz lautet: Die Gleichung $x^n + y^n = z^n$ (n∈ℕ) hat (in x, y und z) keine ganzzahligen Lösungen für n größer als 2.

bezüglich der Informationsverarbeitung zu überwinden. Zur Lösung eines Problems wird Denken vor allem dann erforderlich, wenn lediglich eine geringe Erfahrungs- und Wissensbasis vorhanden ist, für den Problemlöser das Problem also neuartig ist. *Sternberg* vertritt die Auffassung, dass sich menschliche Intelligenz besonders gut mit solchen Aufgabenformaten messen lässt, bei denen vorhandenes, aber allein nicht ausreichendes Wissen angewandt werden muss, um schließlich zur Lösung zu gelangen.

In der *Komponenten-Subtheorie* unterscheidet *Sternberg* zwischen Performanz-, Meta- und Wissenserwerbskomponenten. Klassifikations-, Analogie- und Reihenfortsetzungsaufgaben, die in modernen Intelligenztests u. a. vorkommen, erfordern vom Probanden Basisoperationen im Sinne der Performanzkomponenten, d.h. Auswahl und routinemäßige Organisation. Außerdem sind dazu Kontrollprozesse notwendig. Diese werden als Metakomponenten bezeichnet. Dazu gehören: „Problemerkennung, Wahl der geeigneten Performanzkomponenten, der Repräsentationsform (verbal, numerisch, figural bzw. bildhaft), Strategie der Kombination und Neuordnung von Performanzkomponenten, Ausführungs- und Lösungskontrolle u. ä." (*Heller 2000*, S. 37) Der Lernprozess wird von den Wissenserwerbskomponenten gesteuert.

Sternberg und seine Mitarbeiter konnten mit Hilfe ihrer Komponenten-Analyse von Denkprozessen sechs Komponenten ermitteln, in denen sich hoch begabte Schüler von durchschnittlich begabten insbesondere bei der Lösung komplexer, schwieriger Probleme unterscheiden:

- Entscheidung darüber, welche Probleme gelöst werden müssen bzw. worin eigentlich das Problem besteht;
- Planung zweckmäßiger Lösungsschritte;
- Auswahl geeigneter Handlungsschritte;
- Wahl der Repräsentationsebene (sprachlich, symbolisch, bildhaft);
- Aufmerksamkeitszuwendung;
- Kontrolle sämtlicher Problemlöseaktivitäten.

(*a.a.0.* S. 38)

Für die einzelnen Schritte eines Problemlöseprozesses sind demnach allgemeine Planungs- und Steuerungskomponenten im Sinne von Metakomponenten besonders bedeutsam. Weitere kognitionspsychologische Untersuchungen belegen, dass Hochbegabte anderen hauptsächlich in der Qualität der Informationsverarbeitung überlegen sind.

Außerdem enkodieren[12] Begabte langsamer als weniger begabte. *Sternberg* gibt als Ursache dafür die Verwendung unterschiedlicher Strategien an. Von *Facaoaru* (*1985*) wird dies dadurch erklärt, dass in der Anfangsphase eines Problemlöseprozesses hoch begabte Schüler, insbesondere kreative, mehr Hypothesen aufstellen als andere. Das benötigt natürlich einen größeren Zeitaufwand. Die hier genannten Erkenntnisse sind auch für unser Thema – mathematische Begabung – sehr bedeutsam, da ja das Problemlösen einen wesentlichen Aspekt mathematischer Aktivitäten ausmacht.

Worin sehen nun aber Kognitionspsychologen Besonderheiten einer mathematischen Begabung im Unterschied zu allgemeiner intellektueller Begabung? *Van der Meer* (*1985*) hat eine vergleichende Analyse der Problemlöseleistungen von Mathematikspezialschülern und Psychologie-studierenden durchgeführt. Als Spezifika einer mathematisch-naturwissenschaftlichen Begabung stellte sie vor allem folgende heraus:

■ Bedingt durch ein spezifisches Vorwissen nehmen mathematisch-naturwissenschaftlich hoch begabte Schüler Informationen schon in einer anderen Qualität auf als weniger begabte, die dieses Wissen erst erwerben müssen.

■ Mathematisch-naturwissenschaftlich hoch begabte Schüler reduzieren in der Phase der Problembearbeitung die Komplexität gegebener Sachverhalte, so dass das Ausgangsproblem vereinfacht und für den Problemlöser überschaubar wird.

■ Beim Problemlösen bevorzugen mathematisch-naturwissenschaftlich hoch begabte Schüler eine Strategie zur Analogieerkennung, die sich durch einen minimalen Vergleichsaufwand und ein minimales Zwischenspeichern von Resultaten im Gedächtnis auszeichnet.

■ Mathematisch-naturwissenschaftlich Hochbegabte unterscheiden sich von anderen in der Art der Verknüpfung elementarer Operationen und in deren Anteil am Gesamtprozess. Die höhere Qualität von Denkleistungen bei Hochbegabten besteht gerade in der größeren Einfachheit und Effektivität der Lösungsfindung.

Das durch *van der Meer* herausgearbeitete Reduzieren und Strukturieren von Informationen ist vergleichbar mit der von *Kießwetter* sogenannten

---

[12] d.h.: mit Hilfe eines Kodes verschlüsseln

„Superzeichenbildung". Dabei versteht er unter einem „Superzeichen" die vernetzte Vereinigung von vorhandenen Informationen zu einer neuen, vom Arbeitsgedächtnis als einzeln akzeptierten (Super-) Information (Genaueres siehe *Kießwetter 2006*, S. 124ff.).

Mit dem Ziel der Erfassung der Natur und Struktur mathematischer Fähigkeiten bei Schülerinnen und Schülern verschiedener Altersstufen (6 bis 17 Jahre) hat *Krutetskii (1976)* die vermutlich umfangreichste Untersuchung über mehr als ein Jahrzehnt durchgeführt. Unter Anwendung einer großen Methodenvielfalt (u. a. Befragung von und Diskussion mit Eltern, Schülern, Lehrern; Befragung von Didaktikern und bekannten Mathematikern über ihre Vorstellungen zur mathematischen Begabung; Studien zu Biographien bekannter Mathematiker; Fallstudien zu extrem hoch begabten Schülern; Erprobung von umfangreichem Aufgabenmaterial im Unterricht, welches sich nach Schwierigkeitsgrad und Komplexitätsniveau unterscheidet) kam er zu folgenden grundlegenden Komponenten, durch deren sehr hohe Ausprägung sich mathematisch begabte Kinder auszeichnen (siehe auch *Bardy/Hrzán 2005/2006*, S. 4):
(1) formalisierte Wahrnehmung mathematischer Strukturen, d.h. die Fähigkeit, von Inhalten zu abstrahieren und nur die formale Struktur eines gegebenen mathematischen Problems zu erfassen;
(2) Verallgemeinerung mathematischer Problemstellungen, d. h. ein konkretes Problem wird als Spezialfall eines allgemeinen Problems erkannt;
(3) Verkürzung eines Gedankenganges und das Denken in übergeordneten Strukturen;
(4) Flexibilität bei geistigen Prozessen, die ein leichtes und schnelles Umschalten von einer Denkoperation zu einer anderen gestattet;
(5) Reversibilität (Umkehrbarkeit) geistiger Prozesse (insbesondere beim mathematischen Beweisen);
(6) Streben nach Klarheit, Einfachheit und auch Eleganz einer Lösung;
(7) schnelles und dauerhaftes Erinnern mathematischen Wissens;
(8) kaum auftretende Ermüdungserscheinungen bei der Beschäftigung mit mathematischen Fragestellungen.

Darüber hinaus stellte *Radatz* bei leistungsstarken Grundschulkindern Besonderheiten fest, die über die klassischen Kriterien wie Lernbedürfnis, Neugier, gut entwickeltes Gedächtnis, Abstraktionsfähigkeit, Ausdauer beim Problemlösen, erhöhtes Arbeitstempo, logisches Denkvermögen, überdurchschnittliche Selbstständigkeit u. a. hinausgehen. Dazu gehören

u. a. das Anwenden heuristischer Strategien (siehe dazu 8.1 und 8.2), das Verfügen über flexible und konkrete Vorstellungen zu den ihnen bekannten mathematischen Begriffen und Beziehungen und deren Nutzung in konkreten Problemsituationen sowie die Fähigkeit, zwischen verschiedenen Repräsentationsebenen flexibel umzuschalten und zu übersetzen (*Radatz 1995*, S. 377f.).

In Auswertung seiner umfangreichen Untersuchungen zur Charakterisierung mathematischer Begabungen im Grundschulalter entwickelte *Käpnick* (*1998*, S. 119) ein komplexes System spezifischer Merkmale zur Erfassung von Dritt- und Viertklässlern mit einer potenziellen mathematischen Begabung, das sowohl mathematikspezifische Begabungsmerkmale als auch begabungsstützende allgemeine Persönlichkeitseigenschaften ausweist:

„I. Mathematikspezifische Begabungsmerkmale
- Mathematische Sensibilität (Gefühl für Zahlen und geometrische Figuren, für mathematische Operationen und andere strukturelle Zusammenhänge sowie für ästhetische Aspekte der Mathematik)
- Originalität und Phantasie bei mathematischen Aktivitäten
- Gedächtnisfähigkeit für mathematische Sachverhalte
- Fähigkeit zum Strukturieren (Erkennen und Bilden von Mustern bzw. Anordnungs- und Gliederungsprinzipien in vorgegebenen oder zu kon-struierenden mathematischen Sachverhalten)
- Fähigkeit zum Wechseln der Repräsentationsebenen
- Fähigkeit zur Reversibilität und zum Transfer
- Räumliches Vorstellungsvermögen

II. Begabungsstützende allgemeine Persönlichkeitseigenschaften
- Hohe geistige Aktivität
- Intellektuelle Neugier
- Anstrengungsbereitschaft, Leistungsmotivation
- Freude am Problemlösen
- Konzentrationsfähigkeit
- Beharrlichkeit
- Selbständigkeit
- Kooperationsfähigkeit“

Mit diesem Merkmalssystem unterstreicht *Käpnick* zugleich die Auffassung, dass Begabung und Entwicklung von Begabung stets im Zusammenhang mit der Gesamtpersönlichkeit des Individuums zu sehen sind. Begabungsentwicklung ist „ein dynamischer Prozess hinsichtlich der kontinuierlichen Reorganisation internaler Wissensstrukturen und metakognitiver Fähigkeiten eines Individuums entsprechend seiner jeweiligen individuellen Entwicklungsphase" (*Peter-Koop et al. 2002*, S. 17).

4.4 Biologische und soziologische Aspekte von Begabung

Das Volumen des menschlichen Gehirns variiert zwischen 1000 cm^3 und 2000 cm^3, die meisten menschlichen Gehirne haben ein Volumen zwischen 1400 cm^3 und 1500 cm^3. Damit ist das Volumen des menschlichen Gehirns etwa neunmal so groß wie das eines Säugetiers vergleichbarer Körpergröße und etwa dreißigmal so groß wie das eines gleich großen Dinosauriers. Jedoch gibt es offenbar keinerlei Zusammenhang zwischen menschlichem Gehirnvolumen und Intelligenz bzw. Begabung. Es gibt einzelne Hochbegabte, die ein Gehirnvolumen von lediglich 1000 cm^3 haben, während auch gering begabte Menschen mit einem solchen von 2000 cm^3 festgestellt wurden. Sogar der Neandertaler (eine Urmensch-Spezies, die vor etwa 35000 Jahren ausstarb) hatte ein größeres Gehirn als die meisten von uns heute: 1500 cm^3 bis 1750 cm^3. (*Devlin 2003*, S. 29f.)

Die „Hardware" eines Gehirns entscheidet also offensichtlich nicht über geistige Exzellenz. Dies wird auch durch eine neue Untersuchung des Gehirns von *Carl Friedrich Gauß*[13] (1777-1855), des „Fürsten der Mathematiker", bestätigt (siehe *Wittmann et al. 1999*). Diese Untersuchung erfolgte mit Hilfe der Kernspintomografie und erbrachte keine Hinweise auf Besonderheiten in der Struktur seines Gehirns, wie sie etwa bei Einsteins Gehirn entdeckt wurden (siehe *Witelson et al. 1999*). *Frahm* be-

---

[13] *Gauß* hat auf seinem Sterbebett sein Gehirn einem seiner Göttinger Kollegen, dem Anatomieprofessor Rudolph Wagner, vermacht. Es ist bis heute in einwandfreiem Zustand und gehört zu den größten Schätzen der wissenschaftlichen Sammlungen der Universität Göttingen.

merkt hierzu: „Bereits die Oberflächenrekonstruktionen [...], die eine Betrachtung der rechten [...] und linken [...] Hemisphäre ermöglichen, reichen [...] aus um nachzuweisen, dass die bei Einstein beidseitig fehlende Hirnwindung in einer sprachrelevanten, jeweils seitlich erkennbaren Region (parietales Operculum) bei Gauß normal ausgebildet ist. Es darf daher vermutet werden, dass die Beobachtung bei Einstein mehr mit seiner bekannten frühkindlichen Sprachentwicklungsstörung als mit ‚Genialität' zu tun hat." *(Frahm 2000,* S. 9)

Demnach dürfte die „Software" (und nicht die „Hardware") eines Gehirns über das Vorliegen von „Intelligenz" bzw. „Begabung" entscheiden. Obwohl die Hirnforschung in den letzten Jahren erhebliche Fortschritte gemacht hat, liegt noch vieles im Dunkeln bei der Frage, worauf Begabung bzw. mathematische Begabung biologisch/physiologisch sich letztlich gründet. (Nach einer Notiz in „Die Zeit" vom 12.10.06 haben allerdings Neurowissenschaftler in Bethesda, USA, herausgefunden, dass die Hirnrinde von Kindern mit einem IQ von über 120 bis zum 11. Lebensjahr wächst und dann ihre größte Dicke erreicht hat. Bei Kindern mit einem IQ von etwa 100 ist die Hirnrinde bereits mit sieben bis acht Jahren gleich dick. In der Pubertät bildet sich die Hirnrinde wieder zurück. Die Gehirne Erwachsener mit hohem oder durchschnittlichem IQ zeigen keinen Unterschied. Damit scheint die Dynamik der Hirnentwicklung für die Intelligenz entscheidend zu sein.)

Hypothesen zu den biologischen und kognitiven Grundlagen der allgemeinen Intelligenz wurden von *Schweizer (1995)* formuliert. Bezüglich der Erklärbarkeit von Intelligenzphänomenen für besonders bedeutsam hält *Schweizer* Hypothesen zum Arbeitsgedächtnis, zur Aufmerksamkeitskapazität und –verteilung, zum Verarbeitungsmodus, zur Refraktärzeit[14] sowie zu Übertragungsfehlern.

---

[14] Unter der Refraktärzeit (lat. refractarius – widerspenstig/halsstarrig) versteht man die Zeitspanne nach der Auslösung eines Aktionspotenzials oder einer andersartigen Erregung, in der entweder kein (absolute Refraktärzeit) oder nur ein Aktionspotenzial mit geringer Amplitude bzw. bei erhöhtem Schwellenwert (relative Refraktärzeit) ausgelöst werden kann. Bei Neuronen liegt die absolute Refraktärzeit etwa zwischen 0,5 ms und 1 ms.

Die Hypothesen von *Schweizer* sind im Folgenden aufgelistet.

Hypothese zum Arbeitsgedächtnis (vgl. *Schweizer 1995*, S. 71):
Das Arbeitsgedächtnis ist ein Speicher mit einer geringen Kapazität. In ihm finden kognitive Operationen wie Vergleiche und Verknüpfungen statt. Für das schlussfolgernde Denken hat es eine große Bedeutung, da das Schlussfolgern gelegentlich viele solche Operationen erfordert. Ein effizientes (schnell arbeitendes) Arbeitsgedächtnis kann die Inhalte des Kurzzeitgedächtnisses besser nutzen als ein wenig effizientes.
(Heute gehen viele Forscher davon aus, „dass die Kapazität des Arbeitsgedächtnisses einer Person Grundlage und begrenzender Faktor ihrer intellektuellen Fähigkeiten ist"; *Vock 2004*, S. 2.)

Hypothese zur Aufmerksamkeitskapazität und -verteilung (*a.a.O.*, S. 71f.):
„Es wird vermutet, dass individuelle Leistungsunterschiede in der Koordinierung von Informationskanälen die Basis für Intelligenzunterschiede bilden, wie auch für Leistungsunterschiede bei chronometrischen Aufgaben – sofern das Leistungslimit erreicht wird."

Hypothese zum Verarbeitungsmodus (*a.a.O.*, S. 72f.):
Diese Hypothese betrifft zwei Verarbeitungsmodi, zum einen die automatisierte und zum anderen die kontrollierte Verarbeitung von Information. Bei der automatisierten Verarbeitung kann auf vollständige Programme zurückgegriffen werden, die nur hervorgeholt und abgespult werden müssen. Bei der kontrollierten Verarbeitung können dagegen nur Programme für mehr oder weniger elementare Teiltätigkeiten verwendet werden, die vor ihrer Ausführung aufeinander abgestimmt und miteinander in Verbindung gebracht werden müssen.
Für die Entstehung von Leistungsunterschieden werden zwei potenzielle Ursachen angenommen:

- die Instanz, die die Koordination der Teilprogramme übernimmt,
- Eigenschaften des Übergangs zwischen der kontrollierten und der automatisierten Verarbeitung.

Hypothesen zur Refraktärzeit und zu Übertragungsfehlern (*a.a.O.*, S. 73f. und S. 77):
Die von *Jensen* aufgestellte These zur Refraktärzeit sagt aus, dass „individuelle Unterschiede bezüglich der Zeitdauer, während der ein Neuron nach einer Depolarisierung nicht mehr erregbar ist, bestehen. Die

individuellen Unterschiede bezüglich der Refraktärphase einzelner Neuronen sollen sich bei der Fortleitung summieren und zu deutlich unterschiedlichen Verarbeitungszeiten sowie zu Intelligenzunterschieden führen."

Zu den Übertragungsfehlern wird vermutet, dass „die Fehlerhäufigkeit bei der synaptischen Übertragung von Impulsen interindividuell unterschiedlich ist. Eine hohe Fehlerhäufigkeit soll eine langsame Fortleitung von Nervenimpulsen nach sich ziehen. Individuelle Unterschiede in der Fehlerhäufigkeit sollen sich sowohl auf die Dauer der Reaktionszeiten als auch auf die Ausprägung der Intelligenz sowie auf die elektrophysiologische Gehirnaktivität auswirken. Bei wenigen Übertragungsfehlern wird ein sehr differenzierter Verlauf der Potentialkurven erwartet."

Die biologischen Zusammenhänge zur Erklärbarkeit von Phänomenen der Intelligenz sind – wie schon gesagt – noch weitgehend ungeklärt. Vorliegende Ergebnisse von Untersuchungen sind teilweise sogar widersprüchlich.

Zahlreiche Studien (u. a. aus der Zwillingsforschung sowie Adoptions- und Familienstudien) zur Frage der Erblichkeit von Begabung/ Intelligenz referiert *Helbig* (*1988*, S. 127-249). Er verweist auf die Heterogenität empirischer Befunde sowohl zwischen als auch innerhalb verschiedener Studien (bzw. bei Reanalysen): „mit einer Streubreite der Intelligenz-Erblichkeit von alles in allem nahe 0% bis nahe 100% und einer 'zentralen Tendenz' um 50% bzw. im Bereich zwischen 40% und 70%" (*a.a.0.* S. 247).
Weinert (*2000*, S. 367) geht davon aus, „dass etwa 50 % der geistigen Unterschiede zwischen Menschen genetisch determiniert sind, ungefähr ein Viertel durch die kollektive Umwelt und ein weiteres Viertel durch die individuelle, zum Teil selbstgeschaffene Umwelt erklärbar sind".
Helbig (*1988*, S. 244) resümiert: „In der Realität menschlicher Entwicklung sind 'Anlage' und 'Umwelt' nicht voneinander abtrennbar und isolierbar, gibt es weder einen 'rein genetischen Anteil' noch eine 'reine Umweltwirkung'. Selbst auf mikrobiologischer Ebene ist menschliche Entwicklung ein epigenetisches Geschehen, in dem Anlage- und Umwelt'wirkungen' auf keiner Ebene der Analyse faktisch auseinander gehalten werden können."

Mittlerweile gibt es auch neue Erkenntnisse zur „Prägung im Mutterleib" (siehe *Hüther/Krens 2005*). Danach dürften sowohl die Gene (die Vererbung) als auch die Prägung im Mutterleib und Umwelteinflüsse nach der Geburt für Begabung bzw. Intelligenz verantwortlich sein.

Soziologen unterscheiden im Allgemeinen bei ihren Untersuchungen zur Kennzeichnung intellektuell begabter Kinder nicht zwischen unterschiedlichen Begabungsrichtungen, sondern gehen von der Existenz einer allgemeingeistigen Begabung aus, die z.b. eine besondere mathematische Leistungsdisposition mit einschließt. Bezüglich der Kennzeichnung dieser Kinder sind die Untersuchungen vor allem darauf ausgerichtet, ihre soziale Reife, ihre speziellen Tätigkeitsprofile und ihre Selbstkonzepte im Vergleich zu Kindern gleichen Alters herauszuarbeiten.

Hoch begabte Kinder differieren im Rahmen eines breiten Spektrums von Stufen sozialer Reife. Um die Differenzen deutlich zu machen, unterscheiden *Roedell et al.* (*1989*, S. 15) zwischen hoch begabten Kindern, die „in ihrer intellektuellen Entwicklung nur mäßig beschleunigt sind" und extrem hoch begabten Kindern. Hoch begabte Kinder mit einer „mäßig beschleunigten intellektuellen Entwicklung" haben in der Regel gute Fähigkeiten in der Interaktion mit anderen Kindern. Sie sind auch eher als andere in der Lage, ihren eigenen sozialen Status und den ihrer Klassenkameraden passend einzuschätzen. Nach *Roedell et al.* (*a.a.0.* S. 20) und *Czeschlik* (*1993*, S. 155) erkennen sie Bedürfnisse anderer schnell und leicht und gehen auf fremde Bedürfnisse sensibel ein. Dies ist offensichtlich auch darin begründet, dass sie häufig gleichartige oder ähnliche Freizeitinteressen und Spielgewohnheiten wie normal begabte Kinder haben, obwohl sie geistige Tätigkeiten stärker als durchschnittlich begabte Grundschülerinnen und –schüler bevorzugen. Im Vergleich zu anderen Kindern lassen sich hoch begabte Kinder bei diesen geistigen Tätigkeiten auch weniger ablenken und können ihre motorischen Aktivitäten besser beherrschen. Nach *Czeschlik* (*a.a.0.*) wirkt sich dies auf die Güte der Informationsaufnahme und der Bearbeitung von Aufgaben aus. *Roedell et al.* (*1989*, S. 15) konstatieren, dass Kinder mit einer „mäßig beschleunigten intellektuellen Entwicklung" unter Mitschülern und bei Lehrerinnen und Lehrern meistens beliebt, emotional stabil sowie in der Schule und im späteren Leben in der Regel erfolgreich sind.

Extrem hoch begabte Kinder dagegen haben oft Schwierigkeiten, in ihrem sozialen Umfeld einen entsprechenden Platz zu finden. Diese Probleme werden von *Roedell et al.* insbesondere auf deren spezifische Tätigkeitsprofile zurückgeführt. Im Vergleich zu anderen gleichaltrigen Kindern, die ein breites Spektrum von Tätigkeiten (vor allem Spielen) bevorzugen, sind sehr hoch begabte Kinder (sogar schon im Vorschulalter) eher an geistigen Tätigkeiten wie Lesen oder dem Umgang mit Zahlen und Formen interessiert. Sie können sich (manchmal einseitig) für spezielle mathematische, biologische oder andere Themen begeistern. *Rost/Hanses (1994, S.* 215) weisen darauf hin, dass diese Kinder wegen ihrer kognitiven Akzeleration nur selten passende Spielkameraden finden und deshalb oft schon frühzeitig mehr auf sich selbst angewiesen sind. Weitere Probleme extrem hoch begabter Kinder bestehen darin, dass sich bei ihnen eine große Diskrepanz zwischen dem Niveau ihrer intellektuellen Fähigkeiten und ihrer physischen Entwicklung herausbilden kann (*Roedell et al. 1989,* S. 15) sowie ihre geistigen Fähigkeiten ihre soziale Reife weit überflügeln können. Empirische Untersuchungen haben außerdem (lediglich) gezeigt, dass hoch begabte Kinder unabhängig von ihrem Fähigkeitspotenzial völlig unterschiedliche Temperamente haben können.

4.5 Mathematische Begabung und Geschlecht

Mädchen sind anders als Jungen, und das nicht nur als Folge von Erziehung (siehe dazu auch *Brinck 2005* und *Wieczerkowski et al. 2000*). Forschungsliteratur aus den letzten 30 Jahren belegt z.B., dass Mädchen sozialer veranlagt sind als Jungen. Fortschritte in der Hirnforschung und in der Biologie zeigen, dass die Unterschiede zwischen den Geschlechtern weniger kulturell bedingt sind, als dies noch vor einigen Jahren angenommen wurde. Der Biologe *David Page,* der über das Y-Chromosom forscht (siehe z.B. *Cabe 2000*), behauptet: „Die genetischen Unterschiede zwischen Männern und Frauen stellen alle anderen Unterschiede im menschlichen Genom in den Schatten." Das Y-Chromosom ist entscheidend für die Männlichkeit, es aktiviert im Fötus die Produktion von Androgenen. Ohne Y-Chromosom werden im weiblichen Fötus die Androgene nicht in Gang gesetzt. Die Aggression von Jungen z.B. scheint nicht in erster Linie böser Wille zu sein, sondern Teil ihres genetischen Rüstzeugs. Schon im dritten Monat im Mutterleib werden sie von bis zu achtmal größeren Mengen Testosteron überschwemmt als Mädchen. Über die Rolle von Hormonen und Chromosomen bei der Festlegung des Geschlechts gibt es kaum divergierende Auffassungen. Doch wie lässt sich die Tatsache bewerten, dass ebenfalls die Gehirne von Mädchen und Jungen unterschiedlich funktionieren und auch unterschiedlich genutzt werden?

Im statistischen Durchschnitt sind Mädchen verbaler, Jungen räumlicher orientiert. Es gibt natürlich auch sprachlich begabte Jungen, und es gibt Mädchen mit einem hervorragenden Ortssinn. Jungen verwenden die visuellere rechte Gehirnhälfte, um mathematische Probleme zu lösen. *Hoyenga*, eine Hirnforscherin, erklärt die unterschiedlichen Begabungen in der folgenden Weise (siehe *Hoyenga 1993*): Männer haben eine stärkere Verbindung innerhalb jeder Hirnhälfte, Frauen eine stärkere Vernetzung zwischen den beiden Hälften. Das weibliche Gehirn sieht mehr, hört mehr, kommuniziert schneller und schafft schneller Querverweise.

An der Universität von Iowa wurde ein Mathematikexperiment mit begabten Kindern zwischen 10 und 12 Jahren durchgeführt (siehe *O'Boyle/ Benbow 1990, O'Boyle et al. 1991* und *O'Boyle et al. 1995*). Es erbrachte die folgenden erstaunlichen Erkenntnisse: Die meisten Mädchen und Jungen benutzten beide Gehirnhälften, um die vorgelegten Mathematikaufgaben zu lösen. Die hoch begabten Jungen allerdings ließen die linke Seite total ausgeschaltet und benutzten nur die rechte. Gleiches wurde bei Kindern im Umgang mit dreidimensionalen Puzzles beobachtet: Die Jungen aktivierten lediglich eine Gehirnhälfte, die Mädchen beide. Die Jungen erzielten bessere Ergebnisse.

Weiterhin ist bekannt, dass Mädchen nicht nur beide Gehirnhälften für sprachliche Prozesse verwenden, sondern dass das weibliche Hirn 20% bis 30% mehr Anteile der Sprache widmet als das männliche Hirn. Dabei ist noch zu beachten, dass das Volumen des weiblichen Hirns um etwa 15% kleiner ist. Alle diese Unterschiede haben allerdings nichts mit Intelligenzgefällen zu tun.

Unter begabten Kindern werden Jungen häufig als diejenigen beobachtet, die in Mathematik besser sind und auch ein größeres Interesse an dieser

Disziplin haben. Diese Unterschiede manifestieren sich nicht nur in schulischen Belangen, z.B. in Testleistungen oder in der Wahl von Mathematik als Spezial- oder Leistungsfach, sondern auch in außerschulischen Aktivitäten wie in der Teilnahme an Sommerakademien oder an Mathematik-Wettbewerben.

Le Maistre/Kanevsky (1997) geben als typische Erklärungen kognitive Differenzen an: größere Geschwindigkeit gewisser Funktionen des zentralen Nervensystems, höhere Leistungen der rechten Hirnhälfte, besseres räumliches Vorstellungsvermögen und schnelleres Bilden von Mustern.

5   Einige Fallstudien

Über die Einführungsbeispiele (siehe Kapitel 1) hinaus sollen die folgenden Fallstudien aufzeigen, zu welchen mathematischen Leistungen bereits Grundschulkinder fähig sind. Dabei wird auch deutlich, wie sich die Kinder sprachlich helfen, wenn sie noch nicht über die wünschenswerten Fachtermini verfügen.

Zum Teil erfährt die Leserin/der Leser nicht nur Mathematisches, sondern auch Persönliches über die Kinder.

5.1   Fallstudien aus der Literatur

Beispiel Carl Friedrich Gauß (9 Jahre)
Eine sehr bekannte Geschichte aus seiner Volksschulzeit hat Carl Friedrich Gauß im Kreise guter Bekannter gern erzählt (siehe z.B. *Chauvin 1979*, S. 88f., oder *Michling 1997, S. 9ff.*). Obwohl ich die Authentizität der beschriebenen Dialoge nicht garantieren kann, übernehme ich hier die hoch interessante Darstellung von *Michling (a.a.O.)*.

„Liggetse! Mit diesen plattdeutschen Worten legte im Jahre 1786 ein neunjähriger Schüler seine Schiefertafel mit der Rückseite nach oben auf den Tisch des Klassenzimmers der Katharinenvolksschule zu Braunschweig und setzte sich wieder auf seinen Platz. Fest davon überzeugt, dass er die von seinem Lehrer der ganzen Klasse gestellte Rechenaufgabe richtig gelöst habe. Der Schulmeister Büttner war allerdings anderer Meinung; denn besagter Knabe hatte nur wenige Sekunden für eine Rechenaufgabe gebraucht, welche die Schüler längere Zeit beschäftigen sollte. Waren doch sämtliche Zahlen von 1 bis fortlaufend 100 schriftlich zusammenzuzählen. Für neun- bis zehnjährige Volksschüler wahrlich keine leichte Aufgabe!

Während die in dem niedrigen Klassenzimmer herrschende Stille nur durch das Kratzen von etwa vierzig Griffeln auf den Schiefertafeln unterbrochen wurde, blickte Lehrer Büttner bald zu dem seelenruhig mit gefalteten Händen dasitzenden, seiner Meinung nach äußerst vorwitzigen Schüler hinüber, bald auf seine von den Knaben sehr gefürchtete Karwatsche, mit welcher er falsche Resultate recht schmerzhaft zu „rektifizieren" pflegte. Mit diesem pädagogischen Instrument gestaltete er seinen Unterricht gegebenenfalls außerordentlich eindrucksvoll! Als Zeichen seiner unbedingten Autorität war sie stets bei der Hand. 'Dir werde ich den Vorwitz noch nachhaltig austreiben!' dachte der Schultyrann und liebäugelte erneut mit seiner Karwatsche. Aber er sollte sich getäuscht haben! Als der Stapel der nach und nach übereinander gelegten Schiefertafeln am Schluss der Unterrichtsstunde umgedreht wurde, so dass die zuerst abgegebene Tafel nun oben lag, wollte Lehrer Büttner seinen Augen nicht trauen: In klarer Schönschrift stand darauf nur eine einzige Zahl: 5050! Und diese Zahl war zweifellos das richtige Resultat.

Die übrigen Tafeln waren von oben bis unten beschrieben, aber die meisten wiesen ein falsches Ergebnis auf. Nachdem die unglücklichen Besitzer dieser Tafeln, der Größe ihres Fehlers entsprechend, mit der Karwatsche behandelt worden waren, rief der Lehrer durch das Schluchzen der gemaßregelten Opfer hindurch: 'Gauß! – Nach vorne kommen! – Heraus mit der Sprache! Wie ist er zu diesem Resultat gelangt?' 'Im Kopf ausgerechnet, Herr Lehrer! Eine so einfache Aufgabe brauche ich doch nicht schriftlich zu lösen.' 'Einfache Aufgabe', schnaubte der gestrenge Pädagoge, 'das muß er mir wohl etwas näher erklären!' – 'Nun, ich habe mir überlegt, dass die erste Zahl 1 und die letzte Zahl 100 zusammen 101 ergeben. Das Gleiche gilt für 2 plus 99, für 3 plus 98, für 4 plus 97, und so weiter, bis hin zu 50 plus 51. Im ganzen also 50 Zahlenpaare. 50 mal 101 aber ergibt 5050! – Das konnte ich dann ganz leicht im Kopf ausrechnen.' 'So, so! Ganz leicht konntest du das! – Na, dann setz' dich mal ganz schnell wieder auf deinen Platz!'

'Ist doch ein Teufelskerl, dieser kleine Gauß', brummte der Lehrer. Im Stillen aber dachte er: 'Was soll ich dem eigentlich noch beibringen? – Meine Karwatsche ist hier jedenfalls fehl am Platze.'
Noch sprachloser als Lehrer Büttner aber war ein blasser, etwa 17 Jahre alter Jüngling, der diese Szene von seinem Stuhl in der Ecke des Klassenzimmers aus miterlebt hatte. Dieser junge Mann war der Schulgehilfe Martin Bartels, der den Hauptlehrer bei seiner pädagogischen Tätigkeit zu unterstützen hatte. Bartels' Hobby – so würden wir heute sagen – aber war die Mathematik. Und auf dieser Basis fanden sich der neunjährige Johann Carl Friedrich Gauß und der siebzehnjährige Martin Bartels zum gemeinsamen Studium der Rechenkunst. Selbst Lehrer Büttner tat das Seinige und bestellte für die beiden ein Rechenbuch aus Hamburg. Bartels wusste weitere Bücher zu beschaffen, und so drangen die beiden ungleichen Autodidakten bis zum Binomischen Lehrsatz und bis zum Geheimnis der unendlichen Reihen vor.
Dreißig Jahre später war Johann Martin Christian Bartels Professor der Mathematik an der Kaiserlich Russischen Universität zu Kasan, Carl Friedrich Gauß aber Professor der Astronomie und Direktor der neuen Universitäts-Sternwarte zu Göttingen, die durch sein Wirken Weltruhm erlangte."

Beispiel Sonya (9 Jahre)
Krutetskii (1976, S. 251; siehe dazu auch *Bauersfeld 2002*, S. 6f.) berichtet u. a. über Sonya. Ihr wurden im Rahmen der Untersuchungen von *Krutetskii* (siehe Abschnitt 4.3) zwei Aufgaben vorgelegt.

Aufgabe Nr. 1: Wenn ein Vogel auf jedem Stängel sitzt, dann hat ein Vogel keinen Platz. Wenn zwei Vögel auf jedem Stängel sitzen, dann bleibt ein Stängel übrig. Wie viele Vögel und wie viele Stängel sind da?

Die meisten Kinder, auch begabte, lösen eine solche Aufgabe in der Regel durch Probieren. Anders Sonya. Sie sagte zunächst: „Hier ist eine verschiedene Verteilung. Alles in allem sind da zwei unbekannte Zahlen… Wenn man die erste durch die zweite teilt, gibt es einen Rest, und wenn man die andere zum Divisor… nein. Nein, nicht so… Wenn die erste Zahl durch die zweite geteilt wird, kriegen wir entweder irgendeine Zahl mit einem Rest oder eine um 1 größere Zahl mit einem Defizit. Wie löst man solche Probleme?… Ah, ich hab's!… Das bedeutet, dass der Rest plus dem Defizit gleich ist der zweiten Zahl!"

(Der Interviewer forderte eine Erklärung.) „Na, das ist so: Nach der zweiten Division hatten wir 1 mehr, und das ist so, weil der Rest plus das Defizit genau die zweite Zahl ausmacht. Jetzt weiß ich, wie man solche Probleme löst!" (Der Interviewer: „Halt, du hast die Aufgabe noch nicht gelöst! Wie viele Stängel und wie viele Vögel sind es?") „Oh, ich vergaß... erst bleibt ein Vogel übrig, dann fehlen zwei Vögel. Also 3 Stängel und 4 Vögel."

Es ist gar nicht so einfach, Sonyas Gedankengänge zu verstehen. Sie deuten auf hohe mathematische Begabung hin. Ich versuche, Sonyas Idee verständlich zu machen (für den Fall, dass sie noch nicht verstanden wurde):

Zunächst ein Beispiel, welches keinen unmittelbaren Bezug zum Ausgangsproblem hat. Als erste Zahl wählen wir 58, als zweite 7. Es gilt:

$$58 : 7 = 8 + \frac{2}{7} = 9 - \frac{5}{7} \left(\text{wegen} \frac{2}{7} + \frac{5}{7} = 1 \right).$$

„Irgendeine Zahl" ist in unserem Beispiel also 8, der Rest 2; das „Defizit" ist 5. Sonya hat richtig erkannt, dass der Rest plus dem Defizit immer die zweite Zahl ergibt $(2 + 5 = 7)$.

Hier eine passende allgemeine (algebraische) Überlegung:

$$a : b = c + \frac{\text{Rest}}{b} = (c + 1) - \frac{\text{Defizit}}{b}$$

Daraus ergibt sich: $\dfrac{\text{Rest}}{b} = 1 - \dfrac{\text{Defizit}}{b}$

$$\Rightarrow \frac{\text{Rest} + \text{Defizit}}{b} = 1$$

$$\Rightarrow \text{Rest} + \text{Defizit} = b$$

Bezogen auf das Sonya gestellte Problem ist der Rest 1 (ein Vogel hat keinen Platz), das Defizit 2 (ein Stängel bleibt übrig, d.h. es fehlen 2 Vögel). Somit ist die Zahl der Stängel $1 + 2 = 3$ und die Zahl der Vögel $3 + 1 = 4$.

Das Besondere an der Idee von Sonya ist, dass sie nicht nur bei dieser einen Aufgabe, sondern bei einer kompletten Aufgabenklasse schnell zur Lösung führt.
Ich möchte dies an zwei weiteren Aufgaben verdeutlichen.

a)   Auf einem Baum mit mehreren Ästen lassen sich Vögel nieder. Wenn auf jedem Ast zwei Vögel sitzen, hat ein Vogel keinen Platz. Wenn auf jedem Ast drei Vögel sitzen, bleibt ein Ast übrig. Um wie viele Vögel und um wie viele Äste handelt es sich?

b)   In einem Raum stehen mehrere gleich lange Bänke. Setzen sich auf je eine Bank 6 Personen, so bleibt eine Bank übrig, auf der nur 3 Personen sitzen. Setzen sich aber auf jede Bank nur 5 Personen, dann müssen 4 Personen stehen. Wie viele Personen und wie viele Bänke sind in dem Raum?

Bei a) ist der Rest 1, das Defizit 3. Die Anzahl der Äste ist demnach 4 und die Anzahl der Vögel $3 \cdot 3 = 9$.

$$9 : 4 = 2 + \frac{1}{4} = 3 - \frac{3}{4}$$

Bei b) ist der Rest 4 (siehe den dritten Satz der Aufgabe), das Defizit 3 (siehe den zweiten Satz der Aufgabe: $6 - 3 = 3$). Die Anzahl der Bänke ist also 7, die Anzahl der Personen $5 \cdot 7 + 4 = 39$.

$$39 : 7 = 5 + \frac{4}{7} = 6 - \frac{3}{7}$$

Aufgabe an die Leserin/den Leser: Versuchen Sie, die Aufgabenklasse genau zu beschreiben, um die es sich hier handelt.

Aufgabe Nr. 2: Eine Tochter ist 8 Jahre alt, ihre Mutter ist 38. In wie viel Jahren wird die Mutter dreimal so alt wie die Tochter sein?

Sonya äußerte sich zu dieser Aufgabe so: „Das heißt, die Mutter wird älter und die Tochter auch. Ihre Jahre ändern sich... Aber die Differenz zwischen ihnen ändert sich nicht. Die Mutter wird immer um dieselbe Zahl älter sein... Warum, das ist klar: In der Mutter stecken mehrere Töchter, und in der Differenz sollte es eine weniger sein... Ja, so ist es – dreimal? Dann sind in der Mutter drei Töchter, und in der Differenz sind zwei Töchter. Die Differenz ist 30, und die Tochter ist 15. In sieben Jahren also."

Schnell erkennt Sonya das für ihren Lösungsweg Entscheidende, die konstante Altersdifferenz. Bemerkenswert ist auch, wie sie die abstrakte Beziehungsstruktur sprachlich darstellt: „In der Mutter sind (stecken) drei Töchter."

Im Übrigen beendete Sonya im Alter von 15 Jahren ihre Schulzeit und begann in diesem Alter ein Hochschulstudium.

Beispiel Marc (10 Jahre)

Bruns (2002) berichtet ausführlich über Marc. Dieser beschäftigte sich u. a. mit der Aufgabe „Wie groß ist die Summe aller Zahlen der Hundertertafel?" (siehe *a.a.0.* S. 98ff.).

Marc hatte zwar nicht die oben beschriebene „geniale" Idee von *Gauß*, ging aber dennoch auch sehr elegant vor (es ist auch die Frage, ob die Hundertertafel bei dieser Problemstellung vorgegeben werden sollte). Er errechnete sukzessive (siehe Abbildung 5.1) die Summe der ersten 10 natürlichen Zahlen und notierte diese Summe rechts neben der ersten Zeile. Für die weiteren Zeilensummen nutzte er offensichtlich eine Strategie, die es nicht erforderlich macht, jede Zeilensumme für sich eigenständig zu berechnen: fortschreitend kommen Zeile für Zeile (ausgehend von der bereits errechneten Summe 55) 10 mal 10, also 100, dazu. Mit der abschließenden (offensichtlich) schriftlichen Addition der einzelnen Zeilensummen kam Marc dann zum richtigen Ergebnis (5050).

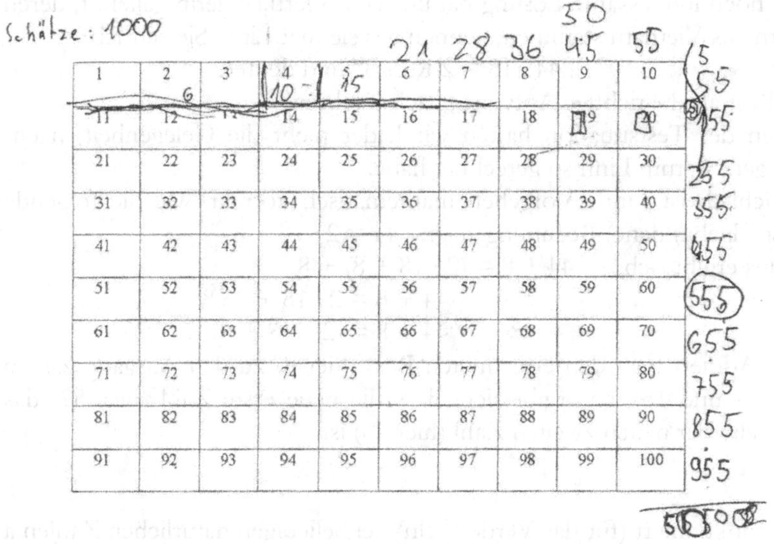

Schätze: 1000

1	2	3	4	5	6	7	8	9	10
11	12	13	14	15	16	17	18	19	20
21	22	23	24	25	26	27	28	29	30
31	32	33	34	35	36	37	38	39	40
41	42	43	44	45	46	47	48	49	50
51	52	53	54	55	56	57	58	59	60
61	62	63	64	65	66	67	68	69	70
71	72	73	74	75	76	77	78	79	80
81	82	83	84	85	86	87	88	89	90
91	92	93	94	95	96	97	98	99	100

Abb. 5.1 Die Lösung von Marc zur Aufgabe „Summe aller Zahlen der Hundertertafel" (*Bruns 2002*, S. 99)

Marcs gute Fähigkeiten, Strukturen zu erkennen und zu nutzen, halfen ihm dann auch, die Zusatzaufgabe zu lösen, nämlich die Summe der Zahlen der Tausendertafel zu ermitteln. Er erkannte die Analogie zur Struktur der Hundertertafel, wandte diese konsequent an und ging dabei sehr systematisch vor. Da er den Zusammenhang zwischen seinen beiden Endergebnissen schnell erkannte, war er so motiviert, dass er von sich aus auch noch jeweils die Summen der Zehntausender-, Hunderttausender-, Millionen- und der Milliardentafel bestimmte.

5.2 Berichte und Untersuchungen aus dem eigenen Umfeld

Beispiel Linn (4. Jahrgangsstufe)
Im Rahmen unserer „Aufnahme-Prüfungen" für die „Kreisarbeitsgemein-schaften Mathematik" in Halle verwenden wir sowohl für Drittklässler als auch für Viertklässler u. a. folgende Aufgabe (siehe auch 6.6):
Mutti ist zurzeit 44 Jahre alt und Tina 18 Jahre alt. Nach wie vielen Jahren wird Mutti (nur noch) doppelt so alt wie Tina sein?

Eine hoch interessante Lösung hat uns eine Viertklässlerin geliefert, deren Eltern aus Vietnam stammen; nennen wir sie hier Linn. Sie schrieb

„44 : 18 = 2 Rest 8" und deutete

den Rest als die richtige Antwort „nach 8 Jahren".

Wegen der Testsituation hatten wir leider nicht die Gelegenheit, nachzufragen, warum Linn so gerechnet habe.

Tatsächlich ist Linns Vorgehen mathematisch korrekt, wie die folgende (beispielgebundene) Rechnung zeigt: $44 = 2 \cdot 18 + 8$

Daraus ergibt sich: $44 + 8 = (2 \cdot 18 + 8) + 8$

$$\Rightarrow \quad 44 + 8 = 2 \cdot 18 + 2 \cdot 8$$

$$\Rightarrow \quad 44 + 8 = 2 \cdot (18 + 8)$$

Also: Addiert man den errechneten Rest (hier 8) zu den Ausgangszahlen (hier 44 und 18), so ergibt sich, dass, die neue erste Zahl (hier 52) das Doppelte der neuen zweiten Zahl (hier 26) ist.

Dies funktioniert (für das Verdoppeln) bei beliebigen natürlichen Zahlen a und b (mit der Voraussetzung $b < \dfrac{a}{2}$) immer, wie die folgende Rechnung zeigt:

$$a = 2 \cdot b + \text{Rest}$$

$$\Rightarrow \quad a + \text{Rest} = 2 \cdot b + 2 \cdot \text{Rest}$$

$$\Rightarrow \quad a + \text{Rest} = 2 \cdot (b + \text{Rest})$$

Die Idee von Linn lässt sich sogar verallgemeinern; statt Verdoppeln nehmen wir Verdreifachen, Vervierfachen, …, Ver-n-fachen ($n \in \mathbb{N} \setminus \{1\}$).

Dann gilt, falls $b < \dfrac{a}{n}$ und $n - 1$ ein Teiler von $(a - n \cdot b)$:

$$a = n \cdot b + (n - 1) \cdot c$$

$$\Rightarrow \quad a + c = (n \cdot b + (n - 1) \cdot c) + c$$

$$\Rightarrow \quad a + c = n \cdot b + n \cdot c$$

$$\Rightarrow \quad a + c = n \cdot (b + c)$$

(Zu beachten: Um c zu erhalten, muss der „Rest" bei Division von a durch b mit dem Ergebnis n noch durch n − 1 dividiert werden.)

In dieser verallgemeinerten Form lässt sich die Idee von Linn sogar auf das zweite Sonya gestellte Problem anwenden. Dort ist a = 38, b = 8 und n = 3.

Die Voraussetzungen sind erfüllt:

$$8 < \tfrac{38}{3} \; ; \; 3 - 1 = 2, \text{ und 2 teilt } 38 - 3 \cdot 8 = 14$$

Es gilt: $38 : 8 = 3 + \tfrac{14}{8}$ (diese Darstellung ist wegen des geforderten

Verdreifachens erforderlich)

bzw. $38 = 3 \cdot 8 + 2 \cdot 7$. Demnach ist c = 7.

$$38 + 7 = 3 \cdot (8 + 7)$$

Diese Lösung ist natürlich nicht so elegant wie die von Sonya.

Beispiel Jakob (10 Jahre, 3 Monate) und Josef (10 Jahre, 9 Monate)
Im 3. Kapitel wurde die Fähigkeit zum logischen Denken als eine der wichtigsten geistigen Fähigkeiten genannt, die es uns gestatten, Mathematik zu betreiben. Die folgende Fallstudie wird nun hier präsentiert, um einerseits aufzuzeigen, über welche Potenzen einzelne Grundschulkinder ohne gezielte Förderung in diesem Bereich bereits verfügen, und um andererseits die Erfolgsaussichten von gezielten Fördermaßnahmen deutlich werden zu lassen.

Jakob und Josef haben am Ende der 4. Jahrgangsstufe die folgende für Grundschüler doch recht anspruchsvolle Aufgabe gelöst (siehe dazu auch *Bardy 2003*, S. 186ff., und *Blüher 2004*):

Aus dem Kühlschrank ist eine Tafel Schokolade verschwunden. Die Mutter stellt ihre vier Kinder zur Rede. Die äußern sich so[15]:

---

[15] Dieser Satz wurde später, nachdem sich auch Studierende mit dieser Aufgabe beschäftigt hatten und nachfragten, ob auch mehrere Kinder die Tafel Schokolade gegessen haben könnten, in der folgenden Weise abgeändert: Die Kinder, von denen genau eines die Tafel Schokolade gegessen hat, äußern sich so:

Eine der Behauptungen stimmt, alle anderen Behauptungen sind falsch. Wer hat die Tafel Schokolade gegessen? Wessen Behauptung ist wahr? Begründe deine Antworten.

Die gesamte Bearbeitung (Dauer: 42 min) wurde per Video aufgenommen und transkribiert. Hier ist lediglich ein Ausschnitt aus dem Transkript abgedruckt (Zeilen 496 bis 607; etwa 6 min; die Transkriptionslegende finden Sie im Anhang).

Nach zahlreichen und lange dauernden Diskussionen mit Josef notierte Jakob zunächst die (folgende) falsche Antwort (mit Zustimmung von Josef):

Dieter ~~Bernd~~ hat recht.

Carola war es.

Wenn der Dieter recht hat war er es nicht das heißt es bleiben nur noch Bernd, Anna und Carola. Da aber Anna nicht entschuldigt wird ist sie es auch nicht. Da Annas alle/sag falsch seien muss ist es Bernd auch nicht. also bleibt nur noch Carola übrig.

Carola hat die Schokolade gegessen.

Abb. 5.2 Lösung von Jakob

Nachdem ich mitgeteilt hatte, dass die Lösung nicht richtig sei, wollten sich beide sofort noch einmal mit der Problemstellung beschäftigen. Hier der weitere Dialog:

(29:22)

496-	Jakob	wenn dann-(.) aber hier steht ja, dass drei Behauptungen also
500		falsch sein müssen, wenn eine richtig ist von vieren. das heißt
		(…) Carola kann es schon mal nicht gewesen sein eigentlich,
		weil Bernd ja falsch-, etwas Falsches sagen muss, wenn Dieter
		die Wahrheit spricht.
501	Josef	hm. (..) dann hat er die Wahrheit gesagt- (..)
502-	Jakob	aber wenn Bernd die Wahrheit sagt, sind die beiden *[zeigt auf*
508		*Carola und Dieter]* hier falsch. nee dann-, bei jedem weist er
		darauf hin, dass zwei (..) die falsche Antwort haben. (..) sie *[zeigt*
		auf Carola] behauptet, sie war es nicht. da das ja aber die falsche
		Antwort sein muss, war sie es. er *[zeigt auf Bernd]* sagt das
		Falsche. er sagt, sie war es. aber sie hat ja selber schon gesagt,
		sie war es nicht, und das bedeutet, sie war es. das heißt-
509-	Josef	na ja, das sind dann zwei richtige und zwei falsche. es müssen
510		⌈aber drei falsche sein.
511	Jakob	⌊ ja. genau.
512-	Josef	und wenn wir da jetzt nehmen, dass, annehmen, dass Anna das
513		Richtige sagt´
514	Jakob	wenn Anna das Richtige sagt (…)
515	Josef	⌈dann würde rauskommen Bernd-
516-	Jakob	⌊ dann waren die beiden *[zeigt auf*
520		*Carola und Dieter]* hier es aber. und der *[zeigt auf Bernd]*. weil die
		[zeigt auf Carola] sagt ja dann-, wenn Anna das Richtige sagt,
		dann heißt das, Bernd sagt nicht die Wahrheit. Carola sagt

		⌈nicht die Wahrheit. Dieter sagt nicht die Wahrheit.
521	Josef	⌊ da steht aber-
522-	Jakob	und wenn Dieter nicht die
526		Wahrheit sagt, das heißt, er war es. wenn Carola nicht die
		Wahrheit sagt, heißt das, sie war es auch. und wenn Anna also
		die Wahrheit sagt, war es Bernd. (..) das heißt, das ist noch ´n
		größeres Rätsel. (..) *[stützt den Kopf auf die Hand]* (31:15)
527-	Josef	wenn (7s) Bernd hat sie gegessen. dann wär-, dann wär aber
530		wenn Ca-, äh Anna Recht hätte, wär Bernd der Schuldige-, äm,
		das Gegenteil, der *[zeigt auf Bernd]* sagt, äm Carola (…) war´s,
		⌈und die sagt die war´s nicht. na ja, das heißt dann, äm, dass die-
531	Jakob	⌊ wir stehen wieder vor ´nem Rätsel.
532-	Josef	die stehen falsch. also sind die beiden *[zeigt auf Bernd und Carola]*
533		falsch. *[deutet auf Dieter, setzt zum Sprechen an]* (31:53)

534- 539	Jakob	aber wenn einer von den beiden hier *[zeigt auf Carola und Bernd]*, es richtig sagt, war es der andere. wenn zum Beispiel <u>Bernd</u> die Wahrheit sagt, dann stimmt ihre *[zeigt auf Anna]* Aussage nicht- (.) und <u>die beiden</u> *[zeigt auf Carola und Dieter]* waren es. (.) weil der *[zeigt auf Dieter]* ja sagt, er <u>war</u> es nicht. und die Aussage kann nicht stimmen. (32:09)
540	Josef	⌐Bernd sagt, dass Carola es war. und-
541	Jakob	⌐das heißt (.) das heißt, man würde-
542- 544	Josef	└ warte mal, dann, dann, sagt sie, *[zeigt auf Anna]* Bernd war´s nicht, das <u>stimmt</u> aber dann. weil Bernd ´s ja wirklich nicht war-
545- 546	Jakob	entweder hat <u>Bernd</u> (.) oder <u>Dieter</u> Recht. sonst (.) sind wir vor dem größten Rätsel, das es je gab.
547- 548	Josef	das es je gab, haha. *[beide lachen]* also ´s gibt noch ´n größeres, aber- (32:36)
549- 557	Jakob	hm, also guck mal, *[steht auf]* wenn zum Beispiel <u>Carola</u> (.) Recht hat, nehmen wir mal an. dann heißt das, sie <u>war</u> es nicht. (..) sie *[zeigt auf Anna]* sagt, <u>Bernd</u> hat sie gegessen. also Bernd war´s auch nicht. er *[zeigt auf Bernd]* sagt, Carola hat sie gegessen. sie <u>war</u> es aber nicht, sie hat ja Recht. das heißt, er sagt auch das Falsche. das heißt, ja, wenn wir Carola-, *[setzt sich]* wenn wir Carolas Lösung nehmen, dann hat´s- (.) dann ist <u>Die-</u><u>ter</u> der Einzige, der in Frage kommt. das heißt, <u>Carola</u> hatte Recht.
558	Josef	*[guckt erst unbeteiligt, nickt]* na ja, dann wär-
559- 560	Jakob	das wär das Logischste dann. dann ist das hier falsch. *[dreht sein Blatt um]*
561	Josef	wer hätte dann Recht´, Dieter.
562- 567	Jakob	nein, dann hat Carola Recht. <u>Recht</u> hat Carola. (.) und gegessen hat sie <u>Dieter</u>. (.) weil (.) *[steht auf]* wenn Carola Recht hat, dann war sie es <u>nicht</u>. <u>Bernd</u> war es auch nicht, *[stützt sich auf die Unterarme]* weil <u>Anna</u> gesagt hat, er war es. <u>Carola</u> war es schon mal sowieso nicht, weil <u>er</u> *[zeigt auf Bernd]* es sagt. und sie hat ja ⌐auch-, sie sagt ja die Wahrheit.
568- 570	Josef	└ na dann ist ja aber die beiden *[zeigt auf Bernd und Carola]* richtig. sie *[zeigt auf Carola]* sagt ja, sie war´s nicht-, also ist das (.) <u>richtig</u>.
571	Jakob	⌐aber er *[zeigt auf Bernd]* sagt, Carola <u>war</u> es, das ist <u>nicht</u> richtig.
572- 573	Josef	└ das ist das Gegenteil, falsch. muss doch <u>falsch</u> sein.
574-	Jakob	ich weiß. <u>er</u> *[zeigt auf Bernd]* sagt das Falsche-, <u>sie</u> *[zeigt auf*

584		*Carola]* sagt das <u>Richtige</u> als Einzige. <u>er</u> *[zeigt auf Bernd]* sagt das Falsche, <u>sie</u> *[zeigt auf Anna]* sagt das Falsche, <u>er</u> *[zeigt auf Dieter]* sagt das Falsche. und Dieter <u>war</u> es. sie *[zeigt auf Carola]* sagt, ich war es nicht. das heißt, sie ist schon mal ausgeschlossen. <u>Anna</u> sagt, <u>Bernd</u> war es. sie hat ja nicht Recht, <u>Carola</u> hat ja schon Recht. (..) das heißt, Bernd war´s schon mal auch nicht. <u>Bernd</u> sagt, <u>Carola</u> war´s. er hat aber auch nicht Recht. das heißt <u>Carola</u> war´s ja sowieso nicht. (.) und <u>dann</u> bleibt nur noch Dieter übrig. also war´s <u>Dieter</u>. (.) *[setzt sich]* und <u>da</u> spricht jetzt nichts dagegen, oder´
585- 587	Josef	tja, ich dachte nämlich, das wär so, wenn wir, wenn <u>die</u> *[zeigt auf Carola]* jetzt richtig wär, müssten die andern alle das <u>Gegenteil</u> sein-, und
588	Jakob	⌈hm. stimmt ja auch. *[steht auf]* das Gegenteil davon war-
589- 594	Josef	⌊ warte mal, warte mal, warte. ff, ka, dann, dann das *[zeigt auf Bernd]* Carola wär´s nicht. und sie *[zeigt auf Carola]* sagt, die <u>war</u> es. äm, sie war es <u>nicht</u>. dann würde es sagen, dann würde es stimmen, dass sie *[zeigt auf Carola]* es <u>nicht</u> war, und der-, *[zeigt auf Bernd]* und das Gegenteil davon ist ja, sie war es <u>nicht</u>. das heißt, dann stimmen ja <u>beide</u> Antworten.
595	Jakob	ja, <u>natürlich</u>.
596	Josef	na ja.
597- 598	Jakob	aber eigentlich, eigentlich sagt er *[zeigt auf Bernd]* ja, Carola <u>war</u> es. <u>das</u> stimmt nur nicht. verstehst du´ *[setzt sich]*
599	Josef	⌈ ich dachte jetzt, wir müssen das gleich machen
600	Jakob	⌈ <u>ja, nein</u>.
601	Josef	⌈ ja, deswegen.
602	Jakob	⌊ dann wär´s ja ´n bisschen unmöglich.
603	Josef	also müsste Carola Recht haben.
604	Jakob	⌈ ja. Carola hat Recht
605	Josef	⌊ und Dieter war´s. (35:25)
606	Jakob	hm. (.) Carola hat Recht. willst du diesmal schreiben´
607	Josef	na, okay.

Nun notierte Josef die folgende (richtige) Lösung (Dauer: 7 min):

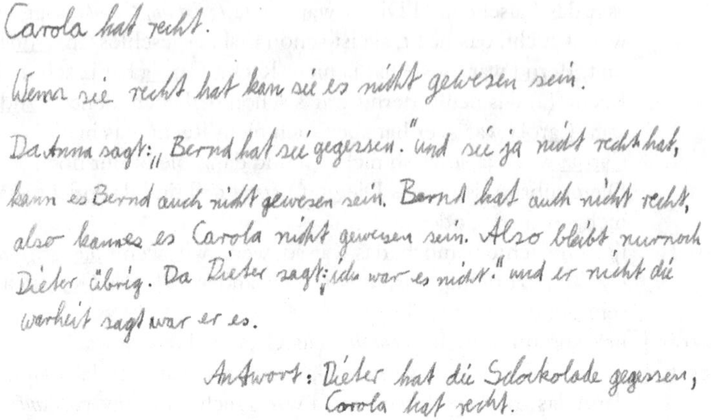
Carola hat recht.

Wenn sie recht hat kan sie es nicht gewesen sein.

Da Anna sagt: „Bernd hat sie gegessen." und sie ja nicht recht hat, kann es Bernd auch nicht gewesen sein. Bernd hat auch nicht recht, also kannes es Carola nicht gewesen sein. Also bleibt nurnoch Dieter übrig. Da Dieter sagt: „ich war es nicht." und er nicht die warheit sagt war er es.

Antwort: Dieter hat die Schokolade gegessen, Carola hat recht.

Abb. 5.3 Lösung von Josef

Hervorzuheben sind die Ausdauer und die Beharrlichkeit, mit der Jakob und Josef die richtige Lösung angestrebt haben. Auch anfängliche Misserfolge haben sie nicht frustrieren können. Die Bearbeitung der Problemstellung wäre ihnen wahrscheinlich leichter gefallen (und in kürzerer Zeit gelungen), wenn sie vorher (im Rahmen von Fördermaßnahmen bei anderen leichteren Aufgaben) die Methode der Fallunterscheidung kennen gelernt hätten. Im Rahmen einer solchen (systematischen) Fallunterscheidung hätten sie mit Blick auf die vorgegebenen Bedingungen relativ schnell testen können, wer die Tafel Schokolade gegessen hat oder wer die Wahrheit sagt.
Ich habe auch schon Grundschulkinder erlebt, die in wenigen Minuten das Problem richtig gelöst haben.

Beispiel Felix (siehe Kapitel 1)

Hier möchte ich Felix etwas genauer vorstellen, damit die Leserin/der Leser wenigstens von einem der in der Einführung genannten Kinder nicht nur Mathematisches, sondern auch ein klein wenig Persönliches erfährt (siehe dazu auch *Bardy/Hrzán 2002a* und *Bardy/Hrzán 2006*).

Die originellen Ideen von Felix im Rahmen unseres Mathematischen Korrespondenzzirkels und einer Kreisarbeitsgemeinschaft in Mathematik waren für uns Anlass, in Gesprächen mit seiner Klassenlehrerin, seiner Mutter, seiner Mathematiklehrerin und seinem Vater sowie im Rahmen teilnehmender Unterrichtsbeobachtung (jeweils durch J. Hrzán) mehr über ihn herauszufinden: einziges Kind, Mutter Erzieherin in einer Sonderschule, Vater Brückenbauingenieur.

a) Ergebnisse eines Gesprächs mit seiner Klassenlehrerin (Ende der dritten Jahrgangsstufe, Felix 9;01 Jahre):
Felix wird als typischer Einzelgänger eingeschätzt, der sich meist abseits vom Geschehen bewegt. Er ist zurückhaltend und bescheiden. Insbesondere beim Bearbeiten von Sachaufgaben findet Felix eigene und interessante Lösungswege, mit denen er jedoch nie prahlt. Meist ist er sehr ernst, kaum einmal lustig, fröhlich oder ausgelassen.
Felix wird als typisches „Oma-Kind" bezeichnet. Es besteht der Eindruck, dass die Erziehung von Felix zum großen Teil von der Oma übernommen wird. Sie betreut ihn täglich viele Stunden und spricht mit ihm offen über alle Probleme. Außer in Musik und Sport (jeweils Note 2) hat er in allen Fächern die Note 1. Obwohl er musikalisch ist und Flöte spielt, schämt er sich, vor der Klasse zu singen. Im Fach Deutsch fällt er durch kreative Äußerungen und originelle Erzählungen auf. Einen festen Freund im Klassenverband hat er (noch) nicht.

b) Informationen aus einem Gespräch mit seiner Mutter (Mitte zweites Halbjahr 4. Jahrgangsstufe, Felix 9;09 Jahre):
Im Baby- und Kleinkindalter weist die Entwicklung von Felix keine Besonderheiten auf. Jedoch hatte er schon immer ein geringes Schlafbedürfnis, sein Schlaf ist aber sehr tief.
Bereits seit Ende der Kinderkrippe (im Alter von 3 Jahren) fällt Felix dadurch auf, dass er seinen Eltern sehr viele Fragen zu allen Dingen des Lebens stellt. Dabei lässt er sich nicht mit unzureichenden Antworten abspeisen. Felix kann sehr genau beobachten und besitzt ein sehr gutes Gedächtnis. Bereits vor der Einschulung spielte er u. a. Schach und Skat und fiel dabei durch sein logisches Denkvermögen auf.
Seit seiner Kindergartenzeit ist sein Sprachvermögen hinsichtlich Umfang, Vokabular und Satzbau dem gleichaltriger Kinder überlegen. Jedoch hat er

wegen sozialer Schwierigkeiten wenig gesprochen; aber wenn, dann in vollständigen Sätzen.

Unmittelbar nach Schulanfang lernte er innerhalb von acht Wochen lesen. Fehlende Kenntnisse eignete er sich selbst an oder erfragte sie von seinen Eltern oder seiner Oma, die ihn in der Grundschulzeit fast täglich zur Schule brachte und dort abholte. Er liest sehr viel, um Antworten auf ihn bewegende Fragen zu finden. Gelegentlich trennen die Eltern ihn von Büchern, weil er nach ihrer Auffassung zu viel und zu lange liest. Hierbei wird auch deutlich, dass Felix sich sehr lange konzentrieren kann. Gleichzeitig zeichnet er sich durch eine ungewöhnlich starke Phantasie aus. Seine Schulaufsätze, die stets zu den besten gehören, belegen das.

Im Umgang mit gleichaltrigen Kindern fällt es Felix schwer, Kontakte zu knüpfen. Offensichtlich ist bei ihm eine diesbezügliche Barriere vorhanden. Wenn einmal Kontakte innerhalb einer Kindergruppe geknüpft sind, nimmt er im Spiel recht schnell die Führungsrolle ein. Wegen gewisser sozialer Probleme und Rhythmikstörungen wurde von den Eltern zunächst eine spätere Einschulung erwogen, die auch durch Kinderärztin und Kindergarten befürwortet wurde. Von Seiten der Grundschule wurde diese jedoch abgelehnt und auch nicht realisiert. Die Rhythmikstörungen konnten insbesondere in den letzten drei Jahren durch musiktherapeutische Maßnahmen abgebaut werden. Seitdem spielt Felix Flöte.

Ein Überwechseln von Felix in ein Spezialgymnasium ab Klasse 5 (ein solcher Wechsel war damals in Sachsen-Anhalt nur an wenigen Spezialgymnasien möglich) kam für die Eltern nicht in Frage, da sie ihr Kind die ganze Woche über in ein Internat hätten geben müssen.

c) Ein paar Eindrücke aus Unterrichtsbeobachtungen (Ende 4. Jahrgangsstufe, Felix 9; 10 Jahre):

Während andere Kinder sich in den kleinen Pausen aktiv bewegen, Gespräche führen und Meinungsverschiedenheiten auch durch körperliche „Kontakte" austragen, sitzt Felix meist ruhig auf seinem Platz und hat anscheinend nichts mit dem Treiben der anderen Kinder zu tun.

In einer Übungsphase, in der Aufgaben zur schriftlichen Multiplikation in

Vorbereitung auf eine Klassenarbeit gelöst wurden, war Felix meist als erster fertig. Jedoch meldete er sich nicht, als nach den Lösungen der Aufgaben gefragt wurde. Träumend schaute er vor sich hin.

In einem anderen Unterrichtsabschnitt, in dem die Kinder gefragt wurden, wie man am besten an die Lösung von Sachaufgaben herangehe, meldete sich Felix als erster. Vor allem, so meinte er, sei es wichtig, den Text so oft zu lesen, bis der Inhalt der Aufgabenstellung verstanden sei. Gleichzeitig, so Felix, müsse man auf bestimmte Zahlenangaben oder Worte wie mal oder minus achten; und manchmal sei es sinnvoll, eine Skizze zu machen. Zur Lösung konkreter Sachaufgaben benannte die Lehrerin in diesem Unterrichtsabschnitt fünf Kinder (darunter Felix), die sich selbst eine Gruppe von Kindern aus der Klasse auswählen sollten, mit denen sie gemeinsam die Aufgaben lösen wollten. Felix organisierte seine Gruppe sehr schnell (offensichtlich wusste er sofort, mit welchen Kindern er zusammenarbeiten wollte) und konnte mit dieser zuerst mit der Arbeit beginnen. Vorher hatte er aus dem umfangreichen Aufgabenangebot der Lehrerin ebenfalls sehr schnell eine Aufgabe für die Arbeitsgruppe ausgewählt, die ihm offenbar interessant und anspruchsvoll genug erschien. Felix las dann den anderen Kindern zuerst die Aufgabenstellung vor und entwickelte sogleich erste Gedanken in Bezug auf den Lösungsweg. Die anderen Kinder griffen seine Vorschläge auf und führten danach entsprechende Rechnungen aus. Anschließend fragten sie ihn nach der Richtigkeit ihrer Ergebnisse und freuten sich, wenn er diese bestätigte. Offensichtlich wurde er bei der Einnahme dieser Führungsrolle von den Kindern voll akzeptiert. Sie vertrauten auch sofort auf die Richtigkeit aller seiner Aussagen.

d) Bemerkungen auf Grund eines Gesprächs mit der Mathematiklehrerin, das den Unterrichtsbeobachtungen folgte:
Die Klasse von Felix wird von ihr als sehr leistungsschwach eingeschätzt. In den beiden anderen vierten Klassen der Schule befinden sich fast alle guten Schülerinnen und Schüler. Erst kurz vor dem Tag des Unterrichtsbesuches waren wieder fünf Kinder mit Lese-Rechtschreib-Schwächen in seine Klasse gekommen. Außer Felix gibt es noch zwei bis drei Kinder mit einem Leistungsstand von 1 oder 2 im Fach Mathematik. Die Leistungen fast aller anderen Kinder bewegen sich zwischen 3 und 6. Felix (das wird von der Mathematiklehrerin gefördert) unterstützt leistungsschwache Kinder. Für die Lehrerin nimmt er gewissermaßen die Rolle einer zweiten Lehrperson ein. Das macht Felix gern und erhält dafür von allen Kindern Anerkennung und Achtung.

Sehr anspruchsvolle Aufgaben, die seinem Leistungsstand entsprechen würden, erhält er in der Schule nicht. Dadurch würde er – nach Meinung der Lehrerin – in eine stärkere Isolierung geraten. Felix fühlt sich (und ist) in dieser Klasse verloren. Mittlerweile hat er jedoch einen Freund, der ein relativ leistungsschwacher Schüler ist. Gründe für diese Freundschaft sind der Lehrerin nicht bekannt.

e) Bemerkungen auf Grund eines Gespräches mit dem Vater (Anfang 11. Jahrgangsstufe, Felix 16; 03 Jahre):
Zurzeit besucht Felix ein Gymnasium und hat kein besonderes Interesse an der Lösung mathematischer Problemstellungen. Er möchte aber einen Beruf ergreifen, der etwas mit Mathematik zu tun hat. In der Freizeit gilt sein besonderes Interesse der Musik. Er spielt in einem Orchester Klarinette.

Beispiel Lisa und Terhat

Im Rahmen eines Forschungsprojekts an der Universität Halle-Wittenberg wurden und werden mathematisch besonders leistungsfähigen Grundschulkindern anspruchsvolle mathematische Probleme vorgelegt, die die Kinder versuchen, in Partnerarbeit zu lösen.
Die Lösungsversuche werden videografiert, transkribiert und interpretiert. Eine sehr gute und erfolgreiche Zusammenarbeit zeigten Lisa und Terhat, über die ich nun berichten möchte.

U. a. wurden ihnen folgende Fragen (schriftlich) gestellt:
a) Wie viele Primzahlen liegen zwischen 10 und 20?
b) Wie viele Primzahlen liegen zwischen 20 und 30?
c) Wie viele Primzahlen können zwischen zwei aufeinander folgenden Zehnerzahlen immer nur höchstens liegen? Begründe ausführlich deine Behauptung.
Zu dieser Zeit war Lisa 8;07 Jahre alt und Terhat 9;01 Jahre. Vor Bearbeitung der Aufgabe vergewisserte ich mich lediglich, ob die beiden Kinder verstanden hatten, was eine Primzahl ist. Nachdem sie richtige Beispiele und Gegenbeispiele genannt hatten, begannen sie sofort mit der Teilaufgabe a). Innerhalb von knapp vier Minuten hatten sie die ersten

zwei Teilaufgaben richtig gelöst. Die weitere Bearbeitung verfolgen wir nun im Transkript, beginnend mit der Zeile 47:

47-52	Terhat	und jetzt Nummer c. wie viele Primzahlen können zwischen zwei aufeinander folgenden Zehnerzahlen immer nur höchstens liegen (..) dazu kann man ja eigentlich Nummer a und b gleich benutzen, weil das ja aufeinander folgende Zehnerzahlen sind *[Lisa hält sich den Kopf]*
53-55	Lisa	wie viele Primzahlen können zwischen zwei aufeinander liegenden Primzahlen immer nur höchstens liegen?
56	Terhat	4 –
57	Lisa	4' (11s)
58-59	Terhat	allerdings 0 bis 10. das sind ja dann schon 9 Primzahlen'
60-61	Lisa	mm (4s) neun – 0 bis 10, sind doch nicht 9 Primzahlen
62	Terhat	1, 2
63-64	Lisa	nee, die 2 ist ja, ich mein, die 1 ist ja keine Primzahl. sie wird nicht mitgezählt
65-67	Terhat	also sind das 8 (.) immer noch, also (..) *[Lisa gähnt]* von 0 bis 10 wären vier Primzahlen zu finden, anstatt (.) 8
68-69	Lisa	okay, mm. soll ich mal von 30 bis 40 gucken' wie viele Primzahlen –
70-71	Terhat	von 10 bis 20 sind´s 4 Primzahlen, und von 20 bis 30 sind´s ja nur 2 –
72	Lisa	mm
73-74	Terhat	also sind´s erst mal die meisten Primzahlen von 10 (.) bis 20
75-76	Lisa	also, ich guck jetzt mal von 20 bis 30. also einunddreißig, mm, 31 ist das, na –
77	Terhat	du meinst von 30 bis 40
78	Lisa	ja.
79	Terhat	31 ist (5s) durch – (5s)
80	Lisa	5 geht nicht, 1 geht ja, mm
81	Terhat	1 geht immer.

(6:07)

82-	Lisa	2 geht nicht, 3 (..) geht auch nicht, 4 (5s)
83		geht auch nicht
84	Terhat	geht auch nicht
85-	Lisa	5 geht sowieso nicht, 6 geht auch nicht,
86		7 geht auch nicht,
87	Terhat	7 auch nicht
88	Lisa	8 –
89	Terhat	auch nicht
90-	Lisa	ja genau, 8 ist ja 32. und 9 geht auch nicht,
91		und 10 erst recht nicht. also ist einunddreißig –
92-	Terhat	einunddreißig
93		erst mal eine
94-	Lisa	32 ist na, kann durch 2 dann geteilt werden,
96		33, (..) 33. 33 ist durch 3 teilbar, also geht das auch nicht.
97	Terhat	34 ist –
98	Lisa	durch 2 teilbar (..) fünfunddreißig –
99-	Terhat	fünfunddreißig ist
100		wieder durch 5 teilbar
101-	Lisa	und durch 7. 36 ist dann wieder durch 2, und
102		37 ist durch –
103	Terhat	eigentlich nichts
104-	Lisa	also noch 37, (..) 39, nee, ich meine 38 ist
106		wieder durch 2 teilbar, und 39 ist, ist, ist, ist – [sieht Terhat fragend an]
107	Terhat	nicht
108	Lisa	na wieder 'ne Primzahl
109-	Terhat	ja, 39. bisher ist aber immer noch bei
110		Nummer a von 10 bis 11
111	Lisa	39 ist
112-	Terhat	39 ist wieder durch 3, weil ja 33 schon ist,
113		dann ist das 36 wieder durch 3 und dann 39.
114-	Lisa	also 39 nicht, haben wir wieder bloß
115		2 Primzahlen (8:36)
116-	Terhat	und 40 ist dann wieder durch 20, durch 2
117		und 20
118-	Lisa	mm, also ist bis jetzt, also, je höher die Zahl,

119		desto weniger Primzahlen glaub ich
120-	Terhat	nein, guck mal, wir haben bei Nummer b 2
122		Primzahlen gefunden von 20 bis 30, und von
		30 bis 40 haben wir auch wieder nur 2 gefunden,
123	Lisa	⌈mm
124	Terhat	⏐ bei 10 bis 20 allerdings 4
125	Lisa	⌊mm, also ist –
126-	Terhat	von 40 bis 50 werden wir dann also wahr-
128		scheinlich auch wieder nur zwei finden, weil
		das sind ja –
129-	Lisa	hehe, mm. also ich glaub, von so 4 ist, glaub
132		ich, die meiste oder' [sieht Terhat fragend an]
		(.) warte mal, ich guck mal von hundert bis
		hundertzehn, bisschen groß, wa'
133-	Terhat	nicht unbedingt, (.) 100 ist durch 2 teilbar,
134		durch 50
135	Lisa	also 101. [Gemurmel] 50 geht nicht
136-	Terhat	50 geht nicht, 3 geht auch schlecht, (7s) vier
137		geht auch schlecht,
138-	Lisa	es sind, 10 mal, sind 40, sind 80, (.) sind 100,
139		nee, geht nicht, geht nicht
140	Terhat	geht nur durch 1 und durch 101, die 101 (4s)
141	Lisa	101, 102, hundert, 103
142-	Terhat	102 ist dann wieder durch 2 teilbar, 103 ist –
143		[Lisa räkelt sich]
144-	Lisa	durch 1, durch, nicht durch 2 und auch nicht
146		durch 3, durch 4, durch 4 auch nicht, 5 und
		10 nicht, 6 em, sind 60, sind - (..)
147	Terhat	103 kannst du aufschreiben
148	Lisa	mm, 103 [schreibt auf]
149	Terhat	104 ist durch 3 teilbar –
150-	Lisa	⌈und durch 2, 105 (..) durch 5 teilbar, (...) 106
151		⏐ ist durch 2 teilbar
152	Terhat	⌊107 ist dann nicht
153	Lisa	107
154	Terhat	nicht
155	Lisa	mal nachrechnen. also 107
156-	Terhat	und 109 nicht, 107 und 109, (...) die beiden
157		dann nur noch nicht mehr

158	Lisa	na gut, wenn du meinst, mein ich auch
159-	Terhat	107 und 109. (...) na guck
164		mal, im Grunde genommen war das jetzt
		eigentlich falsch, weil wir haben ja hier oben
		11, 13, 17, 19, und hier zählen wir im
		Grunde genommen auch wieder nur von 1
		bis 10 [zeigt dabei auf Lisas Blatt]
165	Lisa	na -
166-	Terhat	also kommt da das Gleiche raus, (.) 101, 103.
167		(.)also sind's höchstens vier Primzahlen (12:15)
168	Lisa	okay. bei c schreib ich – [Lisa beginnt zu schreiben]
169	Terhat	höchstens (.) 4 Zahlen höchstens
170	Lisa	vier Primzahlen höchstens
171-	Terhat	wie können wir das jetzt noch ausführlicher
173		beschreiben. denn man soll's ja
		ausführlich begründen
174	Lisa	mm, mm, mm (...)
175-	Terhat	von 1, hm, von 10 bis 20 kamen immer vier,
180		aber ab 20 dann bei den Zehnern bis 100
		kamen, kommen dann immer nur 2, also
		immer von 1 bis, hm von 10 bis 20 die
		Zahlen haben 4 Primzahlen. (6s) also vier
		Primzahlen sind's höchstens –
181	Lisa	ja, aber – [ihr fällt der Stift aus der Hand]
182-	Terhat	und bei allen Zahlen kommt nicht in
184		Frage eine Zahl mit 'ner 2 am Ende, 'ner 4,
		'ner 8, 6 und eben die nächste Zehnerzahl
185	Lisa	ja, guat. mm. (11s) also es kann
186-	Terhat	es können also
190		immer nur höchstens 4 Zahlen sein, weil ja
		die Zahl mit 2, 4, 6, 8 und die nächste
		Zehnerzahl eben ausgeschlossen sind. [Lisa
		nickt zustimmend] also sind's 6 Zahlen (14:31)
191-	Lisa	aber, aber egal, wie hoch die Zahl ist, z. B.
193		jetzt 100 Millionen 10 bis 100 Millionen 20,
		da em, das ist ja dann irgendwie -
194	Terhat	im Grunde genommen das Gleiche -

195	Lisa	wie von 10 bis 20, oder -
196-	Terhat	weil ja dann die Reihenfolge wieder ganz von
200		vorne los geht, nämlich eine Million eins,
		eine Million zwei, und dann hat man wieder
		die gleiche Folge wie am Anfang. 1, 2, 3
		und – [*Lisa grimassiert*]
201-	Lisa	also kann man jetzt einfach die Million
203		wegnehmen, und es würde das
		Gleiche -
204-	Terhat	und würde man wieder auf das Gleiche
205		stoßen
206-	Lisa	von 1 bis, nee, von 10 bis 20, ja (5 s)
207		[*macht pfhhhh*] (15:30)
208-	Terhat	also bei den 2, 4, 6, 8 bleiben noch 5 Ziffern
213		übrig, die 1, die 3, die 5, die 7 und die 9 und
		es, und nach der Malfolge der 5 zu rechnen,
		kann man die 5 wegnehmen, weil fünfund-
		dreißig ist durch 5 teilbar, fünfundzwanzig, eine
		Million und 5
214-	Lisa	ja, und 5 ist ja auch durch 5 teil, nee
215		[*lächelt verlegen*]
216	Terhat	teilbar.
217	Lisa	ja
218-	Terhat	aber wenn 5 alleine ist, also nur die 5 und
219		nicht 10 oder so, dann ist sie 'ne Teilerzahl -
220	Lisa	also eine Primzahl, meinst du -
221	Terhat	Primzahl.
222-	Lisa	ja, weil sie dann nur durch 1 und durch 5
223		teilbar ist.
224-	Terhat	ist sie aber in der Form der 10, also das
225		Doppelte, ist sie keine Primzahl mehr.
226	Lisa	ja, weil sie dann nämlich durch - [*Gemurmel*]
227-	Terhat	also kann man die
236		5 bei den Zahlen ab 10 ausschließen. ja dann
		hat man nur noch 4, (.) also die 1, die 3, die 7
		und die 9. [*zählt an den Fingern mit*] das wären
		dann 4 Zahlen, also höchstens 4 Primzahlen.
		(6 s) [*Lisa hustet*] also, die Begründung ist,
		[*Terhat beginnt zu schreiben*] (4 s) man kann 2,

		4, 6, 8 schon rausnehmen, weil die bei den
		Zahlen <u>ab</u> 10 durch 2 teilbar sind. dann hat
		man noch 5 übrige Zahlen [*Lisa gähnt*]
237	Lisa	ja
238-	Terhat	und diese 5 übrigen Zahlen, (...) da kann man
242		auch die 5 ab der Zahl 10 rausnehmen, weil
		sie dann die 10, die 15 alle durch 5 teilbar
		sind, dann bleiben nur noch <u>vier</u> übrig - (5 s)
		also gehen höchstens 4 -
243	Lisa	Primzahlen
244-	Terhat	Primzahlen zwischen 2 Zehnern.
246		(20 *s Schreibpause*)

(18:29)

		die Zahlen (4 s) 2, 4, 6, 8,
247	Lisa	10,
248-	Terhat	10 sind auszuschließen - bis auf, wenn es
259		dann über 10 geht' (13 s *Schreibpause*) und

dann hat man nur noch 5 Zahlen eben. (5 s)
und von <u>diesen</u> 5 Zahlen kann man dann,
wie schon gesagt, ab der 10 die Zahl 5
<u>raus</u>nehmen, weil ihre Malfolge immer bei
der 5 (.) teilbar durch 5 ist, bis auf die eigene
Zahl 5. (6 s) und dann hat man noch 4
Zahlen' (4 s) also höchstens <u>vier</u> Primzahlen
zwischen 2 Zehnern. (3 *min* 12 s *Schreibpause*)
so [*Lisa malt auf ihrem Blatt, spielt mit ihrem Stift,
hustet und gähnt*]

(23:20)

In diesem Buch ist es nicht möglich, das letzte Transkript in aller Ausführlichkeit zu interpretieren (dies wurde von *Bauersfeld 2004* geleistet). Auf ein paar Aspekte möchte ich jedoch hier eingehen:

Mathematisch Auffälliges

Beiden Kindern ist der Umgang mit Teilern, insbesondere deren mögliche Verschachtelung, offensichtlich noch nicht vertraut. Lisa prüft z.B. die Teilbarkeit von 103 nacheinander „durch 1, durch, nicht durch 2 und auch nicht durch 3, durch 4, durch 4 auch nicht, 5 und 10 nicht, 6 em, sind 60" (Zeilen 144-146). Sie bemerkt nicht, dass man 4 und 6 nicht mehr prüfen muss, wenn bereits 2 kein Teiler ist. Auch verfügen beide Kinder (noch) nicht über das Wissen, dass man beim schrittweisen Prüfen einer Zahl auf Teilbarkeit bei der Quadratwurzel der nächstkleineren Quadratzahl aufhören kann. Beim Prüfen von 31 versuchen es beide zusammen schrittweise mit 2, 3, 4, 5, 6, 7, 8 und sogar mit 9 (Zeilen 82-90), während man bereits bei 5 abbrechen kann, da 6 · 6 bereits 36 (und damit größer als 31) ist. Erstaunlich ist die Prüfung von 39 auf Teiler. Obwohl die Teilbarkeit durch 3 schon an den einzelnen Ziffern ablesbar ist, stockt Lisa („39 ist, ist, ist, ist"; Zeile 105), und Terhat sagt: „39 ist wieder durch 3, weil ja 33 schon ist, dann ist das 36 wieder durch 3 und dann 39" (Zeilen 112/113). Hierzu passt auch Lisas umständlicher Nachweis, dass 101 nicht durch 4 teilbar ist: „es sind, 10 mal, sind 40, sind 80, (·) sind 100, nee, geht nicht, geht nicht" (Zeilen 138/139), was durch die ungerade Endziffer 1 auch unmittelbar angezeigt wird.

„Es wäre zu untersuchen, ob diese Einseitigkeiten mit der Weise des Einübens des Einmaleins bzw. der Division zusammenhängen. Jedenfalls ergibt sich hier ein wichtiger Merkpunkt für die bewegliche Behandlung und Förderung der Grundoperationen im 3. und 4. Schuljahr."(a.a.0., S. 7)

Dass auch zur Behandlung von Teilbarkeitsaspekten eine spezifische Begrifflichkeit (auf metasprachlicher Ebene) gehört und welche Schwierigkeiten entstehen können, wenn diese nicht verfügbar ist, kann man am Transkript demonstrieren: Auffällig ist, dass zwar die Wendung „ist teilbar durch" benutzt wird, nicht jedoch die Unterscheidungen von Zahl und Ziffer sowie von geraden und ungeraden Zahlen, auch nicht der Begriff „Endziffer" oder „Einerziffer". Terhat z.B. müht sich stattdessen, durch umständliche Aufzählungen und missverständliche Umschreibungen seine Einsichten zum Aufbau und zur Struktur der Zahlen mitteilbar zu machen. (Erst in den Zeilen 182 und 183 sagt er „bei allen [!] Zahlen kommt nicht in Frage eine Zahl mit 'ner 2 am Ende".) Dies wird in den Zeilen 56 bis 67 deutlich, in denen es um die Möglichkeiten für Primzahlen geht. Nach der ausführlichen Diskussion über die Primzahlen zwischen 10 und 20 sowie zwischen 20 und 30 denkt Terhat hier sehr wahrscheinlich an die Endziffern „0 bis 10" [gemeint: bis zur nächsten 0] (Zeile 58), aber nicht (mehr) an den ersten Zehner. Lisa dagegen deutet seine Äußerungen als Aussagen über einstellige Primzahlen (Zeilen 60 und

61). Terhat zählt daraufhin – offensichtlich unbeirrt – die Folge der ersten Endziffern auf: „1, 2", was Lisa, ihn missverstehend, rügt: „1 ist ja keine Primzahl" (Zeilen 62-64). Terhat führt seine Erklärung einfach weiter: „also sind das 8 (·) [gemeint: Möglichkeiten] immer noch, also [...] von 0 bis 10 [gemeint: bis zur nächsten Zehnerzahl] wären vier Primzahlen zu finden, anstatt (.) 8" (Zeilen 65-67). Sowohl Terhats Nennung der 1 in Zeile 62 als auch die Nennung der 8 in Zeile 67 lassen sich nicht durch ein Denken an den ersten Zehner erklären, sondern bei weitem eher als Analyse der Endziffern.

Zur Hochbegabtentypik

Die eben besprochene Szene (Zeilen 56-67) ist ebenfalls in anderer Hinsicht bemerkenswert. An ihr lässt sich ein typisches Merkmal für besonders begabte Kinder demonstrieren: Hochbegabte arbeiten ungewöhnlich zäh und ausdauernd an sie ernsthaft interessierenden Problemen (vgl. *Bauersfeld 1993* und *2001*). Dabei lassen sie sich auch kaum von ihrer Umwelt beeinflussen oder stören. Terhats Handeln, verbunden mit Lisas Missverstehen in dieser Szene, kann als ein Musterstück angesehen werden. Schließlich bricht Lisa die Szene mit einem Alternativvorschlag ab (Zeile 68).

Zum Sprachgebrauch

Nicht nur schlecht entwickelte Metasprache behindert die Verständigung beim kooperativen Problemlösen (und natürlich auch im Unterricht). Bei Begabten können dies auch die unterschiedliche Tiefe des Verständnisses der jeweiligen Sachlage und das Verfügen über eine weitergehende oder differenziertere Bedeutung bewirken. Aneinander vorbeireden oder Missverständnisse können die Folge sein.

In den Zeilen 194 bis 204 sagen beide mehrfach „das Gleiche", meinen damit aber ersichtlich etwas Verschiedenes. Lisa sagt in den Zeilen 191 bis 193: „aber egal, wie hoch die Zahl ist, z.B. jetzt 100 Millionen 10 bis 100 Millionen 20, da em, das ist ja dann irgendwie -", was Terhat vorsichtig fortsetzt „im Grunde genommen das Gleiche" (Zeile 194). Nach seiner unmittelbar vorangegangenen Diskussion der auszuschließenden Endziffern 2, 4, 6 und 8 meint er damit die Möglichkeiten für Primzahlen. Diese

Interpretation wird durch die nachfolgende Erklärung (Zeilen 196-199) bestätigt, in der er von „Reihenfolge" spricht und „dann hat man wieder die gleiche Folge wie am Anfang. 1, 2, 3". Lisa aber denkt offenbar an die Primzahlen zwischen 10 und 20, denn sie fragt nach „wie von 10 bis 20, oder" (Zeile 195) und behauptet: „also kann man jetzt einfach die Million wegnehmen, und es würde das Gleiche" (Zeilen 201-203). Terhat bestätigt dies, allerdings in seinem Sinne, d.h. auf die Endziffern bezogen, und nicht auf das Wiederauftreten der zweistelligen Primzahlen selbst. Lisa reagiert etwas verwirrt (Zeilen 195, 200, 206). Das Missverständnis wird nicht geklärt.

Weiterhin kann ein „also" am Anfang einer Äußerung sehr unterschiedliche Bedeutungen vermitteln. Im Transkript hat das Wort „also" bei beiden Kindern deutlich verschiedene Funktionen. Bei Terhat steht es oft für einen Schluss (z.B. in den Zeilen 65 und 73), bei Lisa dagegen eher für die Ankündigung eines Themenwechsels (z.B. in der Zeile 75) oder für die Ankündigung der Turn-Übernahme (siehe z.B. die Zeilen 104 und 114).

Persönliche Unterschiede

Die im Video und im Transkript deutlich werdenden persönlichen Unterschiede werde ich später mit denjenigen vergleichen, die sich bei der Videobeobachtung (und dem zugehörigen Transkript) einer (mathematischen) Problembearbeitung zeigten, die beide etwa zwei Jahre später durchführten.

Es gibt zunächst einmal einen sehr großen Unterschied in der Sprechgeschwindigkeit beider Kinder. Lisa spricht häufig sehr schnell, auch rasch an die Äußerungen von Terhat anschließend bzw. in diese einfallend. Sie wiederholt einzelne Wörter, teilweise auch mehrfach (vgl. die Zeilen 106, 139, 141). Terhat dagegen spricht bedächtig, mit längeren Pausen, aber dennoch sehr entschieden und kaum beirrbar. Lisa könnte man eher als impulsiv charakterisieren und Terhat eher als reflektiert. Dem entsprechen in etwa auch die Fehler, die beide machen: Lisa begeht zwei Fehler durch unvorsichtiges Schließen (Zeilen 118/119 – „je höher die Zahl, desto weniger Primzahlen" und Zeilen 201/202 – „die Million wegnehmen"), aber keinen Rechenfehler; bei Terhat andererseits finden sich zwei Rechenfehler (einer, der bereits vor Zeile 47 passierte – „4 teilt 26", und Zeile 149 – „104 ist durch 3 teilbar").

Auch die Körpersprache beider Kinder ist in der Interaktion deutlich verschieden. Lisa wendet sich häufig Terhat zu, insbesondere mit fragender Miene oder mit einer nicht abgeschlossenen Äußerung, wobei sie Terhat die Fortsetzung überlässt. Terhat dagegen spricht im Regelfall zum Tisch gewandt, gewissermaßen in den Raum oder zu sich selbst, nur selten zu Lisa. Dem entspricht seine Beharrlichkeit, sein schlichtes Weiterführen einer einmal begonnenen Argumentation, auch über Einwürfe hinweg (siehe die Zeilen 47 bis 71). Er nimmt die Einwürfe aber durchaus wahr und reagiert darauf, wie die Zeilen 204/205 zeigen.

Lisa lässt im zweiten Teil der langen Sequenz deutlich nach. Sie blickt häufiger als vorher nur geradeaus, lehnt sich entspannend zurück (Zeile 143), der Stift fällt ihr aus der Hand (Zeile 181), sie macht Grimassen, stößt Luft aus „pfhhh" und seufzt (Zeilen 200 und 206/207), überlässt Terhat das Aufschreiben (Zeile 233), gähnt heftig (Zeile 236) und malt schließlich nur noch abwesend auf dem Papier. Bei Terhat dagegen ist kein Nachlassen spürbar. Er schreibt langsam die Begründung auf (siehe Abbildung 5.4).

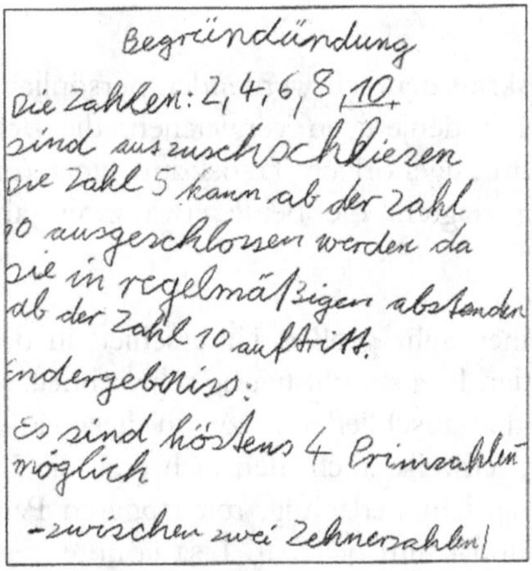
Begründündung
Die Zahlen: 2, 4, 6, 8, 10,
sind auszuschschliezen
Die Zahl 5 kann ab der Zahl
10 ausgeschlossen werden da
sie in regelmäßigen abstanden
ab der Zahl 10 auftritt.
Endergebniss:
Es sind höstens 4 Primzahlen
möglich
-zwischen zwei Zehnerzahlen!

Abb. 5.4 Begründung von Terhat

Lisa zeigt sich (bei dieser Videoaufnahme) sicherer im Rechnen als in Analysen und Schlussfolgerungen. Bei diesen verlässt sie sich zunehmend auf Terhat und erwartet seine Bestätigung.

Insgesamt erscheint Terhat in diesem Alter im Vergleich zu Lisa als der, der gründlicher denkt und auch sicherer ist. Voraussagen (Zeilen 126/127), Schlüsse und Begründungen gehen im Regelfall auf ihn zurück (z. B. Zeilen 53 bis 71, 120 bis 128, 208 bis 213). Außerdem zeigt er sich sprachschöpferisch und sprachlich recht beweglich.

Nach etwa zwei Jahren hatte ich wieder Gelegenheit zu Videoaufnahmen mit Lisa und Terhat. Ich legte ihnen u. a. folgende Aufgabe vor (Lisa 10;08 Jahre und Terhat 11;03 Jahre):
Untersuche, ob die Summe von drei aufeinander folgenden natürlichen Zahlen eine Primzahl sein kann. Begründe dein Ergebnis.

Es folgt das zugehörige Transkript:

1-	Terhat	ja, ich würd´ vorschlagen man sucht jetzt erst mal eine
3		Zahlenkette, wo drei Zahlen aufeinander folgen, wo dann eine
		ungerade Zahl rauskommt.
4-	Lisa	das ist eine gute Idee. (..) eine Primzahl, keine ungerade, eine
5		Primzahl.
6	Terhat	na, erst mal muss eine ungerade rauskommen.
7-	Lisa	na gut, ja, stimmt. (10 s) also müssen, muss die erste und der
9		dritte muss ´ne (.) also die erste und die dritte Zahl muss gerade
		sein, weil ja sonst ´ne gerade Zahl rauskommt
10	Terhat	die erste und die dritte´
11-	Lisa	ja. drei aufeinander folgende natürliche Zahlen, die erste und
12		die dritte.
13-	Terhat	wie, gehst du jetzt von der Zahlenfolge aus weil, wenn du die
15		addierst, ist doch scheißegal, wie rum du die stellst. [Lisa
		grimassiert]
16-	Lisa	ich meine ja nur dass da zwei gerade und eine ungerade drin
17		vorkommen müssen.
18	Terhat	ach so.
19	Lisa	genau so.
20-	Terhat	was kommt da - (5 s) mal testen, ob es so was wird. (13 s)
22		[schreibt] ja, wenn man vielleicht noch ´ne Primzahl mit
		rein nimmt, 16, 17, 18´
23	Lisa	na gut , hast ja Recht. (14 s) [beide schauen sich an]
24	Terhat	41. (.) aja.

25-	Lisa	ist das ¯ne Primzahl´ (...) testen, das ist gut (5 s) 2 geht nicht,
26		3 geht nicht, 5 geht nicht, 7 geht nicht
27	Terhat	41 durch x gleich (.) x [beide kichern]
28-	Lisa	klar. 11 geht nicht, em, 13 (..) geht nicht, ich würd´ sagen 41 ist
29		´ne Primzahl.
30	Terhat	durch (..) nein, das dürfte ´ne Primzahl sein. (3:03)
31-	Lisa	genau, du sagst es. 41 ist ´ne Primzahl. (6 s) noch mal
33		nachrechnen´ (..) die alte Grundschulmethode (..)
		[Terhat schreibt]
34	Terhat	wieso´
35-	Lisa	na ja. untereinander schreiben und immer schön plus davor
36		setzen -
37	Terhat	(?) kommt 51 raus.
38-	Lisa	okay, du hast dich verrechnet, das ist schlecht, 51 ist keine
40		Primzahl weil sie mindestens durch drei und durch sieben
		teilbar ist, nein, nein, mindestens durch drei, ja genau.
41	Terhat	stimmt.
42	Lisa	siehste' (21 s) [Terhat schreibt]
43-	Terhat	wie könnte man das denn dann machen. (11 s) mal gucken, was
44		für Primzahlen es erst mal gibt.
45	Lisa	Terhat, ich glaub ich hab grad ´ne Eingebung - (4:31)
46	Terhat	welche´
47-	Lisa	drei aufeinander folgende Zahlen, da könnte man ja im Prinzip
50		auch drei gleiche Zahlen, und halt die, ich sag mal die erste und
		die letzte, muss man bloß eins plus und eins minus rechnen (..)
		aber die Primzahl kann man ja nicht durch drei rechnen.
51-	Terhat	wie bitte´ Moment mal, das hab ich jetzt nicht so ganz
52		verstanden.
53-	Lisa	na ja, drei aufeinander folgende Zahlen, sagen wir mal (.) x
54		minus eins, x und x plus eins. [schreibt]
55	Terhat	ah ja.
56-	Lisa	und (.) man könnte es ja auch so machen, dass man x, x, x
58		nimmt´ und dann halt plus eins, plus eins und eins minus,
		gleicht sich das dann wieder aus. (..) aber ´ne Prim-
59-	Terhat	ach so, dass du drei Zahlen zusammen nimmst - und da dann
60		eben guckst was in der Nähe als Primzahl liegt, oder wie´ (5:28)
61-	Lisa	em, ich glaub, du hast mich falsch verstanden, kann es sein´ (..)
63		also guck mal, ´ne Primzahl, die geht doch nicht durch drei zu
		teilen
64	Terhat	nein.
65-	Lisa	ja, sonst wär´ es keine Primzahl, gute Bemerkung. und drei

72		aufeinander folgende Zahlen, mm, ist ja im Prinzip (..) bei eins, zwei und drei nehm´ ich jetzt mal als Beispiel - mm, <u>das ist</u>, da kommt die gleiche Summe raus wenn man zwei, zwei, zwei (.) zwei plus zwei plus zwei, kommt das Gleiche raus als wenn man eins, zwei, drei rechnen würde. (.) also kann man das im Prinzip als selbes nehmen. (...) eine Primzahl <u>geht nicht</u> durch drei.
73- 74	Terhat	dann müsstest du aber drei <u>ungerade</u> Zahlen rechnen, zusammen.
75	Lisa	wieso - ich kapier dich nicht.
76- 77	Terhat	na weil, wenn du rechnest zwei, zwei, zwei als Beispiel, kommst du wieder auf ´ne gerade Zahl.
78- 79	Lisa	das war nur ein <u>Beispiel</u>. Ich kann auch drei, drei, drei nehmen. ich wollte ja nur sagen, dass es <u>nicht möglich ist</u>.
80	Terhat	ach so, gut.
81- 82	Lisa	weil eine Primzahl nicht durch drei zu teilen geht. (49 s) [*beide notieren*]
83- 87	Terhat	23 ist noch ´ne Primzahl - (8 s) vielleicht müsste man mal in den unteren - (5 s) fünf plus sechs plus sieben - (14 s) mit zwei Primzahlen <u>geht</u> nicht. kommt man wieder <u>gerade</u> (17 s) man <u>kann das ja auch mal mit</u> (..) einer <u>geraden</u>, einer <u>ungeraden</u> und ´ner <u>Primzahl</u> versuchen. (5 s)
88- 90	Lisa	meine Meinung kennst du bereits, das geht nicht, aber probier ruhig, so lange du willst. [*Lisa guckt Terhat an, seufzt und grimassiert*] (20 s)
91- 92	Terhat	nee, kommt auch nicht hin' (8 s) <u>wie könnte man das dann machen</u>.
93	Lisa	überhaupt nicht, es geht nicht. [*singender Tonfall*] (9:24)
94	Terhat	so könnte man auch interpretieren.
95	Lisa	ja. (..)
96	Terhat	dann begründe bitte dein <u>Ergebnis</u>, zu dem du gekommen bist.
97- 100	Lisa	hab ich doch schon gesagt´, dass mit dem (..) dass drei aufeinander folgende Zahlen eigentlich auch genauso wie drei von der in der Mitte liegenden Zahl sind´, würde auf die gleiche Summe kommen´ und ´ne Primzahl geht nicht durch drei.
101- 102	Terhat	´ne Primzahl soll auch nicht durch jegliche andere Zahlen gehen, sondern nur durch sich selbst und eins.
103	Lisa	ja, das weiß ich, deswegen ja.
104- 105	Terhat	und wieso beziehst du dich so auf die <u>drei</u>´, das versteh ich nicht.
106- 108	Lisa	na ja, wenn das drei aufeinander folgende Zahlen sind - (.) dann beziehe ich mich auf <u>drei</u>. wie zum Beispiel wenn ich (.) em, sagen wir mal em, zwei, drei, vier -

109	Terhat	du meinst also, weil das <u>drei aufeinander folgende Zahlen</u> sind.
110	Lisa	ja. sag ich.
111-	Terhat	und 'ne <u>Primzahl</u> kann man nicht durch drei teilen, heißt das
113		gibt es <u>keine Möglichkeit</u>, dass drei aufeinander folgende
		Zahlen eine <u>Primzahl</u> ergeben.
114-	Lisa	genau. weil man die erste´, also, die erste in der Reihenfolge
116		und die letzte in der Reihenfolge´ auch wieder die wie in der
		Mitte <u>zusammenzählen könnte</u>. (10:46)
117	Terhat	stimmt.
118	Lisa	ja. (3 s) also geht das nicht.
119	Terhat	das würd´ ich jetzt auch meinen.
120-	Lisa	ja siehst du. (6 s) ich würd' sagen, das geht <u>nicht</u>, weil drei
131		aufeinander folgende Zahlen, em, die gleiche Summe ergeben,
		wie jetzt, zum Beispiel drei gleiche Zahlen. weil man ja die <u>erste</u>
		und die <u>letzte Zahl</u> in der Reihenfolge´, ja die erste und die
		dritte´, könnte man ja eigentlich wie die erste <u>eins minus</u> und
		für die letzte <u>eins plus</u>, rechnen - und dann, das gleicht sich
		dann in der Summe miteinander aus und dann hat man <u>drei</u>
		<u>gleiche</u> Zahlen. aber wenn man drei gleiche Zahlen davon die
		Summe bildet, kann es ja keine <u>Primzahl</u> mehr ergeben, weil
		eine Primzahl ja nicht durch <u>drei</u> geteilt werden kann. oder
		durch irgendeine andere Zahl. geht ja nur durch 1 und
		durch sich selbst. also ist es <u>nicht</u> möglich. (11:57)

Hier sind die Notizen von Lisa am Ende der Bearbeitung (Abbildung 5.5):

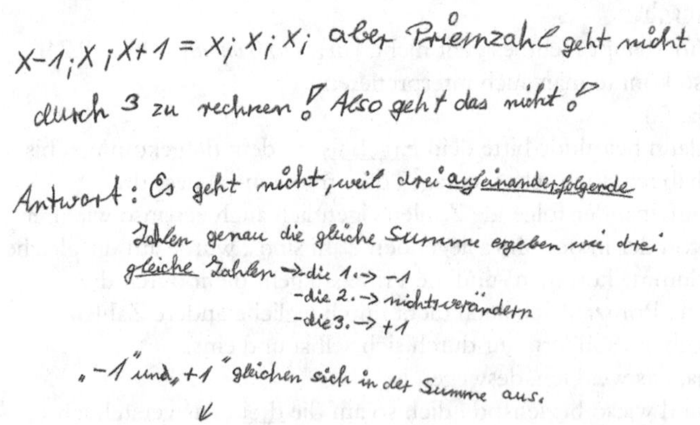

Abb. 5.5 Notizen von Lisa

Bei diesem Transkript verzichte ich auf ausführliche Interpretationen und hebe nur die persönlichen Unterschiede hervor.
Der bei der Aufnahme vor zwei Jahren zu beobachtende sehr große Unterschied in der Sprechgeschwindigkeit beider Kinder ist diesmal nicht zu erkennen. Terhat macht einen Rechenfehler (16 + 17 + 18 = 41; Zeile 22). Lisa bemerkt diesen nicht sofort, beteiligt sich an der Überprüfung, ob 41 eine Primzahl ist, und regt schließlich aber an, „noch mal nach(zu)rechnen" (Zeilen 31 und 32). Bei der Begründung, dass 51 keine Primzahl ist, nennt Lisa neben 3 zunächst auch den Teiler 7 (Zeile 39), korrigiert sich aber sofort.

Die weiterführenden Ideen bzw. die Begründungen für die richtige Erkenntnis kommen alle von Lisa: „die erste und die dritte Zahl muss gerade sein, weil ja sonst `ne gerade Zahl rauskommt" (Zeilen 8/9); „ich hab grad 'ne Eingebung" (Zeile 45) und der Inhalt der Eingebung „drei aufeinander folgende Zahlen, da könnte man ja im Prinzip auch drei gleiche Zahlen, und halt die, ich sag mal die erste und die letzte, muss man bloß eins plus und eins minus rechnen… aber die Primzahl kann man ja nicht durch drei rechnen" (Zeilen 47 bis 50); „x minus eins, x und x plus eins" (Zeilen 53/54).

Terhat tut sich sehr schwer, Lisa überhaupt zu verstehen: „wie bitte Moment mal, das hab ich jetzt nicht so ganz verstanden" (Zeilen 51/52); „ach so, dass du drei Zahlen zusammen nimmst und da dann eben guckst was in der Nähe als Primzahl liegt, oder wie" (Zeilen 59/60); „dann müsstest du aber drei ungerade Zahlen rechnen, zusammen" (Zeilen 73/74); „dann begründe bitte dein Ergebnis, zu dem du gekommen bist" (Zeile 96); „und wieso beziehst du dich so auf die drei, das versteh ich nicht" (Zeilen 104/105). Er kann ihren Gedankengängen nicht sofort folgen.

Lisas Körpersprache und Mimik unterstützen ihren Führungsanspruch und ihre entsprechenden selbstbewussten Äußerungen, bei denen sie ihre Überlegenheit im Denken zum Ausdruck bringt: „genau, du sagst es" (Zeile 31); „gute Bemerkung" (Zeile 65); „das war nur ein Beispiel" (Zeile 78); „meine Meinung kennst du bereits, das geht nicht, aber probier ruhig, so lange du willst" (Zeilen 88/89); „überhaupt nicht, es geht nicht" (Zeile 93); „hab ich doch schon gesagt" (Zeile 97).

Die beiden Transkripte belegen m. E. sehr eindrucksvoll, wie vorsichtig man (jedenfalls im Grundschulalter der Kinder) mit der Etikettierung „mathematisch begabt" sein muss und wie gefährlich es ist, nur auf der Grundlage von Momentaufnahmen solche Zuweisungen vornehmen zu wollen. Beim ersten Transkript (und auch bei allen anderen, die in dieser Zeit entstanden sind) ist man geneigt, Terhat als den begabteren einzustufen; zwei Jahre später jedoch erscheint Lisa als die dominierende.

Ich beende dieses Kapitel mit ein paar Informationen zu den beiden Kindern; diese erhielt ich in einem Gespräch mit beiden Müttern und mit beiden Kindern (im Anschluss an die Videoaufnahmen zum letzten Tran-skript):

Lisa hat einen vier Jahre älteren Bruder, der auch als hoch begabt eingestuft wird. Ihre Mutter ist Diplom-Ingenieurin (Elektroenergie-anlagen). Ende ihres 4. Lebensjahres/Anfang ihres 5. Lebensjahres wurde Lisa nach einem Test bescheinigt, dass sie gegenüber Gleichaltrigen einen Entwicklungsvorsprung von 3 bis 4 Jahren habe (verbale Information an die Mutter). Im Alter von knapp 10 Jahren wurde mit Lisa ein IQ-Test durchgeführt, Ergebnis: 133. Sie wurde frühzeitig (im Alter von fünf Jahren) eingeschult und nahm auch an Mathematik-Olympiaden teil; bei der 1. Stufe erreichte sie den 1. Platz, bei der 2. Stufe den 3. Platz. Lisas mathematische Begabung stamme „vom Vater", meint ihre Mutter. Sie nennt Lisa ein „Multitalent". Diese nahm auch an einem Astronomie-kurs der Hochbegabtengesellschaft e.V. teil (zweimal im Monat für drei Stunden, die Aufnahme in einen solchen Kurs sei nur bei erfolgreichem IQ-Test möglich). Später möchte Lisa nach eigener Aussage gerne Physik studieren.

Terhat ist Einzelkind, die Mutter Gymnasiallehrerin, der Vater (in Syrien) promovierter Mathematiker. Ein Onkel von Terhat ist ebenfalls Mathe-matiker. Terhat wurde frühzeitig (mit fünf Jahren) eingeschult. Bis zum Bestehen (und dem hervorragenden Abschneiden bei) der Aufnahme-prüfung an einem mathematisch-naturwissenschaftlichen Spezialgymna-sium besuchte Terhat eine Kreisarbeitsgemeinschaft in Mathematik. In der 5. und 6. Jahrgangsstufe war sein Interesse an Mathematik nicht mehr so groß wie in seiner Grundschulzeit. Er unternahm mit seinen Eltern sehr viele Reisen, vor allem in arabische Länder. Terhats Studienwunsch ist das Fach Informatik.

6 Zur Diagnostik von Begabung/mathematischer Begabung im Grundschulalter

Anlagen lassen sich nicht direkt messen, sondern nur über die Qualität von Leistungen erschließen. „Will man nicht Hochleistungsfähigkeit mit Hochbegabung gleichsetzen, so muss man wohl oder übel unterscheiden, dass zwar Hochbegabung in der Regel Hochleistungen erwarten lässt, dass aber nicht umgekehrt von Hochleistungen ohne weiteres auf eine verursachende Hochbegabung geschlossen werden kann. Zudem sind Spitzenleistungen neben den Anlagen sowohl von der Arbeitssituation und der aktuellen Disponiertheit wie von den Aufgabenmerkmalen abhängig, d.h. sie sind unausweichlich situations- und aufgabenspezifisch. Dieser Umstand erhöht das Risiko für die querschnittartige Erhebung von Leistungen, was bei standardisierten Tests der Normalfall ist. Verlässlichere Einschätzungen kann man eher von längerfristigen Beobachtungen einschlägiger Problemlösetätigkeiten und dem begleitenden allgemeinen Verhalten erwarten, d.h. von einer prozessartigen Diagnose." (*Bauersfeld 2006*, S. 84f.)

6.1 Warum soll man Begabte identifizieren?

Heller (2000, S. 243) nennt als Aufgaben der Begabungsdiagnostik zum einen die **Talentsuche** oder **Hochbegabtenidentifikation** (als Vorstufe einer intendierten Förderung begabter Kinder oder Jugendlicher bzw. im Rahmen von Forschungsprojekten) und zum anderen die **Einzelfall-**

diagnose (als Beratungsgrundlage erzieherischer Prävention und gegebenenfalls pädagogisch-psychologischer Intervention).

Nach *Heller* (*a.a.O.*, S.244) erfahren „**Talentsuchen** für bestimmte Förderprogramme [...] ihre Berechtigung a) durch das Recht jedes einzelnen auf optimale Begabungs- bzw. umfassende Entwicklungsförderung, b) durch gesellschaftliche Ansprüche an jeden einzelnen, somit auch an Hochbegabte, einen angemessenen Beitrag für andere zu leisten." In diesem Zusammenhang wird gelegentlich auch auf die Pflicht zu besonderen Leistungen Hochbegabter hingewiesen, die aus gesellschaftlichen oder volkswirtschaftlichen Anforderungen erwachse.

„**Einzelfalldiagnosen** dienen der Vorbeugung oder Aufklärung individueller Verhaltens- und Leistungsprobleme, sozialer Beziehungskonflikte oder von Erziehungs- bzw. Sozialisationsproblemen, soweit hierfür – direkt oder indirekt – 'Hochbegabung' verantwortlich gemacht werden kann. Entsprechende Hypothesen sind diagnostisch zu entscheiden, bevor Erziehungs-, Beratungs- oder Interventionsmaßnahmen geplant und realisiert werden." (*a.a.O.*, S. 243) Andauernde Unterforderung (z.B. wegen nicht erkannter Hochbegabung einer Schülerin oder eines Schülers), Zwang zur Konformität (etwa aus Angst vor negativen Etikettierungseffekten), Unsicherheiten Erwachsener im Umgang mit hoch begabten Kindern oder Neidkomplexe können zu Verhaltensproblemen oder Konflikten zwischen Hochbegabten und ihrer sozialen Umgebung führen.

Ist der Aufwand für Einzelfalldiagnosen bzw. für Talentsuchen gerechtfertigt bzw. sind die möglichen Risiken bei solchen Unternehmungen zu akzeptieren? Ich meine ja: Einerseits ist der gesellschaftliche Wert der Identifikation (und der anschließenden Förderung) begabter Kinder und Jugendlicher hervorzuheben; gesellschaftlich nützliche Fähigkeiten und Fertigkeiten werden ausgebildet. Andererseits – was mindestens genau so wichtig ist – geht es um den individuellen Wert für das begabte Kind/den begabten Jugendlichen selbst; jedes Kind, auch das begabte, hat das Recht auf passende Förderung, u. a. um durch diese Förderung sich persönlich selbst verwirklichen zu können.
Die Notwendigkeit der Diagnose von Begabung und entsprechender Interventionen wird insbesondere in den Fällen deutlich, wo ein begabtes Kind in der Regelklasse verhaltensauffällig wird, weil es unterfordert ist,

wo ein hochbegabtes und gleichzeitig lernbehindertes Kind in eine Sonderschule abgeschoben wird oder wo ein hochbegabtes Kind aufgrund seiner intellektuellen Frühreife „in die Position eines sozialen Außenseiters" (*Hany 1987*, S. 95) gerät.

Sowohl spezielle Identifikationsmaßnahmen als auch spezielle Begabtenförderung sind natürlich nur dann erforderlich, wenn die den Begabten gegebenen Möglichkeiten (sowohl schulisch wie außerschulisch), ihre Fähigkeiten entfalten und sich verwirklichen zu können, nicht ausreichend sind sowie eine optimale Entwicklung von Begabten und die entsprechende gesellschaftliche Nutzung sich allein durch gezielte Fördermaßnahmen realisieren lassen.

Begabung, insbesondere mathematische Begabung, bereits im Grundschulalter zu diagnostizieren, ist nicht einfach. Um allgemein ein begabtes Kind als solches zu identifizieren, empfiehlt es sich, mehrere verschiedene Diagnoseinstrumente heranzuziehen und möglichst vielfältige und umfassende Informationen einzuholen. Damit kann das Risiko, ein Kind als besonders begabt zu identifizieren, obwohl es das nicht ist (Alpha-Fehler), bzw. ein Kind nicht als begabt festzustellen, obwohl es in Wirklichkeit begabt ist (Beta-Fehler), klein gehalten werden; denn beide Fehler können für die weitere Entwicklung des Kindes schlimme Folgen haben. Deshalb ist es auch wichtig, dass Eltern sowie Lehrerinnen und Lehrer die Möglichkeiten der Hilfe und Unterstützung durch Schulpsychologen oder Beratungslehrer in Anspruch nehmen.

Ich werde nun (in den Abschnitten 6.2 und 6.3) Merkmalskataloge für Eltern bzw. Lehrerinnen und Lehrer vorstellen, die eine erste Orientierung bei der Frage ermöglichen, ob ein Grundschulkind (allgemein) begabt sein könnte, ohne hier bereits auf die spezifische Frage einer mathematischen Begabung einzugehen. In den Abschnitten 6.4 bis 6.6 werden dann neben Hinweisen zur Hochbegabungs- bzw. Intelligenzdiagnostik auch Hilfen für die Diagnose mathematischer Begabung angeboten.

6.2 Merkmalskatalog für Eltern

Die erste Frage sowohl von Eltern als auch von Lehrerinnen und Lehrern, die sich für das Phänomen „Hochbegabung" interessieren, lautet im Regelfall: „Wie erkennt man, ob ein Kind hoch begabt ist?" Ein solcher Wunsch nach einer Anleitung, ist durchaus verständlich und hat dazu geführt, dass in der Ratgeberliteratur zum Thema „Hochbegabung" Checklisten vorkommen, in denen Merkmale genannt werden, die dort für hoch begabte Kinder als typisch deklariert werden. In diesem Buch möchte ich nicht auf solche Merkmalslisten verzichten und biete im vorliegenden Abschnitt eine solche für Eltern an (und im nächsten Abschnitt eine solche für Lehrerinnen/Lehrer). Gleichzeitig spreche ich jedoch eine deutliche Warnung aus (siehe auch *BMBF 2003*, S. 23ff., und *Perleth et al. 2006*):

Es ist wissenschaftlich nicht ausreichend abgesichert, dass die in solchen Merkmalslisten genannten Kriterien tatsächlich typisch für Hochbegabte sind. Einzelne Hochbegabungsforscher kritisieren, dass diese Checklisten keine Ergebnisse empirischer Untersuchungen seien, sondern es sich um unzulässige Verallgemeinerungen von Einzelfällen handele. Die Formulierung der Kriterien ist außerdem häufig so vage, dass sie auch auf nicht hoch begabte Kinder zutreffen können. „Viele der Merkmale sind als bewertende oder quantifizierende Aussagen formuliert (z.B. ungewöhnlich hoch, leicht, sehr viel). Nur was heißt nun genau 'viel' oder 'ungewöhnlich'? Dies zu beurteilen, wird bei den Checklisten jeder/jedem selbst überlassen. Hinzu kommt, dass die meisten der aufgelisteten Verhaltensweisen abhängig von dem Bildungs- und Förderangebot sind, das einem Kind zur Verfügung steht. Hochbegabung ist davon jedoch unabhängig. Weiterhin gibt es keinen Auswertungsschlüssel, nach dem zu bestimmen ist, wie viele der aufgelisteten Merkmale vorliegen müssen, um von Hochbegabung sprechen zu können, oder ob sie in einer spezifischen Kombination vorliegen müssen." (*BMBF 2003*, S. 23)

Werden die genannten Einschränkungen berücksichtigt, kann der folgende Merkmalskatalog für Eltern zumindest darauf aufmerksam machen, dass ein Kind hoch begabt sein *könnte*. Obwohl in manchen Merkmalslisten auch Hinweise zu Säuglingen vorkommen, verzichte ich hier auf solche Merkmale, da es nach *Mönks/Ypenburg 2005* (S. 40) „keine allgemein gültigen und untrüglichen Kennzeichen [gibt], die bereits beim Säugling als Hinweis auf Hochbegabung betrachtet werden können".

Insofern beziehen sich die folgenden Merkmale auf Kinder ab einem Alter von etwa zwei Jahren (*a.a.0.*, S. 41ff.):

- *haben schon früh intellektuelle Interessen* (Entwicklungsvorsprung begabter Kinder im Vergleich zum intellektuellen Verhalten gleichaltriger Kinder)
- *sind sehr wissbegierig* (Das „Warum-Alter" – Beginn etwa im Alter von drei Jahren, Höhepunkt zwischen drei und vier Jahren – beginnt bei hoch begabten Kindern wesentlich früher und scheint nicht aufzuhören.)
- *lernen leicht und schnell*
- *haben viel Energie und werden kaum müde*
- *sind konzentriert und aufgabenbewusst*
- *können sich gleichzeitig mit mehreren Sachen beschäftigen*
- *haben ein ausgezeichnetes Gedächtnis*
- *haben eine breite Streuung von Interessen*
- *haben einen außergewöhnlichen Sinn für Humor*
- *neigen zum Perfektionismus* (Dieser Grundhaltung muss wahrscheinlich auch die Tatsache zugeschrieben werden, dass einige hoch begabte Kinder relativ spät anfangen zu sprechen, dann aber gleich fehlerlose schwierige Sätze bilden.)
- *bestehen schon früh darauf, vieles selbst und auf eigene Art zu tun*
- *denken sehr früh über den Sinn des Lebens nach* (Sie interessieren sich z.B. für die Abstammung des Menschen und fragen danach, was nach dem Tod kommt.)
- *lernen bereits im Vorschulalter – oft aus eigenem Antrieb – Lesen und Schreiben* (Das gilt allerdings nicht für alle hoch begabten Kinder.)
- *entwickeln früh den Zahlbegriff und eigene Rechenmethoden*

Die hier präsentierte Liste ist (natürlich) unvollständig und trifft (wie schon beim Lesen und Schreiben explizit erwähnt) nicht vollständig auf alle hoch begabten Kinder zu.

6.3 Merkmalskatalog für Lehrerinnen und Lehrer

Lehrerinnen und Lehrer können sich an dem folgenden Merkmalskatalog orientieren (siehe z.b. *Deutsche Gesellschaft für das hochbegabte Kind e.V. 1984*, S. 41-42). Falls sehr viele dieser Merkmale bei einem Kind zutreffen, sollte versucht werden, noch weitere Informationen über dieses Kind einzuholen (z. B. bei den Eltern).

Das Kind

- ist an der Schule interessiert und hat ein breites Allgemeinwissen;
- nimmt Informationen schnell auf und kann sie leicht rekapitulieren;
- hat ein hohes Lern- und Arbeitstempo und freut sich über intellektuelle Aktivitäten;
- ist in seinem Arbeiten unabhängig, bevorzugt individuelles Arbeiten und hat Selbstvertrauen;
- ist in seiner allgemeinen Entwicklung fast allen gleichaltrigen Kindern in der Klasse weit voraus;
- hat viele Hobbys und eine Vielfalt von Interessen;
- kann abstrakt denken;
- kann Probleme erkennen, analysierend beschreiben und Lösungswege aufzeigen;
- denkt schöpferisch und liebt es, ungewöhnliche Wege einzuschlagen und neue Ideen vorzulegen;
- hat einen großen Wortschatz, kann sich leicht und in gewählter Form artikulieren und ausdrucksvoll lesen;
- liest aus eigenem Antrieb sehr viel und bevorzugt „Erwachsenen-Literatur", ohne sich durch deren Schwierigkeitsgrad von der Lektüre abhalten zu lassen;
- kann sich auf eine interessante Aufgabe in ungewöhnlicher Weise kon-zentrieren, die alles andere in der Umgebung vergessen lässt;
- brilliert bei mathematischen Aufgaben;
- erfasst zugrunde liegende Prinzipien eines Problems schnell und kommt bald zu gültigen Verallgemeinerungen;
- denkt und arbeitet systematisch;
- findet Gefallen an Strukturen, Ordnungen und Konsistenzen;
- geht auf Fragen wertend ein;

- ■ ist in seinem Denken flexibel;
- ■ ist kritisch und perfektionistisch;
- ■ kann sich verständig über ein breites Spektrum von Wissensgegenständen äußern.

6.4 Zur Diagnostik von (Hoch-)Begabung

Die (allgemeine) Begabungs- und die Intelligenzdiagnostik sind sehr weit entwickelt (siehe z. B. *Heller 2000* und *Holling et al. 2004*). Vor Fördermaßnahmen in der Grundschule empfiehlt *Heller* eine gestufte/sukzessive Identifikationsstrategie (siehe Abbildung 6.1).

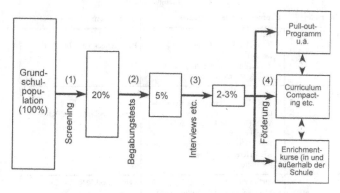

Abb. 6.1   Sukzessive Identifikationsstrategie zur Förderung begabter Grundschulkinder   (nach *Heller 2000*, S. 252)

Im Schritt (1) werden in einem sog. „Screening" (englisch für: Durchsiebung, Selektion, Durchleuchtung), einer Art „Siebtest" im Rahmen einer Grobauslese, die etwa 20 % Klassenbesten bezüglich spezieller Begabungsdimensionen, z.B. bezüglich mathematischer Begabung, nominiert (beispielsweise mit Hilfe von Lehrerchecklisten). Im zweiten Schritt erfolgen bei den 20 % vorausgewählten Schülerinnen und Schülern (bereichsspezifische) Begabungstests, mit dem Ziel, die etwa 5 % Besten der ursprünglichen Gesamtpopulation zu ermitteln. Erforderlichenfalls erfolgen im Schritt (3) noch zusätzliche Auswahlgespräche, so dass dann schließlich 2-3 % der Ausgangspopulation an den vorgesehenen Fördermaßnahmen teilnehmen. Welche Förderkurse denkbar sind (z.B. Pull-out-Programme, Curriculum-Compacting, Enrichmentkurse), wird ausführlich im Abschnitt 7.4 thematisiert.

In der Tabelle 6.1 sind die wichtigsten Verfahren, die im Rahmen der sog. „Münchner Hochbegabungsstudie" entwickelt und erprobt sowie mittlerweile unter dem Kürzel „MHBT" (Münchner Hochbegabungs-Testsystem, siehe *Heller/Perleth 2000*, bzw. Münchner Hochbegabungs-Testbatterie, siehe *Heller/Perleth 2007*) zusammengefasst wurden, aufgelistet. Die einzelnen Untersuchungsdimensionen und Messinstrumente können dieser Tabelle entnommen werden.

Tab. 6.1 Untersuchungsdimensionen und Messinstrumente zur Identifizierung hoch begabter Schülerinnen und Schüler im MHBT (nach *Heller/Perleth 2000; siehe Heller 2000*, S. 248)

Untersuchungsdimension	Meßinstrumente	
	Informationsquelle: Schüler	Informationsquelle: Lehrer
Intellektueller Bereich	Tests: - KFT-HB 3-11+ (Kognitive Fähig-keiten) - ZVT (Zahlenverbindungstest) - TZRA (Denkprozesse)	Lehrercheckliste: LC-INT
Kreativer Bereich	Tests: - BZG/TKS (Nonverbale Kreativi-tät) - VKS (Verbale Kreativitäts) Fragebogen: - KRG (Kreativität-Grundschulalter) - KRS (Kreativität-Sekundar-schulalter)	Lehrercheckliste: LC-KRE
Soziale Kompetenz	Fragebogen: - SKG/SKS (Soziale Kompetenz)	Lehrercheckliste: LC-SK
Psychomotorik		Lehrercheckliste: LC-MOT
Kunst (Musik)		Lehrercheckliste: LC-MUS
Nichtkognitive Persönlichkeitsmerkmale (Moderatorvariable)	Fragebögen: - EKS (Erkenntnisstreben) - HS (Hoffnung auf Erfolg) - FF (Furcht vor Mißerfolg) - Angst - SKZ (Selbstkonzept) - KAG (Kausalattribution-Grund-schulalter) - AV-G/AV-S (Arbeits-/Lernverhal-ten im Grund-/Sekundarschulalter) - MAI (Münchner Aktivitäten-Inventar)	
Umweltmerkmale (Soziale bzw. situationale Bedingungs- oder Moderatorvariablen)	Fragebögen: - FKL (Familienklima) - SKL (Schulklima) - KLE (Kritische Lebensereignisse)	

Wie Tabelle 6.1 zeigt, besteht die Münchner Hochbegabungs-Testbatterie aus Tests und Fragebögen zur Erfassung unterschiedlicher Begabungsdimensionen sowie von relevanten nicht-kognitiven Persönlichkeits- und sozialen Umwelt-Merkmalen. Die MHBT (in zwei Varianten: für die Primarstufe und für die Sekundarstufe) beinhaltet Skalen verschiedener Tests und Fragebögen zu folgenden Konstrukten: kognitive (verbale, mathematische und technisch-konstruktive Denk-)Fähigkeiten, einschließlich Skalen zum räumlichen Wahrnehmen und Denken, zur Kreativität, zur sozialen Kompetenz, zu physikalischen und technischen Kompetenzen, zur Motivation (Kausalattribution, Leistungsmotivation, Erkenntnisstreben) sowie zum Arbeitsverhalten, zu Interessen, zum Schul- und Sozialklima. Weiterhin enthält die MHBT Lehrerchecklisten für eine Grobeinschätzung hoch begabter Schülerinnen und Schüler im Hinblick auf folgende Bereiche: Intelligenz, Kreativität, soziale Kompetenz, Psychomotorik und Musikalität.

Wichtig ist, dass die statusdiagnostischen Befunde, die sich aus den aufgelisteten Messinstrumenten ergeben, noch durch prozessdiagnostische Ansätze ergänzt werden sollten (*Heller 2000*, S. 241). So wird beispielsweise „von Lerntests eine zuverlässigere Indikation individueller Förderungsmaßnahmen oder eine Prognoseverbesserung im Vergleich zum Einsatz herkömmlicher (statusdiagnostischer) Untersuchungsverfahren" (*a.a.O.*) erwartet.

Auf ein Problem bei der Verwendung von gängigen Intelligenztests sei hier hingewiesen, den sogenannten „Deckeneffekt": Die genauesten Messungen erbringen die meisten Intelligenztests im mittleren Begabungsbereich, da der Anteil mittelschwerer Aufgaben im Vergleich zu sehr leichten oder sehr schweren Aufgaben vergleichsweise hoch ist. Messungen im unteren oder im überdurchschnittlichen Bereich sind oft stärker messfehlerbehaftet. „Enthält ein Test für eine Person zu wenige (oder gar keine) ausreichend schwierigen Aufgaben, löst die Person also quasi alle Aufgaben, ergibt sich ein sogenannter Deckeneffekt.[...] Deckeneffekte verhindern die Abschätzung der wahren Fähigkeit einer Person durch den Test [...]" (*Holling et al. 2004, S. 59*)

Die meisten der auf dem Markt vorzufindenden Intelligenztests wurden nicht an der Gruppe der intellektuell Hochbegabten normiert. Dadurch fehlt eine Vergleichsgruppe, in die individuelle Testergebnisse eingeordnet

werden könnten. Eine Differenzierung innerhalb der Gruppe der Hochbegabten ist nur schwer möglich. Dies hat zu dem Vorschlag geführt, z. B.
den Kognitiven Fähigkeitstest (KFT 4 – 13 +) zur Erfassung außergewöhnlicher sprachlicher, mathematischer oder technisch-konstruktiver
Fähigkeiten in der Weise einzusetzen, dass den Probanden die Items der
zwei oder drei Jahre älteren Kinder oder Jugendlicher vorgelegt wurden.
Heller (2000, S. 249) berichtet, dass sich dies „vergleichsweise gut bewährt"
habe.

Holling et al. (*2004*, S. 147) meinen jedoch, dass dieses Akzelerationsmodell
der Testung (auch „off-level-testing" genannt) „eher eine Notlösung" dar-
stelle: „Um Deckeneffekte zu vermeiden, werden dem Kind Aufgaben
vorgegeben, die für einige Jahre ältere Personen konstruiert und stan-
dardisiert wurden. Die Leistung der Testperson wird dann mit den
Normen für ältere Probanden verglichen. Das Akzelerationsmodell der
Testung kann nur als Zusatzinformation zur Testung mit einem, dem
chronologischen Alter entsprechenden Verfahren verwendet werden."
Niedrige Werte lassen sich nicht interpretieren, während hohe Werte auf
ein hohes Potenzial hinweisen. Damit ergeben nur sehr gute Ergebnisse
erste Hinweise auf eine hohe Begabung. Es handelt sich um ein Vorgehen,
das psychometrisch nicht fundiert ist. Die Gütekriterien wurden für andere Personen überprüft als für die Gruppe, der die Testperson angehört.

6.5 Zur Diagnostik mathematischer Begabung

Die erwähnten Deckeneffekte sind u. a. ein Grund dafür, dass die üblichen Intelligenztests wenig geeignet sind, um mathematische Begabung zu
diagnostizieren. Es gab (und gibt) deshalb Bemühungen, eigenständige
Mathematik-Tests zu entwickeln.

Mir für das Grundschulalter vorliegende Mathematik-Tests, die speziell
für begabte Kinder entwickelt wurden (siehe z. B. *Wilmot 1983* oder
Ryser/Johnsen 1998), differenzieren aus meiner Sicht jedoch auch zu wenig
im oberen Bereich. Selbst bei entsprechender Anpassung der Items an die
Situation in Deutschland halte ich sie nicht für sehr geeignet. Auch ein in
Neuseeland entwickelter spezieller Test (PAT, siehe *Reid 1993*) wird von

Niederer et al. *2003* nicht empfohlen, da nach deren Untersuchungen viele mathematisch begabte Kinder bei Durchführung dieses Tests als solche nicht erkannt werden bzw. viele Kinder fälschlicherweise als mathematisch begabt identifiziert werden.

Diese Situation hat dazu geführt, dass zurzeit an den Universitäten in Deutschland, an denen mathematisch begabte Grundschulkinder gefördert werden (siehe *Bauersfeld/Kießwetter 2006*) selbst entwickelte Items verwendet werden, um geeignete Kinder zu finden. Beispielhaft werden im Folgenden (zunächst) zwei Vorgehensweisen beschrieben:

In den von *Käpnick* durchgeführten Förderprojekten hat sich das folgende „Stufenmodell zur Diagnostik mathematisch begabter Grundschulkinder des dritten und vierten Schuljahres gut bewährt" (*Käpnick 2002*, S. 6):

1. Stufe (Grobauswahl): Diese erste Art der Auswahl erfolgt anhand von Lehrernominierungen, die unter Berücksichtigung von Orientierungshilfen und Merkmalskatalogen (siehe die Abschnitte 4.3 und 6.3) u. a. durch Schulnoten , Persönlichkeitseigenschaften, Interessen oder auch auffällige Leistungen begründet werden.

2. Stufe (Indikatoraufgaben): Mit Hilfe dieser von *Käpnick* entwickelten Aufgaben (siehe *Käpnick 1998*, einige dieser Indikatoraufgaben finden sich auch in *Käpnick 2001*) lässt sich eine intensive und relativ umfangreiche Diagnose des aktuellen Entwicklungsstandes mathematischer Fähigkeiten vornehmen. Insbesondere durch die Vielfalt der Indikatoraufgaben lässt sich der individuelle Ausprägungsgrad einer mathematischen Begabung erkennen.

Käpnick selbst merkt jedoch kritisch an, dass der für eine Testkonstruktion erforderliche Schritt der Normierung und Analyse der Endform von ihm nicht geleistet wurde (*Käpnick 1998*, S. 130); siehe auch die kritische Stellungnahme zu einer Indikatoraufgabe bei *Peter-Koop et al. 2002*, S. 26.

3. Stufe (prozessbegleitende Identifikation): Während des gesamten Identifizierungs- und Förderprozesses sollten verschiedene Verfahren und Methoden zur weiteren Gewinnung von Informationen angewandt werden. Dazu zählen beispielsweise Leistungs- und Intelligenztests, Kreativitätseinschätzungen und –tests, Beobachtungen des Kindes während des Aufgabenlösens sowie Analyse und Bewertung seiner Eigenproduktionen (was häufig nur durch gezielte Befragung nach dem eingeschlagenen Lösungsweg möglich ist), Beobachtungen und Bewertungen durch unterschiedliche Lehrpersonen, Eltern und gleichaltrige Kinder.

An der *Universität Hamburg* werden in einem sehr aufwändigen Prozess Kinder der dritten Jahrgangsstufe ausgewählt, die an einem Mathematik-Förderangebot der Universität bzw. an Mathematikzirkeln in verschiedenen Stadtteilen Hamburgs bis zum Ende der vierten Jahrgangsstufe teilnehmen. Eine Übersicht über diesen Auswahlprozess gibt Abbildung 6.2.

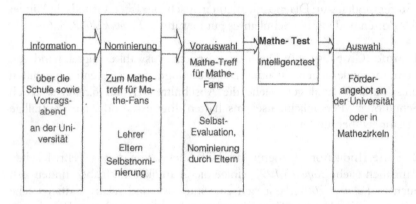

Abb. 6.2 Talentsuche im Grundschulprojekt der Universität Hamburg
(nach *Nolte 2004*, S. 69)

Die Kinder der dritten Jahrgangsstufe und ihre Eltern werden über den gesamten Auswahlprozess durch die Schulen sowie durch einen Vortragsabend an der Universität informiert. Zu einer Vorauswahl – einer Art Probeunterricht –, dem sogenannten „Mathe-Treff für Mathe-Fans", können Lehrerinnen/Lehrer oder Eltern Kinder vorschlagen; die Kinder können sich aber auch selbst nominieren, um dann von ihren Eltern angemeldet zu werden. Der Mathe-Treff, der an einem Freitagnachmittag und am darauf folgenden Vormittag stattfindet, dient dazu,

■ die Kinder an die Komplexität der später zu bearbeitenden Problemstellungen heranzuführen;

■ den Kindern zu zeigen, wie im Regelfalle im Projekt selbst gearbeitet wird;

■ die Kinder auf die Testung (vor allem auf den Mathematik-Test) vorzubereiten;

■ die Kinder zu beobachten, um erste Eindrücke von ihrem Arbeitsverhalten, ihrem Interesse, ihrer Selbstständigkeit und der eventuellen Entwicklung eigener Ideen zu gewinnen;

■ den Kindern die Möglichkeit zu geben, sich selbst im Hinblick auf die eigenen mathematischen Fähigkeiten besser als bisher einschätzen zu können (siehe das Wort „Selbst-Evaluation" in Abbildung 6.2).

Anschließend können die Kinder durch ihre Eltern für die Tests, einen etwa drei Zeitstunden dauernden Mathematik-Test (Durchführung in mehreren Großgruppen) und etwa zwei Zeitstunden dauernde Intelligenztests (in kleineren Gruppen), nominiert werden. Etwa 45 Kinder werden dann an der Universität gefördert (vierzehntägig jeweils 90 Minuten). Den anderen Kindern (eine wesentlich größere Zahl) wird Gelegenheit geboten, an Mathematikzirkeln teilzunehmen, die an verschiedenen Hamburger Grundschulen ebenfalls vierzehntägig stattfinden. (Genaueres siehe *Nolte 2004*)

6.6   Ein eigener pragmatischer Ansatz

Falls eine Lehrerin/ein Lehrer aufgrund des Merkmalskatalogs in 6.3 und nach entsprechenden Gesprächen mit den Eltern (unter Verwendung des Katalogs in 6.2) die Vermutung hat, dass ein Dritt- oder Viertklässler mathematisch begabt sein könnte, entsteht natürlich die Frage, wie diese Vermutung weiter erhärtet werden könnte.

Der an der Hamburger Universität benutzte Test ist – verständlicherweise – nicht zugänglich. Um Lehrerinnen und Lehrern eine erste Orientierung zu ermöglichen, werden im Folgenden zwei Sets testartiger Prüfaufgaben zur Verfügung gestellt, die an der Universität in Halle verwendet werden und jeweils nur einen Aufwand von einer Zeitstunde erfordern. Diese Sammlungen von Prüfaufgaben verdienen nicht die Bezeichnung „Tests", weil sie testtheoretisch nicht abgesichert sind.

Dennoch stellen sie für uns in Halle (und ebenfalls in einer Regionalen Schulberatungsstelle in Nordrhein-Westfalen) eine wesentliche Hilfe bei der Zusammenstellung von Fördergruppen dar und haben sich auch im Rahmen von Kinderakademien als nützlich erwiesen. Diejenigen Kinder, die die Aufgaben am erfolgreichsten bearbeitet hatten, erwiesen sich ebenfalls in den Förderveranstaltungen als die fähigsten.

(1) Aufgabenset für Drittklässler

1) Entdecke die Gesetzmäßigkeit in der Anordnung der Zahlen in jeder Reihe.
   Schreibe jeweils die nächsten zwei Zahlen auf.
   a)   6   9   12   15   18   ___ ___
   b)   4   5   9   10   14   ___ ___
   c)   1   4   9   16   25   ___ ___
   d) 32   16   8   4   2   ___ ___

2)   Albert

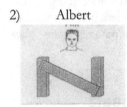 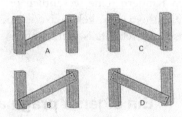

Albert steht – von dir aus gesehen – auf der anderen Seite des Zaunes. Wie sieht er den Zaun? wie bei _____

3) Diese Formen (hier Kreise und Dreiecke) sind in einem bestimmten Muster angeordnet.
   O △ O O △ △ O O O △ △ △
   Welche Folge der folgenden Formen (nun Sterne und Quadrate) hat das gleiche Muster? Kreuze A., B., C. oder D. an.
   A.   ★ □ ★ □ ★ ★ □ □ □ ★ ★ □ □
   B.   □ ★ □ □ □ ★ □ □ □ ★ □ □ □ □
   C.   ★ □ ★ ★ □ □ □ ★ ★ ★ □ □ □
   D.   □ □ □ ★ ★ □ ★ □ □ ★ ★ □ ★

4)

| ? → | +6 | :2 | x3 | -5 | → 160 |

Wähle die richtige Zahl für den Start.
Mit dieser Zahl sollst du vier Aufgaben hintereinander rechnen, um auf das Endergebnis 160 zu kommen. Mit welcher Zahl musst du anfangen?

5) Anna, Berta, Carola und Diana sitzen in einer Reihe auf vier Stühlen mit den Nummern 1 bis 4. Regina schaut auf sie und sagt:
"Berta sitzt neben Carola. Anna sitzt zwischen Berta und Carola."
Jede Aussage von Regina ist jedoch falsch.
Berta sitzt tatsächlich auf Stuhl Nr. 3. Wo sitzen die anderen?
(Begründe deine Erkenntnisse.)

6) Mutti ist zurzeit 44 Jahre alt und Tina 18 Jahre alt. Nach wie vielen Jahren wird Mutti (nur noch) doppelt so alt wie Tina sein?

7) a) Wie viele Würfel sind schon in der Kiste?
   b) Wie viele Würfel fehlen noch, so dass
      die Kiste ganz ausgefüllt ist?

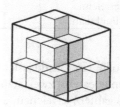

Punktverteilung für die einzelnen Aufgaben:
1a) 1+1; 1b) 1+1; 1c) 1,5+1,5; 1d) 1+2; 2) 4; 3) 6; 4) 8; 5) 7; 6) 8;
7a) 4; 7b) 6 (also sind maximal 53 Punkte erreichbar).

Diese Prüfaufgaben wurden in „normalen" Klassen der Jahrgangsstufe 3, bei der Auswahl für ein Begabtenförderprojekt in Nordrhein-Westfalen, bei der „Aufnahmeprüfung" für Kreisarbeitsgemeinschaften in Halle und bei Kinderakademien eingesetzt. In Tabelle 6.2 sind die wichtigsten zugehörigen Informationen zusammengefasst. Beim Vergleich der Mediane in dieser Tabelle ist zu beachten, dass die Prüfaufgaben in den „normalen" Klassen erst am Ende des Schuljahres bearbeitet wurden. Zu Anfang des Schuljahres wären die Kinder überfordert gewesen.

Tab. 6.2   Erprobung von sieben Aufgaben in der 3. Jahrgangsstufe

Durchführung	in 2 „normalen" Klassen der Jahrgangsstufe 3	bei der Auswahl für ein Begabten-förderprojekt	bei der Aufnahme in Kreisarbeits-gemeinschaften	in Kinder-akademien
Zeitphase	Ende des Schuljahres	Beginn des Schuljahres	Beginn des Schuljahres	Herbst- oder Osterferien
Anzahl der Probanden	42	164	192	31
Median (Zentralwert) der Punkte	19,5	18,5	22,5	29
Standardab-weichung	$\approx 8,4$	$\approx 10,9$	$\approx 10,4$	$\approx 11,1$
höchste erreichte Punktzahl	40	50	53	53

Sollte ein Drittklässler bei diesen sieben Aufgaben 36,5 oder mehr Punkte (mindestens zwei Standardabweichungen über dem Median bei Normal-begabten) erreichen, sollten Sie ernsthaft überlegen, ob Sie diesem Kind nicht eine besondere Förderung in Mathematik zukommen lassen. Es dürfte durch die im 3. Schuljahr üblichen mathematischen Anforderungen unterfordert sein. Hier dürften Materialien wie *Bardy/Hrzán 2005/2006* oder *Käpnick 2001* eher geeignet sein. Es wäre jedoch zu gewagt und zu früh, aus diesem Ergebnis herzuleiten, dass das Kind mathematisch begabt sei. Aussagen über Begabung in diesem Alter können nur vorläufig sein. Nun sollte eine den Förderprozess begleitende Identifikation beginnen (siehe die 3. Stufe des Stufenmodells von *Käpnick*). Aber auch Kinder mit etwas weniger als 36,5 Punkten (etwa ab 30 Punkten) sollten weiter beobachtet und in einen Förderprozess mit einbezogen werden. Denn auch sie könnten mathematisch begabt sein.

(2) Aufgabenset für Viertklässler

1) Aufgabe 2 der Drittklässler
2) Aufgabe 3 der Drittklässler
3) Aufgabe 6 der Drittklässler

4)
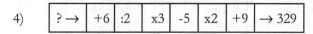

| ? → | +6 | :2 | x3 | -5 | x2 | +9 | → 329 |

Wähle die richtige Zahl für den Start.
Mit dieser Zahl sollst du sechs Aufgaben hintereinander rechnen, um auf das Endergebnis 329 zu kommen. Mit welcher Zahl musst du anfangen?

5) Herr Pfiffig fährt die 240 km lange Strecke von Göttingen nach Dortmund mit einer durchschnittlichen Geschwindigkeit von 120 km/h. Auf der Rückfahrt von Dortmund nach Göttingen kann er wegen starken Verkehrs nur eine Durchschnittsgeschwindigkeit von 80 km/h erreichen.
Mit welcher Durchschnittsgeschwindigkeit hat Herr Pfiffig die Gesamtstrecke (Hin- und Rückfahrt) zurückgelegt?

6) Aufgabe 5 der Drittklässler
7) In einem Bus ist ein Drittel der Plätze mit Erwachsenen besetzt. 6 Plätze mehr werden von Kindern eingenommen. 9 Plätze bleiben frei. Wie viele Plätze hat der Bus?

Hier die Punktverteilung für die neuen Aufgaben:

4) 12; 5) 10; 7) 12 (also sind maximal 59 Punkte erreichbar).

In Tabelle 6.3 sind die zugehörigen Informationen zusammengefasst.

Tab. 6.3   Erprobung von sieben Aufgaben in der 4. Jahrgangsstufe

Durchführung	in einer „normalen" Klasse der Jahrgangsstufe 4	bei der Aufnahme in Kreisarbeitsgemeinschaften	in Kinderakademien
Zeitphase	Ende des Schuljahres	Beginn des Schuljahres	Herbst- oder Osterferien
Anzahl der Probanden	30	37	117
Median der Punkte	13	17	27
Standardabweichung	$\approx 10{,}0$	$\approx 13{,}9$	$\approx 11{,}8$
höchste erreichte Punktzahl	38	52	59

Falls ein Viertklässler bei diesen sieben Aufgaben 33 oder mehr Punkte erreicht hat, sollte dies Anlass zur speziellen Förderung und weiterer Beobachtung sein. In Zweifelsfällen empfiehlt es sich, eine Spezialistin oder einen Spezialisten zu Rate zu ziehen.

Die in den Tabellen 6.2 und 6.3 angegebenen höchstmöglichen Punktzahlen (53 bzw. 59) wurden von jeweils nur einem Kind erreicht (unter 192 oder 31 bzw. 117 teilnehmenden Kindern).

7 Zur Förderung mathematisch begabter Grundschulkinder

7.1 Warum Förderung?

Hermann Hesse äußert sich *1906* in seinem Erstlingsroman „Unterm Rad" zu „Genies" (heute würde man eher von „Hochbegabten" sprechen) in der folgenden Weise:

„Für die Lehrer sind Genies jene Schlimmen, die keinen Respekt vor ihnen haben [...] Ein Schulmeister hat lieber einige Esel als ein Genie in seiner Klasse, und genau betrachtet hat er ja recht, denn seine Aufgabe ist es nicht, extravagante Geister herauszubilden, sondern gute Lateiner, Rechner und Biedermänner. [...] wir haben den Trost, daß bei den wirklich Genialen fast immer die Wunden vernarben, und daß aus ihnen Leute werden, die der Schule zum Trotz ihre guten Werke schaffen und welche später, wenn sie tot und vom angenehmen Nimbus der Ferne umflossen sind, anderen Generationen von ihren Schulmeistern als Prachtstücke und edle Geister vorgeführt werden. Und so wiederholt sich von Schule zu Schule das Schauspiel des Kampfes zwischen Gesetz und Geist, und immer wieder sehen wir Staat und Schule atemlos bemüht, die alljährlich auftauchenden paar tieferen und wertvolleren Geister an der Wurzel zu knicken. Und immer wieder sind es die von den Schulmeistern Gehaßten, die Oftbestraften, Entlaufenen, Davongejagten, die nachher den Schatz unseres Volkes bereichern. Manche aber – und wer weiß wie viele? – verzehren sich in stillem Trotz und gehen unter."
(Hesse 1972, S. 90f.)

Noch immer – auch bei einigen Grundschullehrerinnen und -lehrern – begegnet man der Auffassung, dass sich begabte Kinder und Jugendliche selbst helfen könnten und keine eigenständige Förderung für sie erforderlich sei. Hirnforscher (z.B. *Singer 1999*), Begabungsforscher (z.B. *Heller et al. 2000, Weinert 2000, Renzulli 2004*) und Fachdidaktiker (z.B. *Käpnick 1998*) sind sich dagegen darin einig, dass eine Förderung möglichst frühzeitig beginnen (und auch durchgängig vom Elementarbereich bis hin zur Berufsausbildung bzw. zum Studium erfolgen) sollte.

Ein **erster Grund**, ein entwicklungsphysiologischer, für eine frühe Förderung ist der folgende: Nach neuesten Erkenntnissen der Hirnforschung gibt es sogenannte „Entwicklungsfenster" (dazu *Weinert 2000*); damit werden Phasen optimaler Prägbarkeit der Gehirnareale bezeichnet. So scheint es z.B. erwiesen zu sein, dass nur bis ungefähr zum Alter von 10 Jahren eine zweite Sprache in gleicher Perfektion wie die Muttersprache erlernt werden kann, später kaum noch. In welchen Entwicklungsphasen fördernde Einflüsse hinsichtlich mathematischen Denkens besonders wirksam sind, ist meines Wissens bisher noch nicht ausreichend untersucht worden.

Eigene Erfahrungen in der Förderung mathematisch begabter Grundschulkinder (vor allem aus dem 3. und 4. Schuljahr) verweisen auf einen **zweiten Grund** für eine frühe Förderung: die auffällige Parallele zur Förderung von sogenannten „rechenschwachen" Kindern. „Beide, die mathematisch besonders Leistungsfähigen (von ihren Mitschülern oft zwiespältig 'Rechengenies' genannt, aber auch 'Streber' und Ärgeres) wie andererseits die schwachen Rechner, empfinden sich gleichermaßen als Außenseiter. Die einen werden isoliert wegen lästig-ungewöhnlicher Perfektion, die anderen wegen mangelnder. Beide machen Fehler, was zu defizitverursachenden Vermeidungsstrategien oder gar zur Verweigerung der entsprechenden Lernansprüche führen kann. Beide haben daher Probleme mit ihrem Selbstkonzept, d.h. in beiden Fällen besteht die Schwierigkeit, das Verhältnis zu sich selbst und zu andern zu ordnen und zu stabilisieren. Und das heißt insbesondere, mit den eigenen Schwächen und Stärken sinnvoll zurecht kommen zu können." (*Bauersfeld 2006*, S. 82f.) Beide sind deshalb auf stützende Erfahrungen in einer kooperativen Arbeitskultur angewiesen: Konstruktive Erfahrungen in einer anregenden sachlichen Auseinandersetzung mit der Welt, im Durchhalten gegen Widrigkeiten, aber auch in der Erkenntnis, dass sie nicht allein sind und dass andere ähnlich denken, sprechen und fühlen. Dieser Förderbedarf besteht bei den Rechenschwachen ebenso wie bei den Begabten - nur, er wird insbesondere den letzten oft nicht zugestanden.

Bei den Rechenschwachen wird grundlegendes Wissen eingeübt und häufig die Persönlichkeitsbildung, die Entwicklung des Selbstverständnisses vernachlässigt. Wie verarbeiten diese Kinder die Erfahrung, immer der/die letzte zu sein? Die (Hoch-)Begabten werden vielfach noch mit der Erfahrung allein gelassen, ein Exot oder Außenseiter zu sein, vielleicht sogar sich selbst als Andersartigen zu empfinden. Dies wird gerade dadurch noch befördert, dass nach Expertenschätzungen „die Dunkelziffer nicht erkannter Hochbegabungen bei bis zu 50% liegen soll" (*Heller 2000*, S. 244).

Grundsätzlich gilt zur Förderung begabter Kinder: „Je früher, desto besser!" (*Singer 1999*). Man kann allerdings nicht beliebig früh einsetzen, insbesondere nicht bei einer Förderung im mathematischen Bereich, da die Identifizierung mathematisch begabter Kinder umso unsicherer ist, je früher sie versucht wird. „Daher steht jeder praktische Versuch – bevor noch spezifische Interessen und Stärken erkennbar werden – immer auch unter dem Vorbehalt, durch seine spezifischen Angebote möglicherweise Einseitigkeiten anderer Art zu befördern bzw. andere Dispositionen zu benachteiligen. Daher sollten Förderunternehmen ihrerseits als entwicklungsbedürftige und korrekturfähige Projekte geführt werden, dies auch wegen der noch strittigen theoretischen Grundlagen." (*Bauersfeld 2006*, S. 84)

Diese Relativierung des „Je früher, desto besser!" ist auch der Grund, warum die im folgenden Kapitel 8 behandelten Schwerpunkte der Förderung mathematisch begabter Grundschulkinder sich auf die dritte und vierte Jahrgangsstufe beziehen. In Einzelfällen kann es natürlich durchaus vorkommen, dass eine mathematische Begabung z.B. bereits im 2. Schuljahr relativ sicher diagnostizierbar ist und entsprechende Fördermaßnahmen eingeleitet werden sollten. Mittlerweile gibt es für eine solche Förderung auch bereits Materialien (siehe *Käpnick/Fuchs 2004* und *Hasemann et al. 2006*).

Die größte Gefahr für mathematisch begabte Grundschulkinder ist ihre ständige Unterforderung. „Die Erwartung vieler Lehrer..., daß hochbegabte Kinder wegen ihrer kognitiven Ausstattung zu besonderer Einsicht zur Zurückstellung der eigenen Bedürfnisse befähigt sind, ist ein Trugschluß." (*Holling/Kanning 1999*, S. 78)

Versäumen Grundschullehrerinnen und -lehrer es, eine vorliegende Begabung zu erkennen und das betreffende Kind angemessen zu fördern, kann das weit reichende negative Folgen haben. Eindringliche Beispiele für die „Leidenswege" hoch begabter Kinder kann man u. a. bei *Spahn 1997* finden.

7.2 Akzeleration oder Enrichment?

Tragfähige Fördermodelle und spezifische Fördermethoden für die Schule lassen sich vor allem aus den häufig in der Literatur beschriebenen Förderansätzen „acceleration" (Beschleunigung) und „enrichment" (Anreicherung) entwickeln. Beim „enrichment"-Ansatz werden bestimmte Inhalte aus dem schulischen Curriculum unter Berücksichtigung der individuellen Fähigkeiten und Interessen vertiefend behandelt, aber auch durch die Vermittlung effektiver Arbeitstechniken, von Denk- und Lernkompetenzen ergänzt (vgl. *Heller/Hany 1996*).

Ich verstehe *Enrichment* insbesondere qualitativ, d.h. es geht nicht hauptsächlich darum, schwierigere und komplexere Beispiele im Vergleich zum üblichen Stoffkanon zu präsentieren (solche Beispiele können natürlich auch vorkommen), vielmehr sollten mathematische Problemstellungen im Vordergrund stehen, die von anderer (vor allem mathematisch anspruchsvollerer) Art als das Standard-Aufgabenmaterial im Mathematikunterricht der Grundschule sind (zum qualitativ verstandenen Enrichment siehe auch *Wieczerkowski et al. 2000*, S. 420). Das gesamte Kapitel 8 ist Enrichment-Vorschlägen in Mathematik gewidmet.

Unter *Akzeleration* versteht man Maßnahmen, die auf die Beschleunigung der Lernprozesse ausgerichtet sind. Der reguläre Lehrplan wird dabei mit dem beschleunigten Lerntempo des begabten Kindes koordiniert, aber auch komprimiert. Die hierbei erzielte Lernzeiteinsparung kann zu einer Reduzierung der Schulzeit insgesamt führen oder zur Beschäftigung mit speziellen Inhalten aus den Begabungs- und Interessengebieten genutzt werden. Zu diesen Maßnahmen zählen auch die frühere Einschulung oder das Überspringen von Klassen.

Zum Schulbeginn treffen in der Regel zwar altershomogene, aber nicht entwicklungshomogene Kinder aufeinander. Begabte Kinder haben sich bereits häufig das Lesen und Schreiben selbst erarbeitet und sind hoch motiviert. Für diese Kinder könnte eine vorzeitige Einschulung in Betracht kommen. Hierbei ist aber nicht nur der intellektuelle Entwicklungsvorsprung ausschlaggebend. Diese Akzelerationsmaßnahme beruht auf der physischen und sozial-emotionalen Reife des Kindes sowie auf dem Einverständnis des Kindes, der Eltern und der Schule, und sie kommt also nur dann in Frage, wenn die Leistungsfähigkeit sich nicht nur auf den Bereich der Mathematik bezieht, sondern auch weitere für die Schule relevante Gebiete involviert sind und wenn psychologisch-soziale Schwierigkeiten unwahrscheinlich sind.

Das Überspringen von Klassen ist in allen Bundesländern erlaubt; meist einmal in der Grundschule, im Regelfall Klasse 2 oder 3, und einmal in einer weiterführenden Schule. Der elementarste Grund für diese Maßnahme ist die deutliche permanente Unterforderung des Kindes. Sie stellt den einfachsten und wirkungsvollsten Weg dar, die Langeweile und Unterforderung zu kompensieren.

Als „Springer" eignen sich Kinder, die in allen Unterrichtsfächern überdurchschnittliche Leistungen zeigen und bei denen keine Bedenken auf emotional-sozialem Gebiet vorliegen. Allerdings gehört diese Akzelerationsmaßnahme nach der allgemeinen Meinung von Eltern sowie Lehrerinnen und Lehrern zu den schulischen Maßnahmen, die Kindern eher schaden als nützen, obwohl empirische Untersuchungen von *Heinbokel* *(1996)* in Niedersachsen belegen, dass das Klassenwechseln in der Mehrzahl der Fälle ohne Schwierigkeiten vollzogen wurde und das Nacharbeiten von Unterrichtsinhalten keinerlei Probleme bereitete. Selten erfuhren die „Springer" in der neuen Klasse Ablehnung, und sie wurden in der Regel von der neuen Klassenlehrerin/dem neuen Klassenlehrer und den Mitschülerinnen und -schülern freundlich aufgenommen. Häufig trat jedoch ein gewisser Lernknick auf (zurückgehender Notendurchschnitt), der durch Leistungsrückgang aus fehlendem Vorwissen und aus mangelnden Lern- und Arbeitstechniken zu begründen ist. Diese Schüler waren es gewohnt, sehr gute Leistungen zu erzielen, ohne sich besonders anstrengen zu müssen. Alle betreffenden „Springer" waren jedoch der Ansicht, dass das Springen richtig gewesen sei, da sie sich sonst gelangweilt hätten.

Kriterien dazu, wann ein Kind springen sollte, können *a.a.0.* (S. 219) nachgelesen werden.

Als weitere Akzelerationsmaßnahme erwähne ich noch den (Fach-)Unterricht in höheren Jahrgangsstufen. Diese Maßnahme kann sinnvoll sein, wenn beispielsweise ein mathematisch begabtes Kind ein deutlich höheres Wissensniveau als seine gleichaltrigen Mitschüler besitzt und diese beträchtlichen Unterschiede nicht allein durch Aktivitäten der inneren Differenzierung kompensiert werden können. Dann kann dieses Kind für einzelne Unterrichtsstunden der Schulwoche in eine dafür geeignete Klasse oder Arbeitsgruppe mit spezifischen Lernzielen gehen, da es den Stoff des Lehrplans schneller als seine Klassenkameraden durcharbeiten kann.

Wenn solche Kinder obligatorische Lerninhalte des Mathematikunterrichts vollständig erarbeitet haben, kann es jedoch zu Problemen kommen, wenn nicht weiterführende, die Kinder anregende Förderprojekte zur Verfügung stehen, die nicht eine bloße Beschäftigung darstellen (vgl. *Holling/Kanning 1999*, S. 77, und die Fallstudien in *Käpnick 2002*). Auf Grund des Tempos, mit dem häufig Stoffinhalte vorweggenommen werden, kann es zu einer sich weiter verbreiternden Kluft zwischen leistungsstarken und leistungsschwachen Kindern kommen, die nicht mehr durch innere Differenzierung aufgefangen werden kann. Damit erweist sich der Akzelerations-Ansatz für den Grundschulunterricht im Regelfall (Ausnahme: Überspringen von Klassen) als wenig brauchbar.

Förderansätze bzw. Fördermodelle werden im Allgemeinen aus speziellen intellektuellen Bedürfnissen begabter Kinder abgeleitet, die durch den regulären Unterricht nicht abgedeckt werden können. Sieht man von Fällen außergewöhnlicher Hochbegabung ab, so erweist sich der Enrichment-Ansatz im Rahmen der schulischen Förderung als besonders geeignet. Im Gegensatz zum Akzelerations-Ansatz wird das schulische Curriculum nicht verlassen. Vielmehr werden bestimmte Inhalte und Aufgabenstellungen vertiefend behandelt, oder es erfolgt eine Anreicherung durch lehrplanergänzende Aufgabenstellungen oder „passfähige" Sachthemen bzw. durch spezielle Lern- und Arbeitsmethoden.

7.3 Ziele der Förderung

Welche **allgemeinen Ziele** sollten bei der Förderung mathematisch begabter Grundschulkinder verfolgt werden? (Dazu und zu den speziellen Zielen siehe auch *Bardy 2002b*.)

- Die Kinder, die im regulären Mathematikunterricht unterfordert bzw. eventuell sogar gelangweilt sind, sollen gefordert werden (allerdings auch nicht überfordert werden).
- Ihr Spaß am Umgang mit Zahlen und Formen soll erhalten bleiben bzw. vergrößert werden.
- Freude am problemlösenden Denken soll geweckt bzw. verstärkt werden. (Einige Grundschulkinder haben bereits eine ausgeprägte Vorliebe für das Lösen mathematischer Probleme; die Schwierigkeit einer mathematischen Aufgabe besitzt für diese Kinder Attraktivität und wird von ihnen als Herausforderung an ihre eigene Leistungsfähigkeit erlebt. Sie wollen ihre Fähigkeiten gern an schwierigen Aufgaben erproben.)
- Ausdauer und Beharrlichkeit sollen bei Aufgaben, die nicht sofort zu einem Lösungsweg führen oder die das Ermitteln zahlreicher Lösungen verlangen, ausgebildet werden. (Die Kinder sind daran gewöhnt, dass fast alle Aufgaben aus dem regulären Unterricht einfache Lösungen in relativ kurzer Zeit ermöglichen.)
- Die vorhandene intrinsische Motivation soll erhalten und gefestigt werden, für Mathematik eventuell sogar Begeisterung erzeugt werden.
- Intellektuelle Neugier soll geweckt werden.
- Kreativität und Phantasie sollen aktiviert und gefördert werden.
- Die Kinder sollen die Vorteile von Partner- bzw. Gruppenarbeit und auch die der Kommunikation unter Peers (siehe Fußnote 4) erfahren.

Um nicht missverstanden zu werden: Es geht mir bei den allgemeinen und (den folgenden) speziellen Zielen nicht darum, aus etwa 10% der Kinder später Mathematikerinnen oder Mathematiker werden zu lassen. Im Vordergrund steht das Recht eines jeden Kindes, entsprechend seinen Fähigkeiten gefördert zu werden (Chancengleichheit). Und bei diesen Kindern geht es dann um eine tiefere mathematische Bildung; dabei muss (natürlich) die allgemeine Persönlichkeitsentwicklung stets Priorität haben.

Welche **speziellen Ziele** sollten angestrebt werden?

- Förderung des Einsatzes von heuristischen Hilfsmitteln wie z.B. von informativen Skizzen, von Tabellen oder Variablen;
- Vermittlung von allgemeinen Strategien des Problemlösens wie z.B. systematisches Probieren, „Rückwärtsrechnen" und Festhalten von Beziehungen durch Gleichungen oder Ungleichungen;
- Förderung logischen Denkens (von schlussfolgerndem Denken, von reasoning im Sinne von *Thurstone* als einem Primärfaktor der Intelligenz);
- Förderung des (rationalen) Argumentierens und des Begründens;
- Hinführung zum (mathematischen) Beweisen;
- Förderung des Erkennens von Strukturen und des Abstrahierens;
- Entwicklung und Schulung des räumlichen Vorstellungsvermögens.

(Details zu den genannten Zielen werden im Kapitel 8 erörtert. Dort werden dann gleichzeitig Vorschläge zur Realisierung dieser Ziele gemacht. Tipps zur Aufgabenbearbeitung für Tutoren findet man bei *Bauersfeld 2003*, S. 90.)

7.4 Mögliche Organisationsformen der Förderung

Urban (*1996*, S. 8f.) hat bezüglich der Differenzierung und Individualisierung des Lernens verschiedene organisatorische Varianten aufgezeigt, die nach seiner Auffassung „die häufig simplifizierte und unnötig zugespitzte Streitfrage 'Spezialschule für Begabte oder Einheitsschule für alle?' in diskussionswürdige, modifizierbare, variable Alternativen" weiter ausdifferenzieren. Diese Organisationsformen für begabte Kinder und Jugendliche lassen sich nach dem jeweiligen Ausmaß sozialer Separation bzw. Integration in der folgenden Weise zumindest theoretisch klassifizieren (beginnend mit der höchstmöglichen Separation):

(1) private individuelle Erziehung;
(2) Spezial(internats)schule;
(3) Spezialklassen an Regelschulen;
(4) Teilzeitspezialklassen an Regelschulen (ein oder mehrere Tage pro Woche);
(5) „Express"-Klassen mit akzeleriertem Curriculum;
(6) „Pullout"-Programme, ein- oder mehrmals pro Woche (solche Programme waren in den 70er- und 80er-Jahren des letzten Jahr-

hunderts im Primarbereich der USA sehr verbreitet; dabei verließen die begabten Kinder stundenweise ihre normalen Klassen, um selbstständig oder in einem sogenannten „resource-room" mit Beratung durch eine Lehrerin oder einen Lehrer eigenen Interessen/Projekten nachzugehen oder dort in einem speziellen Fach in kleinen Gruppen mit anderen unterrichtet zu werden);

(7) Teilzeitspezialklassen (eine oder mehrere Stunden pro Woche);

(8) reguläre Klassen mit zusätzlichem „resource-room"-Programm;

(9) äußere Differenzierung nach Niveaugruppen in einem oder mehreren Fächern;

(10) reguläre Klassen mit zusätzlichen Kursen oder Arbeitsgemeinschaften;

(11) reguläre Klassen mit zusätzlichen Lehrkräften zur zeitweisen Individualisierung;

(12) Teilnahme am Unterricht in höheren Klassen in einem Fach oder zeitweise vollständig;

(13) reguläre Klassen mit (teilweise) binnendifferenziertem (Gruppen-) Unterricht;

(14) reguläre Klassen, nur bei (Begabungs-)Problemen spezielle Maßnahmen (oder nicht);

(15) reguläre Klassen ohne spezifische Binnendifferenzierung mit zusätzlicher außerschulischer individueller Mentorenbetreuung;

(16) reguläre Klassen, zusätzliche außerschulische Aktivitäten, z.B. Nachmittags- und Wochenendkurse, Sommerschulen, -camps, Exkursionen, Korrespondenzzirkel, Wettbewerbe.

In der Bundesrepublik Deutschland derzeit praktisch realisierbar, dem Bildungsauftrag der Grundschule angemessen, im Sinne der Förderung der Entwicklung der Gesamtpersönlichkeit begabter Kinder ratsam und für eine Förderung begabter Grundschulkinder in Mathematik sinnvoll erscheinen mir lediglich die Organisationsformen (6), (8), (10) oder (13).

In diesen Organisationsformen lässt sich auch das sogenannte „Schleifenmodell" von *Radatz* (*1995*) realisieren. Nach diesem Modell besuchen zwar alle Kinder gemeinsam verschiedene Basisveranstaltungen im Klassenverband, verlassen ihn aber, wenn sie das „Pflichtprogramm" bewältigt haben und dann in entsprechenden homogenen Lern- bzw. Fördergruppen arbeiten. Dabei bedeuten die Schleifen „Inhalte und Aufgaben, die nicht im Lehrplan stehen" (*a.a.0.* S. 378).

Wie Binnendifferenzierung mit Blick auf begabte Kinder im Mathematikunterricht der Grundschule ausgestaltet werden kann, wird ausführlich bei
Schulte zu Berge 2005, S. 69 ff., erörtert. Dort werden auch Offener
Unterricht, Wochenplanarbeit, Freie Arbeit, Projekte, Lernwerkstätten
und Arbeitsgemeinschaften thematisiert.

Von Bedeutung ist auch die Schaffung einer für den Förderprozess günstigen Arbeitsatmosphäre. Der Mathematikunterricht in der Grundschule
sollte deshalb in wechselnden Phasen gemeinschaftlichen und individuellen Lernens organisiert werden, die gut miteinander abgestimmt sein
müssen. Priorität sollte das gemeinschaftliche Lernen haben, um einen
vielschichtigen sozialen Austausch zwischen den Kindern zu sichern bzw.
zu fördern. Insbesondere auch mathematisch begabte Kinder benötigen
Kontakte zu Gleichaltrigen (die sie häufig von allein aus nicht suchen), um
auch andere Vorstellungen, Interessen und Werte kennen zu lernen bzw.
zu akzeptieren.

7.5 Welches Bild von Mathematik kann bereits/ sollte bei der Förderung vermittelt werden?

Bei den meisten Grundschulkindern dürfte sich die Vorstellung einstellen
bzw. eingestellt haben, Mathematik sei im Wesentlichen „**Rechnen**" (mit
jeweils konkreten natürlichen Zahlen bzw. mit konkreten Größen),
eventuell noch ergänzt um den Umgang mit (geometrischen) Formen.
Auch mathematisch begabte Grundschulkinder haben im Regelfall diese
Vorstellung, bevor sie in Fördermaßnahmen aufgenommen werden. Am
Anfang einer Förderung erwarten sie, dass sie nun kompliziertere Aufgaben „rechnen" dürfen, vor allem solche, in denen „größere" Zahlen
vorkommen (siehe auch *Schmidt 2007*).
Im üblichen schulischen Mathematikunterricht (auch in den Sekundarstufen) entsteht leicht das folgende (tatsächlich weit verbreitete) Bild von
Mathematik: Mathematik ist ein gewisser **Bestand an Wissen und Vorgehensweisen**; „dieses Wissen wird zum Abnehmer hin transportiert,
dann von guten Lehrern gut erklärt und schließlich gelernt" (*Kießwetter
2006*, S. 129).

Schon vor mehr als 20 Jahren plädierte *Freudenthal* für eine andere Sichtweise der Mathematik, die auch bereits in der Grundschule zum Tragen kommen sollte: „**Mathematik ist keine Menge von Wissen. Mathematik ist eine Tätigkeit, eine Verhaltensweise, eine Geistesverfassung.** [...] Mathematik ist eine Geistesverfassung, die man sich handelnd erwirbt, und vor allem die Haltung, keiner Autorität zu glauben, sondern vor allem immer 'warum' zu fragen ... *Warum ist 3 ·4 dasselbe wie 4 ·3? Warum multipliziert man mit 100, indem man zwei Nullen anhängt?* [...] Eine Geisteshaltung lernt man aber nicht, indem einer einem schnell erzählt, wie er sich zu benehmen hat. Man lernt sie im Tätigsein, indem man Probleme löst, allein oder in seiner Gruppe – Probleme, in denen Mathematik steckt." (*Freudenthal 1982*, S. 140 und S. 142)

Welches Bild von Mathematik sollte (bzw. kann bereits) bei der Förderung mathematisch begabter Kinder vermittelt werden?
Schon in der 3. Jahrgangsstufe (teilweise schon früher) kann **Mathematik als problemlösende sowie Muster und Gesetze suchende und erfassende Tätigkeit** erlebt werden (zum Problemlösen siehe Abschnitt 8.2.1, zur Mathematik als Wissenschaft von den Mustern Abschnitt 8.6.1).
Unverzichtbarer Teil eines am Problemlösen orientierten Konzepts von Mathematikunterricht ist der **Prozesscharakter der Mathematik.** „Die Wandlung von der Betonung des Endproduktes (z.B. dem Faktenwissen und der Beherrschung von algorithmischen Prozeduren) zu einer Vorstellung von Lernen auf konstruktivistischer Basis ist der Kernpunkt vieler der entwickelten Problemlösekonzepte." (*Haas 2000*, S. 25)
Nach *Wittmann 2003* (S. 26) eignet sich der **Begriff des mathematischen Musters** „sehr wohl als Leitmotiv von den ersten mathematischen Aktivitäten des Kleinkindes bis hin zu den aktuellen Forschungen der mathematischen Spezialisten". Dabei sollten mathematische Muster nicht als fest gegeben angesehen werden, die lediglich betrachtet und reproduziert werden können. „Ganz im Gegenteil: Es gehört zu ihrem Wesen, dass man sie erforschen, fortsetzen, ausgestalten und selbst erzeugen kann. Der Umgang mit ihnen schließt also Offenheit und spielerische Variation konstitutiv ein." (*a.a.0.*)
Ab der 4. Jahrgangsstufe lassen sich aus meiner Sicht bei der Förderung mathematisch begabter Kinder bereits „Forschungssituationen im elementarmathematischen Bereich" im Sinne von *Kießwetter 2006* (S. 130) simulieren (siehe auch den Abschnitt 8.11). Hierbei können die Kinder erste

Erfahrungen mit der Mathematik als **Theoriebildungsprozess** erwerben, wobei dieses Bild von Mathematik das Bild der Mathematik als problemlösende sowie Muster und Gesetze suchende und erfassende Tätigkeit mit einschließt. Das Bild der Mathematik als Theoriebildungsprozess orientiert sich an der Mathematik als Forschungsdisziplin. Ein Theoriebildungsprozess startet in der Regel mit der Erkundung einer mathematisch reichhaltigen Situation, aus der eine erste Fragestellung gewonnen werden kann. Eine solche kann auch schon vorgegeben sein (siehe die Beispiele in 8.11). „Durch deren Bearbeitung, durch Variationen und Ausweitungen können sich weitere Arbeitsanlässe ergeben – ein Kreislauf aus Problembearbeitungen und dem Entwickeln weiter(führend)er Problemstellungen wird in Gang gesetzt. Aus den dabei entstehenden Ergebnissen und Methoden, aus entwickelten Strategien und Hilfsmitteln, aus den gebildeten Begriffen und den gefundenen logischen Zusammenhängen erwächst ein ‚Theoriegewebe' [...]" (*Fritzlar 2007*; siehe auch *Kießwetter 2006*, S. 130). Dieses wird eventuell noch optimiert (z.B. bezüglich Eleganz oder Verallgemeinerungsfähigkeit), konserviert und in bestehende Wissensbestände integriert. Abbildung 7.1 (nach *Fritzlar 2007*) zeigt ein vereinfachtes Modell eines solchen Theoriebildungsprozesses. Dieses Modell kann als ständige Herausforderung für diejenigen gelten, die intensive Förderarbeit mit mathematisch begabten Kindern und Jugendlichen betreiben. (Die gestrichelten Linien deuten darauf hin, dass die zugehörigen Vorgänge nicht bei allen Prozessen vorkommen müssen.)

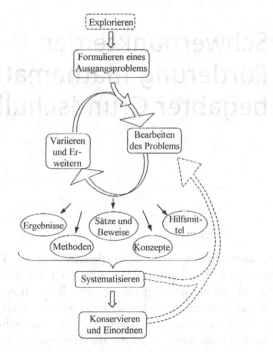

Abb. 7.1 Theoriebildungsprozess in der Mathematik (*Fritzlar 2007*)

8 Schwerpunkte der Förderung mathematisch begabter Grundschulkinder

Wie bereits angekündigt, werden in diesem Kapitel Vorschläge zur Realisierung der im Abschnitt 7.3 formulierten Förderziele unterbreitet. Dabei wird nicht nur der jeweilige theoretische Rahmen zu den gewählten Förderschwerpunkten erörtert, sondern es werden auch (in einzelnen Abschnitten sogar zahlreiche) Beispiele für die praktische Förderarbeit bereit gestellt und kommentiert (häufig mit Eigenproduktionen von Kindern). Die hier gewählte Reihenfolge der Präsentation der Förderschwerpunkte sollte für die Umsetzung in die Unterrichtspraxis natürlich keine Richtschnur sein.

8.1 Einsatz heuristischer Hilfsmittel

8.1.1 Was ist Heuristik? Was sind heuristische Hilfsmittel?

Das Wort „**Heuristik**" hat seinen Ursprung im (alt-)griechischen Wort „heuriskein", zu deutsch: finden, entdecken. Laut Brockhaus ist Heuristik „die Lehre von den Wegen zur Gewinnung wissenschaftlicher Erkenntnisse". Sie ist ein Teilgebiet der allgemeinen Methodentheorie. Diese wiederum „unterscheidet sich grundlegend von der *Logik* dadurch, dass die Methoden durch ein Ziel, eine Aufgabe oder einen Zweck, bestimmt werden, während alle logischen Gesetze grundsätzlich zielneutral sind.

[...] Eine systematisch aufgebaute Heuristik bedarf als ihrer Grundlage einer allgemeinen Problemtheorie, d.h. einer Theorie der Wesensmomente der Probleme, ihrer Strukturformen, der Arten der Problemstellungen, der Problemlösungen, der Problementstehung und der Funktion der Probleme als solcher." (*Hartkopf 1964*, S. 16f.)

„Der eigentliche Raum, in dem Heuristik zu Hause ist, liegt *zwischen* zwei Polen: der Problem*stellung* und der Problem*lösung*. Er verbindet sie." (*Denk 1964*, S. 36)

In der Mathematikdidaktik gilt *George Pólya* als der „Vater der Heuristik". Nach ihm beschäftigt sich die Heuristik „mit dem Lösen von Aufgaben. Zu ihren spezifischen Zielen gehört es, in allgemeiner Formulierung die Gründe herauszustellen für die Auswahl derjenigen Momente bei einem Problem, deren Untersuchung uns bei der Auffindung der Lösung helfen könnte." *(Pólya 1964*, S. 5)

Winter (1991, S. 35) bezeichnet die (mathematische) Heuristik etwas allgemeiner als die „Kunde [...] vom Gewinnen, Finden, Entdecken, Entwickeln neuen Wissens und vom methodischen Lösen von Problemen". *Pólya* macht das Lösen mathematischer Probleme (er selbst spricht von Aufgaben) zum Thema. „Die Lösung eines Problems ist in seiner [Pólyas] Sicht ein Entdeckungs- und Findungsvorgang, der mit der wissenschaftlichen Forschung durchaus vergleichbar ist." (*a.a.0.* S. 178)

In seiner „Schule des Denkens" (Original: „How to solve it", 1945) gibt *Pólya* einen Rahmenplan zur Lösung mathematischer Probleme in vier Phasen an (*Pólya 1967*, Innendeckel):

„(1) Verstehen der Aufgabe

- Was ist unbekannt? Was ist gegeben? Wie lautet die Bedingung?
- Ist es möglich, die Bedingung zu befriedigen? Ist die Bedingung ausreichend, um die Unbekannte zu bestimmen? Oder ist sie unzureichend? Oder überbestimmt? Oder kontradiktorisch?
- Zeichne eine Figur! Führe eine passende Bezeichnung ein!
- Trenne die verschiedenen Teile der Bedingung! Kannst Du sie hinschreiben?

(2) Ausdenken eines Planes

■ Hast Du die Aufgabe schon früher gesehen? Oder hast Du dieselbe Aufgabe in einer wenig verschiedenen Form gesehen?

■ Kennst Du eine verwandte Aufgabe? Kennst Du einen Lehrsatz, der förderlich sein könnte?

■ Betrachte die Unbekannte! Und versuche, Dich auf eine Dir bekannte Aufgabe zu besinnen, die dieselbe oder eine ähnliche Unbekannte hat.

■ Hier ist eine Aufgabe, die der Deinen verwandt und schon gelöst ist. Kannst Du sie gebrauchen? Kannst Du ihr Resultat verwenden? Kannst Du ihre Methode verwenden? Würdest Du irgend ein Hilfselement einführen, damit Du sie verwenden kannst?

■ Kannst Du die Aufgabe anders ausdrücken? Kannst Du sie auf noch verschiedene Weise ausdrücken? Geh auf die Definition zurück!

■ Wenn Du die vorliegende Aufgabe nicht lösen kannst, so versuche, zuerst eine verwandte Aufgabe zu lösen. Kannst Du dir eine zugänglichere verwandte Aufgabe denken? Eine allgemeinere Aufgabe? Eine speziellere Aufgabe? Eine analoge Aufgabe? Kannst du einen Teil der Aufgabe lösen? Behalte nur einen Teil der Bedingung bei und lasse den anderen fort; wie weit ist die Unbekannte dann bestimmt, wie kann ich sie verändern? Kannst Du Förderliches aus den Daten ableiten? Kannst Du Dir andere Daten denken, die geeignet sind, die Unbekannte zu bestimmen? Kannst Du die Unbekannte ändern oder die Daten oder, wenn nötig, beide, so daß die neue Unbekannte und die neuen Daten einander näher sind?

■ Hast Du alle Daten benutzt? Hast Du die ganze Bedingung benutzt? Hast Du alle wesentlichen Begriffe in Rechnung gezogen, die in der Aufgabe enthalten sind?

(3) Ausführen des Planes

■ Wenn Du Deinen Plan der Lösung durchführst, so kontrolliere jeden Schritt. Kannst Du deutlich sehen, daß der Schritt richtig ist? Kannst Du beweisen, daß er richtig ist?

(4) Rückschau

■ Kannst Du das Resultat kontrollieren? Kannst Du den Beweis kontrollieren?

- Kannst Du das Resultat auf verschiedene Weise ableiten?
- Kannst Du es auf den ersten Blick sehen?
- Kannst Du das Resultat oder die Methode für irgend eine andere Aufgabe gebrauchen?"

Heuristische Vorgehensweisen, auch **Heurismen** genannt, können insbesondere bei der zweiten Phase hilfreich, partiell aber auch bereits in der ersten Phase einsetzbar sein. Charakteristisch für Heurismen ist, dass sie von den konkreten Inhalten der zu lösenden mathematischen Probleme weitgehend unabhängig sind und den Problemlöser beim Generieren von Ansätzen und Ideen bei beliebigen Aufgaben unterstützen (siehe dazu *König 1992*, S. 24). Heurismen lassen sich in **heuristische Hilfsmittel**, **heuristische Strategien** und **heuristische Prinzipien** gliedern, wobei die Grenzen zwischen diesen Begriffen allerdings fließend sind und eine deutliche Abgrenzung kaum gelingen kann (*a.a.0.* S. 26). Mit heuristischen Strategien und Prinzipien werden wir uns im Abschnitt 8.2 beschäftigen. Bevor wir hier nun näher auf in unserem Zusammenhang relevante heuristische Hilfsmittel eingehen, noch ein paar allgemeine Anmerkungen und Hinweise zur Vermittlung von Heurismen und zum Ziel heuristischer Schulung:

Ausgewählte Heurismen sollten m. E. beim Lösen problemhaltiger Aufgaben den Kindern bewusst vermittelt bzw. explizit thematisiert werden. Es geht um ihr zielgerichtetes Aneignen und Anwenden. „Ein nur implizites Vermitteln etwa durch Vorbildwirkung reicht nicht aus." (*a.a.0.* S. 24) Es gibt durchaus begabte Grundschulkinder, die beim selbstständigen Lösen mathematischer Problemstellungen einzelne heuristische Vorgehensweisen intuitiv selbst entdecken. Als Lehrerin/ Lehrer sollte man zwar geduldig sein und auf solche Entdeckungen warten, aber andererseits auch nicht zu lange warten und sich darauf verlassen, dass irgendwann die Idee kommt. Es wäre uneffektiv, nur solche Heurismen zu thematisieren, die von einzelnen Kindern selbst verwendet wurden.

Das Endziel heuristischer Schulung sollte darin bestehen, die Schülerinnen und Schüler zu befähigen, sich beim Lösen von Problemen oder bei der Suche nach neuen Erkenntnissen unbewusst weitgehend inhaltsunabhängige Fragen zu stellen oder Impulse zu geben und so ihre geistige Tätigkeit möglichst selbst zu steuern. „Durch den Einsatz solcher Fragen und Impulse läßt sich häufig verhindern, daß ein Problemlöseprozeß erfolglos abgebrochen wird, weil der Löser nicht weiß, was er noch unternehmen könnte, um ans Ziel zu gelangen. Um dieses Endziel [...] zu erreichen, bedarf es einer *langfristigen und etappenweisen Vermittlung* heuristischer Vorgehensweisen." (*a.a.O.* S. 25)

Welche **heuristischen Hilfsmittel** sind nun für unsere Zwecke bedeutsam?

Bereits in der ersten Phase einer Problemlösung (Verstehen/Erfassen der Aufgabe) kann es nützlich sein, **zweckmäßige Bezeichnungen einzuführen** bzw. die **Wortsprache** (den Text oder Teile des Textes) **in eine geeignete Symbolsprache zu überführen** (siehe dazu *König 2005,* S. 48). Die Kinder sollen erkennen, wie sinnvoll es sein kann, z.B. für Namen oder Berufe Buchstaben (etwa die Anfangsbuchstaben) als abkürzende Bezeichnungen zu benutzen oder für nicht bekannte Zahlen bzw. Größen Variable (Wort- oder Buchstabenvariable) anzusetzen und die im Text der Aufgabe vorkommenden Informationen in Gleichungen oder Ungleichungen zu übersetzen. Auf die Möglichkeiten und die bestehenden Grenzen bezüglich der Verwendung von Variablen durch begabte Grundschulkinder wird im Abschnitt 8.10 eingegangen. Beispiele für die Einführung zweckmäßiger Bezeichnungen folgen im Unterabschnitt 8.1.2.

Vielfältig einsetzbar und von besonderer Bedeutung ist das heuristische Hilfsmittel „**Tabelle**". Tabellen können folgende Funktionen erfüllen (*König 1992*, S. 35):
„a) Entdecken oder Überprüfen von funktionalen Zusammenhängen oder anderen Beziehungen zwischen Zahlen oder Größen;
b) Hilfe beim systematischen Erfassen aller möglichen Fälle oder dem Ausschließen aller nicht möglichen Fälle;
c) Abspeichern der Aufgabenstellung durch übersichtliches Festhalten der gegebenen und der gesuchten Größen bzw. von gegebenen Beziehungen oder Zusammenhängen;
d) Hilfe beim Finden und Festhalten eines Lösungsplans."
Zu den Funktionen a) und b) werden in 8.1.2 Beispiele präsentiert.

Welche Fragen bzw. Impulse können bei der Verwendung des Hilfsmittels „Tabelle" (begabten) Grundschulkindern gestellt bzw. gegeben werden (vgl. auch *a.a.O.*, S. 35f.)?

- Wofür sollen die Zeilen der Tabelle, wofür die Spalten verwendet werden?
- (Es sollen Felder entstehen, in die das Gegebene und das Gesuchte eingetragen werden können. In die Zeileneingänge werden die Namen der Objekte/der Situationen eingetragen, über die etwas ausgesagt ist. In die Spalteneingänge werden die Größe/die Merkmale eingetragen, über die hinsichtlich der Objekte bzw. der Situationen Aussagen gemacht werden. Oder andersherum hinsichtlich der Zeilen und Spalten.)
- Die gegebenen Größen werden in die betreffenden Felder eingetragen. Die Felder, in denen das Gesuchte steht bzw. stehen soll, werden besonders gekennzeichnet.
- Weitere Felder der Tabelle werden ausgefüllt, indem die in der Problemstellung genannten bzw. die aus ihr sich ergebenden Beziehungen genutzt werden. (Welches Feld kann als erstes ausgefüllt werden, welches als nächstes? Gib jeweils Begründungen an.)
- Wenn es nicht gelingt, alle leeren Felder auszufüllen, empfiehlt es sich, eine Variable zu wählen und in ein passendes Feld einzutragen.
- Nach dem Ausfüllen aller Felder (teilweise oder vollständig mit Variablen) wird die Gleichung eines Ansatzes ermittelt, indem eine noch nicht ausgenutzte Beziehung verwendet wird.
- Die Ansatzgleichung wird gelöst (es dürfen sich natürlich nur solche Gleichungen ergeben, die von den Kindern bereits gelöst werden können; siehe dazu Abschnitt 8.10).

Weitere wichtige heuristische Hilfsmittel sind **Skizzen** bzw. **informative Figuren**. Sie dienen der Veranschaulichung der Problemstellung. Im Verlauf der ersten Phase (Verstehen/Erfassen der Aufgabe) werden in einer Skizze die gewählten Bezeichnungen und die Informationen über das Gegebene und das Gesuchte festgehalten. In der zweiten Phase (Ausdenken eines Planes) dienen Skizzen oder informative Figuren dem Finden der Lösung sowie dem Notieren des Lösungsplans. Auch Graphen oder Mengendiagramme können der Veranschaulichung spezieller Situationen dienlich sein.

Werden Skizzen zur Veranschaulichung von Situationen oder Prozessen benutzt, so können folgende Impulse bzw. Fragen bei der Lösungsfindung hilfreich sein (*a.a.O.*, S. 35):

- Was kann in der Skizze alles festgehalten werden?
- Gegebenenfalls für jeden wichtigen Zeitpunkt eine Teilskizze zeichnen und die jeweiligen Zeitpunkte notieren!
- Günstige Bezeichnungen einführen!
- Sind alle vorgegebenen und gesuchten Zahlen/Größen in der Skizze notiert? (Bedingungen oder Beziehungen, die sich in der Skizze nicht notieren lassen, gesondert herausschreiben!)
- Teilresultate, die im Verlauf des Lösungsweges gewonnen wurden, in der Skizze festhalten!

8.1.2 Aufgabenbeispiele

1. Beispiel: Wer sitzt neben wem?
Katrin, ihre Mutter, ihre Oma und ihre Puppe sitzen alle nebeneinander auf einer Bank. Die Oma sitzt direkt neben Katrin, aber nicht neben der Puppe. Die Puppe sitzt nicht direkt neben der Mutter.
Wer sitzt direkt neben der Mutter?

Ein möglicher *Lösungsweg*:
Die meisten Kinder dürften bei dieser Aufgabe selbst auf die Idee kommen, abkürzende Bezeichnungen für die beteiligten Personen bzw. für die Puppe einzuführen, am einfachsten K, M, O und P. Eine Skizze ist nicht erforderlich; es reicht aus, die Buchstaben entsprechend den geforderten Bedingungen nebeneinander zu schreiben. Wenn O direkt neben K, aber nicht neben P sitzt, gibt es für das Nebeneinandersitzen auf der Bank (unabhängig davon, ob O rechts oder links von K sitzt) die folgenden Möglichkeiten:
(1) OKPM,
(2) OKMP,
(3) MOKP,
(4) PMOK.

Da nun P nicht direkt neben M sitzt, erfüllt nur die Möglichkeit (3) die in der Aufgabe gestellten Bedingungen. Also sitzt die Oma direkt neben der Mutter. (Unabhängig davon, ob die Oma rechts oder links – wie oben – von Katrin sitzt, ergibt sich für das Nebeneinandersitzen ein und dieselbe Lösung.)

2. Beispiel: In einer Eisdiele
In einer Eisdiele gibt es Eiskugeln in den Sorten Schokolade, Vanille, Erdbeer, Banane und Himbeer. Franziska möchte jeden Tag eine Portion mit drei Kugeln verschiedener Sorten probieren.
Wie viele Tage braucht sie, bis sie alle möglichen Zusammenstellungen von drei verschiedenen Eissorten probiert hat?

Ein möglicher *Lösungsweg*:
Wir kürzen die verschiedenen Sorten mit den Anfangsbuchstaben ab und schreiben alle Möglichkeiten systematisch auf:
SVE, SVB, SVH, SEB, SEH, SBH;
VEB, VEH, VBH;
EBH.
(Für ein systematisches Notieren brauchen einige Kinder möglicherweise noch Anleitung.)
Da es auf die Reihenfolge der Kugeln nicht ankommt, haben wir alle möglichen Zusammenstellungen notiert.
Franziska braucht 10 Tage.

3. Beispiel: Fuchsjagd
(*Landesverband Mathematikwettbewerbe Nordrhein-Westfalen e.V.*, Grundschulwettbewerb 2001/2002, 3. Runde, Aufgabe 4)

Ein Hund jagt einen Fuchs. Jeweils in der Zeit, in der der Fuchs 9 Sprünge macht, macht der Hund 6 Sprünge, aber mit 3 Sprüngen legt der Hund einen ebenso langen Weg zurück wie der Fuchs mit 7 Sprüngen. Mit wie vielen seiner Sprünge holt der Hund den Fuchs ein, wenn der Fuchs zu Beginn 60 Fuchssprünge Vorsprung hat?
(Es wird vorausgesetzt, dass der Hund der Spur des Fuchses folgt und dass beide ihren ersten Sprung gleichzeitig beginnen.)
Schreibe deinen Lösungsweg ausführlich auf.

Vier Jungen haben im Rahmen einer Kinderakademie die folgende *Lösung* gemeinsam erarbeitet:

Der Hund hat den Fuchs in 72 Hundesprüngen eingeholt.

Wir haben die Hundesprünge durch drei geteilt und das Ergebnis mit sieben mal genommen.

Abb. 8.1 gemeinsame Lösung von M., C., T. und K.

Kommentar. Die Kinder haben ihre Tabelle im Sinne von a) (siehe Unterabschnitt 8.1.1) benutzt: Überprüfen von Beziehungen zwischen Zahlen oder Größen. In die erste Spalte wurde jeweils die Anzahl der Hundesprünge (der offensichtliche Schreibfehler „15" sei den Kindern verziehen), in die zweite Spalte die Anzahl der Fuchssprünge (einschließlich des Vorsprungs) eingetragen.

Zeile für Zeile vergrößert sich (entsprechend der ersten Bedingung: Hund 6 Sprünge, Fuchs 9 Sprünge) die Zahl der Hundesprünge um 6, die Zahl der Fuchssprünge um 9. Jeder Zeile entspricht also ein bestimmter Zeitpunkt; und es wird notiert, wie viele Sprünge die beiden Tiere bis zum jeweiligen Zeitpunkt zurückgelegt haben. Ab der zweiten Zeile kontrollierten die Kinder, ob der Hund den Fuchs bereits eingeholt hat; und zwar durch die Rechenschritte „dividiert durch drei und mal sieben" (siehe letzten Satz in Abbildung 8.1). Falls man durch diese Rechnungen von der Zahl in der ersten Spalte zur zugeordneten Zahl in der zweiten Spalte kommt, hat der Hund den Fuchs eingeholt. Dies gilt für 72 (72 : 3 = 24; 24 · 7 = 168) und vorher nicht. Die Kinder führten die Überprüfung übrigens im Kopf durch.

4. Beispiel: Buntstifte

In einer Schachtel liegen 20 Buntstifte, die entweder blau, grün, rot oder gelb sind. Jede Farbe kommt mindestens einmal vor. Die Anzahl der

blauen Stifte ist größer und die Anzahl der grünen Stifte ist kleiner als die der jeweils anderen beiden Farben. Es gibt genau so viele rote Stifte wie gelbe.
Wie viele Stifte von jeder Farbe können in der Schachtel liegen?
Nenne alle Möglichkeiten.

Kommentar: Diese Aufgabe macht deutlich, wie wichtig das Anlegen einer geeigneten Tabelle und das systematische Vorgehen innerhalb der Tabelle sind, um alle möglichen Fälle zu erfassen (siehe Funktion b) im Unterabschnitt 8.1.1).
Wenn die Kinder nicht systematisch vorgehen, ist die Gefahr groß, dass Auslassungen oder Wiederholungen auftreten. In diesem Beispiel dürfte auch eine Kontrollspalte („Summe der Anzahlen") hilfreich sein.
Eine mögliche Tabelle mit der *Lösung:*

Anzahl grüner Stifte	Anzahl roter Stifte	Anzahl gelber Stifte	Anzahl blauer Stifte	Summe der Anzahlen
1	2	2	15	20
1	3	3	13	20
1	4	4	11	20
1	5	5	9	20
1	6	6	7	20
2	3	3	12	20
2	4	4	10	20
2	5	5	8	20
3	4	4	9	20
3	5	5	7	20
4	5	5	6	20

5. Beispiel: Ein geheimnisvoller Bus

In einem Bus ist ein Drittel der Plätze mit Erwachsenen besetzt. 6 Plätze mehr werden von Kindern eingenommen. 9 Plätze bleiben frei.
Wie viele Plätze hat der Bus?
(*mathematik lehren*, H. 115, Dez. 2002, Mathe-Welt S. 5)

Lösung von Mario (im Rahmen der Bearbeitung der Prüfaufgaben bei einer Kinderakademie):

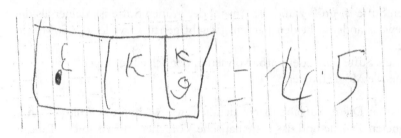

Abb. 8.2 Lösung von Mario zur Busaufgabe

Kommentar. Eine geometrische Figur (hier ein „Rechteck") dient Mario als Modell für einen Sachverhalt. Er teilt die Fläche des Rechtecks in drei „gleich große" Teile („Teilrechtecke") und notiert in den einzelnen Teilen lediglich: E für die Anzahl der Erwachsenen im ersten Drittel, K für die Anzahl der Kinder im zweiten Drittel sowie im dritten Drittel ein „etwas kleineres" K für die 6 Kinder (dort) und zusätzlich die 9 (freien Plätze). Ein Drittel der Plätze im Bus sind also 6 + 9 = 15 Plätze. Der Bus hat demnach insgesamt 45 Plätze.

6. Beispiel: Motorboote
(*Haase/Mauksch 1983*, S. 72)
Zwei Motorboote starten zur gleichen Zeit und fahren auf einem See mit jeweils gleich bleibenden, aber unterschiedlichen Geschwindigkeiten zwischen dem Ostufer (O) und dem Westufer (W) hin und her. Das Boot A legt vom Ufer O ab, das Boot B vom Ufer W.
Das erste Mal begegnen sich die Boote in 500 m Entfernung vom Ufer O. Nachdem sie am jeweils gegenüberliegenden Ufer gewendet haben, begegnen sie sich erneut, und zwar in 300 m Entfernung vom Ufer W.
a)   Wie lang ist der See zwischen dem Ostufer und dem Westufer?
b)   Welches Motorboot fährt mit der größeren Geschwindigkeit?

Lösung:

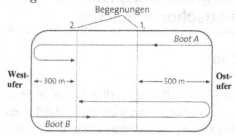

a) Aus der Skizze ergibt sich, dass beide Motorboote bei der 1. Begegnung zusammen die Länge des Sees zwischen Ost- und Westufer zurückgelegt haben. Bei der 2. Begegnung haben sie **zusammen** die dreifache Länge des Sees zurückgelegt.
Da beide Boote mit jeweils gleich bleibenden Geschwindigkeiten fahren, ist vom Beginn der Fahrt bis zu ihrer 2. Begegnung dreimal so viel Zeit vergangen wie vom Beginn der Fahrt bis zu ihrer ersten Begegnung. Daraus folgt: Da Boot A bis zur ersten Begegnung 500 m zurückgelegt hat, müssen es bis zur 2. Begegnung insgesamt 3 · 500 m = 1500 m sein. (Bei gleich bleibender Geschwindigkeit ist der zurückgelegte Weg proportional zur Zeit.) Boot A hat bis zur 2. Begegnung eine Strecke zurückgelegt, deren Länge um 300 m größer ist als die Länge des Sees. Folglich ergibt sich die Länge des Sees mit 1500 m − 300 m = 1200 m.

b) Boot B hat bis zur 2. Begegnung eine Strecke der Länge 1200 m + (1200 m − 300 m) = 2100 m zurückgelegt. Da vom Beginn der Fahrt bis zur 2. Begegnung für beide Boote die gleiche Zeit abgelaufen ist, muss folglich das Boot B die größere Geschwindigkeit haben.

Kommentar: Unabhängig vom Lösungsweg (über Argumentieren wie oben, über Probieren oder durch Einführen einer Variablen) ist eine geeignete Skizze unabdingbar. Skizzen dienen der Veranschaulichung von Prozessen, hier bei einer Bewegungsaufgabe.

8.2 Allgemeine Strategien/Prinzipien des Lösens mathematischer Probleme

8.2.1 Zum Problemlösen

Der Philosoph *Popper* betitelte eines seiner Bücher „Alles Leben ist Problemlösen" und formulierte: „Ja wir können, wenn wir wollen, das Leben als Problemlösen schlechthin beschreiben [...]." (*Popper 1994*, S. 70) Auch *Pólya (1980*, S. 1) verband das Mensch-Sein mit der Fähigkeit, Probleme zu lösen: „Solving problems is the specific achievement of intelligence [...] Solving problems is human nature itself."

Allgemein (ohne expliziten Bezug auf mathematische Probleme) umschreibt *Duncker (1935*, S. 1) den Begriff „Problem" wie folgt:
„Ein Problem entsteht z.B. dann, wenn ein Lebewesen ein Ziel hat und nicht weiß, wie es dieses Ziel erreichen soll. Wo immer der gegebene Zustand sich nicht durch bloßes Handeln (Ausführen selbstverständlicher Operationen) in den erstrebten Zustand überführen lässt, wird das Denken auf den Plan gerufen. Ihm liegt es ob, ein vermittelndes Handeln allererst zu konzipieren."

Allen Definitionen des Begriffs „Problem" in der Literatur gemeinsam sind drei Stufen oder Komponenten:
(1) Anfangs- oder Startzustand,
(2) Ziel oder Zielzustand (Lösung des Problems),
(3) Lücke zwischen Start- und Zielzustand/Barriere/Hindernis (siehe z.B. *Dörner 1976*, S. 10; *Edelmann 1996*, S. 314).
Anfangs- und Zielzustand sowie eventuelle Zwischenzustände umfassen den sogenannten „Problemraum". Problemlösen lässt sich somit als Suchen nach geeigneten Mitteln oder „Operatoren" im Problemraum charakterisieren (*Anderson 2001*, S. 243). „Lässt sich der Zielzustand mit Hilfe von verfügbarem Wissen und Mitteln unmittelbar erreichen, fehlt die Barriere und es handelt sich nicht um ein Problem, sondern um eine Aufgabe." (*Heinze 2005*, S. 78)

In der Literatur sind unterschiedliche Versuche zu finden, Probleme zu klassifizieren (siehe z.B. *Reitman 1965, Greeno 1978* oder *Haas 2000*). *Dörner*

(*1976*, S. 11 ff.) klassifiziert Probleme nach der Art der Barrieren, die die Problembewältigung anfänglich verhindern. Er unterscheidet danach drei Problemtypen: Interpolationsprobleme, Syntheseprobleme und dialektische Probleme (vgl. Tabelle 8.1; dort ist auch jeweils ein Beispiel aus der Mathematik angegeben, und zwar aus Abschnitt 8.2.3). Die Art der Barriere (und damit der Problemtyp) erwächst nicht nur aus der Problemstellung, sondern ist auch vom potenziellen Problemlöser und dessen Wissensstrukturen sowie von seiner Motivation abhängig. „Diese Vorerfahrungen des jeweiligen Individuums bestimmen wesentlich, ob überhaupt eine Barriere vorhanden ist, das heißt, ob es sich bei einem Gegenstandsbereich um ein Problem oder eine Aufgabe handelt." (*Heinze 2005*, S. 78)

Tab. 8.1   Problemtypen nach *Dörner 1976*

	Startzustand	Operatoren/Mittel	Reihenfolge der Operatoren/Mittel	Zielzustand	Beispiel
Interpolationsprobleme	bekannt	bekannt	unbekannt	bekannt	1. Beispiel (Puppentheater)
Syntheseprobleme	bekannt	unbekannt	unbekannt	bekannt	4. Beispiel (Zählen)
dialektische Probleme	bekannt	unbekannt	unbekannt	unbekannt	2. Beispiel (kleinste natürliche Zahl)

In der folgenden Tabelle 8.2 sind Merkmale von (Routine-)Aufgaben und solche von Problemen zusammengestellt.

Tab. 8.2 Routine- vs. Problemaufgabe nach *Dörner 1976*

(Routine-)Aufgabe	Problem(-Aufgabe)
• entschlüsselbar als Aufgabe eines bestimmten Typs	• eine ‚Barriere' verhindert das Entschlüsseln, die Aufgabe ist offen, mehrdeutig
• Abruf einer verfügbaren Lösungsprozedur möglich	• Suche nach einem Lösungsweg notwendig; man benötigt Einfälle, andere Sichtweisen, neuartige Verbindungen der Wissensbestände
• formales bis ritualhaftes Abarbeiten der gespeicherten Prozedur möglich	• inhaltliches Denken ist unverzichtbar zur Konstruktion eines Lösungsweges
• Erfolg auch ohne Verständnis möglich	• ohne Verständnis kein Erfolg möglich
• provoziert i. A. nicht zum Weiterdenken, Fortspinnen; wirkt abgeschlossen	• provoziert zum Weiterdenken, Variieren, Ausbauen; wirkt offen

Im Blick auf unsere Klientel sind in diesem Sinne natürlich **Problemaufgaben** für die Förderung von größter Bedeutung. Wegen des stärker verbreiteten Gebrauchs des Wortes spreche ich im Folgenden in der Regel jedoch auch von „Aufgaben", wenn eigentlich „Probleme" bzw. Problemaufgaben gemeint sind.

Um Probleme lösen zu können, benötigt der Problemlöser sowohl eine geeignete kognitive als auch eine geeignete sogenannte „metakognitive" Ausstattung. Bei der Lösung von Problemen sind nach *Kilpatrick/Radatz* (*1983*, S. 153) drei Strukturen bedeutsam:
(1) die epistemische Struktur,
(2) die heuristische Struktur,
(3) die metakognitive Struktur.

Die Einteilung der kognitiven Struktur in eine epistemische Struktur (Wissensstruktur, reichhaltiges Wissen über den jeweiligen Inhaltsbereich) und eine heuristische Struktur (Problemlösestruktur, Gesamtheit der Problemlösestrategien) stammt von *Dörner (1976,* S. 26 f.). „Die Wissensstruktur beinhaltet Regeln, Begriffe und Algorithmen, die insbesondere zur Bewältigung einer Aufgabe aus dem Gedächtnis abgerufen werden. Beim Lösen von Problemen reicht dieses Wissen jedoch allein nicht aus, um das gewünschte Ziel zu erreichen, so dass zusätzlich Konstruktionsverfahren (Operatoren) zur Herstellung der unbekannten Transformationen benötigt werden." (*Heinze 2005,* S. 79) Diese Konstruktionsverfahren heißen Heurismen (Findeverfahren, siehe Abschnitt 8.1.1). Mit ihrer Hilfe versucht der Problembearbeiter, die Barriere(n) des jeweiligen Problems zu überwinden.

Unter Metakognition versteht man allgemein das Wissen und die Kontrolle über die eigenen Kognitionen, über die eigenen Denk- und Lernaktivitäten. „Im Zusammenhang mit Problemlöseverhalten bewirken Metakognitionen u. a. das Erkennen verfügbarer Strategien und die Auswahl der zur Problemlösung vermutlich am erfolgreichsten Strategie [...]. " *(a.a.O.* S. 82) Unter der metakognitiven Struktur des jeweiligen Problembearbeiters kann man demnach sein Steuerungssystem für die Auswahl des zu aktivierenden Wissensbestands und der für das vorliegende Problem abzurufenden nützlichen Strategie(n) verstehen, unter Einschluss der Möglichkeit der Konstruktion für ihn neuer Strategien. Sind diese neuen Strategien erst einmal konstruiert und ist deren Wirksamkeit an weiteren Problemen erprobt, so gehören sie nun zur heuristischen Struktur.

8.2.2 Welche Strategien/Prinzipien können bereits von Grundschulkindern verwendet/beachtet werden?

Folgende Strategien/Prinzipien können aus meiner Sicht (und aufgrund meiner Erfahrung) bereits von (mathematisch begabten) Grundschulkindern intuitiv eingesetzt oder nach entsprechender Anleitung erfolgreich verwendet bzw. beachtet werden, um mathematische Probleme zu lösen:

- systematisches Probieren,
- Vorwärtsarbeiten,

- Rückwärtsarbeiten/Rückwärtsrechnen,
- Umstrukturieren,
- Benutzen von Variablen,
- Suchen nach Beziehungen/Aufstellen von Gleichungen oder Ungleichungen,
- das Analogieprinzip,
- das Symmetrieprinzip,
- das Invarianzprinzip,
- das Extremalprinzip,
- das Zerlegungsprinzip.

Das **systematische Probieren** ist ein bedeutender Fortschritt gegenüber dem bei Grundschulkindern häufig anzutreffenden unsystematischen und planlosen Ausprobieren. Die Kinder sollten angehalten werden, sich für eine bestimmte Reihenfolge zu entscheiden, die alle möglichen Elemente/Fälle umfasst. Die Elemente/Fälle können dabei Zahlen, Zahlenpaare, Zahlentripel usw. oder auch Buchstaben oder andere Zeichen sein. Möglicherweise muss von den Kindern erst noch ein Ordnungsprinzip gefunden werden, wenn nicht eine bestimmte Ordnung (z.B. der Größe nach sortieren oder lexikographisch vorgehen) bereits durch die vorgegebene Problemstellung nahe gelegt ist. Anschließend muss für jedes Element/für jeden Fall überprüft werden, ob die im Problem genannten Bedingungen erfüllt sind. Ist dies bei einem Element oder einem Fall nachgewiesen, kann die Überprüfung im Regelfall noch nicht beendet werden. Entweder muss dann die Eindeutigkeit der Lösung argumentativ belegt oder durch das Abchecken aller weiteren Elemente/Fälle nachgewiesen werden bzw. alle weiteren Lösungen müssen gefunden werden.

Zum systematischen Probieren und auch zu den anderen Strategien/ Prinzipien finden Sie jeweils ein Beispiel im Abschnitt 8.2.3.

Beim **Vorwärtsarbeiten** ist eine Anfangssituation gegeben und ein Ziel wird angesteuert:
Anfangssituation $\rightarrow$? $\rightarrow$ ... Ziel
Typische Fragen beim Vorwärtsarbeiten sind: Was lässt sich aus den gegebenen Größen unmittelbar berechnen? Was lässt sich aus den gegebenen Bedingungen unmittelbar ableiten? Was lässt sich aus den

Voraussetzungen unmittelbar folgern? Welche Teilziele kann ich erreichen? Welche Hilfsmittel führen mich weiter?

Beim **Rückwärtsarbeiten** ist eine Endsituation gegeben und die Frage ist, wo bzw. wie gestartet werden muss, um diese Endsituation erreichen zu können:

Start ... ← ? ← Endsituation

Typische Fragen beim Rückwärtsarbeiten sind: Woraus lässt sich die Endgröße unmittelbar berechnen? Woraus lässt sich die Behauptung unmittelbar ableiten? Unter welchen Voraussetzungen stellt sich die Endsituation ein? Welche vorgängigen Situationen führen zur Endsituation? Welche Hilfsmittel können dienlich sein?

Eine besondere Form des Rückwärtsarbeitens, die in der Grundschulmathematik häufig vorkommt, ist das sogenannte „Rückwärtsrechnen". Hierbei ist die „Endsituation" eine Zahl oder eine Größe. Wie man zu der Zahl oder der Größe kommt, ist in der Aufgabenstellung beschrieben. Gesucht ist die Startzahl oder die Größe, mit der begonnen werden muss.

Umstrukturieren einer vorgegebenen Situation oder einer mathematischen Problemstellung bietet sich dann an, wenn die vordergründige oder nahe liegende Struktur keinen unmittelbaren oder nur einen sehr aufwändigen Lösungsweg erkennen lässt. Andere Anordnungen von Zahlen oder Größen als die vorgegebene Anordnung können Strukturen sichtbar machen, die sonst nicht ersichtlich sind (siehe z.B. die geeignete paarweise Zusammenfassung der natürlichen Zahlen von 1 bis 100 bei der *Gauß* gestellten Aufgabe in 5.1). Oder die Übersetzung eines arithmetischen Problems in eine geometrische Konfiguration und deren Umgestaltung oder Ergänzung können Lösungswege für das Ausgangsproblem ermöglichen.

Einzelne begabte Grundschulkinder verwenden bereits von sich aus **Variable** für unbekannte Zahlen oder Größen (siehe 1, 5.2 und 8.10). Dabei kommen nicht nur Buchstabenvariable, sondern auch Wortvariable vor. Diese Kinder haben bereits erkannt (bzw. sind z.B. durch ihre Eltern oder ältere Geschwister darauf hingewiesen worden), wie nützlich es sein kann, in natürlicher Sprache formulierte Informationen in eine geeignete Symbolsprache zu übersetzen.

Die so gefundenen **Beziehungen** (etwa in Form von **Gleichungen** oder **Ungleichungen**) lassen sich dann weiter vereinfachen (dazu mehr in

8.10) und ermöglichen auf diese Weise das effektive Lösen vorgegebener mathematischer Problemstellungen.

Bei Verwendung des **Analogieprinzips** werden bewusst oder unbewusst folgende Fragen gestellt: Ist mir ein ähnliches Problem/eine ähnliche Aufgabe bereits einmal begegnet? Wie habe ich es/sie gelöst? Kindern könnte auch der folgende Rat gegeben werden: Suche nach einer ähnlichen Aufgabe, die sich eventuell einfacher lösen lässt. Übertrage den bei der neuen Aufgabe gefundenen Lösungsgedanken auf die ursprüngliche Aufgabe.

Allgemeiner lässt sich Analogiebildung als Heurismus in der folgenden Weise beschreiben (*Winter 1991,* S. 47):
In einem neuen Bereich B soll z. B. ein Problem gelöst werden. Die Analogiebildung besteht dann darin, einen bekannten Bereich A aufzuspüren, der in irgendeiner Weise mit dem Bereich B verwandt ist. Durch einen vermittelnden Gedanken muss diese Verwandtschaft belegt werden. Gelingt dies, wird das Problem im bekannten Bereich A (neu) definiert und dort gelöst. Die Lösung wird in den Bereich B zurückübertragen.
„Der brisante Punkt ist die Doppelaufgabe: (1) das Aufsuchen eines verwandten bekannten Bereiches A und (2) der Aufweis der Verwandtschaft. Da ist Vorwissen zu durchmustern, was aber nur Erfolg verspricht, wenn (Passendes überhaupt da ist und) eine steuernde Ahnung, ein Gefühl, das Suchfeld eingrenzt. Immerhin muß ja der Rahmen B überschritten werden; es ist so etwas wie divergentes Denken [...] notwendig. Eine unterrichtsmethodisch handhabbare Hilfe besteht darin, die Schüler aufzufordern, den Grad der Elaborierung zu senken, das Problem untechnisch – umgangssprachlich – grob zu fassen.
'Wie würdest du das einem Nichtfachmann erklären?'
'Wie kannst du die Sache schlagwortartig ausdrücken?'
'Was ist der Witz der Sache?' o. ä." (*a.a.0.*)

Bei Anwendung des **Symmetrieprinzips** wird in der durch die Aufgabenstellung vorgegebenen Situation nach Symmetrien gesucht und die Frage gestellt: Kann ich die Aufgabe unter Ausnutzung der entdeckten Symmetrie(n) lösen bzw. einen eleganteren Lösungsweg als bei Vernachlässigung der Symmetrieeigenschaft(en) finden? Werden keine Symmetrien gefunden, könnte gefragt werden, ob eine Symmetrisierung der Problemstellung (evtl. durch Modifizierung) hergestellt oder erzwungen werden kann.

Beim Einsatz des **Invarianzprinzips** geht es einerseits „darum, solche Größen, Eigenschaften oder funktionalen Beziehungen zu erkennen, die konstant bzw. allen Größen oder Beziehungen gemeinsam sind. Andererseits kann man aber auch versuchen, Invarianten künstlich zu erzeugen durch Festhalten einer Größe oder Eigenschaft und Variation der anderen Größen, Eigenschaften oder Beziehungen." (*Bruder/Müller 1990*, S. 881)

Bei der Verwendung des **Extremalprinzips** als heuristisches Prinzip werden zur Lösung von Problemen extreme Fälle betrachtet: minimale oder maximale Elemente einer Menge, Sonder- oder Spezialfälle, besondere Lagen am Rande, extremale Beziehungen oder Konstellationen usw. Bei der Betrachtung von Randfällen kann die Befolgung des Extremalprinzips eine Art Regula-Falsi-Strategie bewirken, also einen Ansatz, der bewusst falsch gewählt wird: Was wäre, wenn...? Was ergibt sich daraus?
Das Extremalprinzip wird ausführlich in *Haas 2000* erörtert.

Das **Zerlegungsprinzip** kann insbesondere beim Lösen komplexer Aufgaben nützlich sein und auch als „Modularisierung" des vorgegebenen Problems interpretiert werden. Beim Zerlegungsprinzip lautet die zentrale Frage: „Wie kann man die Aufgabenstellung, den Sachverhalt oder das mathematische Objekt geschickt zerlegen oder aufteilen?" (*Bruder 2002*, S. 7) Das **Prinzip der Fallunterscheidung** ist eine Variante/ein Spezialfall des (allgemeinen) Zerlegungsprinzips.

Welche Wirkungen können Heurismen entfalten? Nach *Bruder (a.a.0.* S. 6) kann man unter lerntheoretischen Aspekten das Wirkungsprinzip heuristischer Strategien stark verkürzt so beschreiben: „Wenn es gelingt, die meist unterbewusst verfügbaren Problemlösemethoden geistig besonders beweglicher Personen herauszuarbeiten und diese bewusst in Form von Heurismen zu erlernen und anzuwenden, können ähnliche Leistungen erbracht werden wie von den intuitiven Problemlösern.
Damit jedoch keine unerfüllbaren Erwartungen geschürt werden, muss klar gestellt werden: Heuristische Strategien liefern Impulse zum Weiterdenken, sie bieten aber keine Lösungsgarantie wie ein Algorithmus."

Bruder (a.a.0. S. 8) schlägt vor, Heurismen in vier Etappen lernen zu lassen:

1. Etappe:
Zunächst werden die Schülerinnen und Schüler schrittweise an bestimmte heuristische Vorgehensweisen und typische Fragestellungen *gewöhnt.* Die Lehrerin/der Lehrer verwendet bei Hilfeimpulsen konsequent die Fragestrategien der einzelnen Heurismen, ohne sie unmittelbar zum Unterrichtsthema zu machen.

2. Etappe:
Anhand von *Musteraufgaben* wird die explizit zu erlernende Strategie vorgestellt. Der Strategie wird ein Name zugeordnet, und sie wird mit typischen Fragestellungen beschrieben. Die Musteraufgaben fungieren als Eselsbrücke. Lehrkraft und Lernende stellen gemeinsam Beispiele zusammen, bei denen bereits früher die jetzt bewusst gewordene Strategie intuitiv verwendet wurde.

3. Etappe:
Kurze *Übungsphasen* mit Aufgaben unterschiedlicher Schwierigkeit schließen sich an. Die neue Strategie soll nun selbstständig bewusst angewendet werden. Die Kontexte in den Aufgaben variieren schrittweise. Die individuellen Vorlieben der Lernenden für einzelne Strategien und die Anwendungsvielfalt der neuen Strategie werden thematisiert und damit bewusst gemacht.

4. Etappe:
In den nun folgenden Übungsphasen wird eine unterbewusste *flexible Strategieverwendung* angestrebt. Die neue Strategie erhält ihren Ort im *allgemeinen Problemlösemodell.*

Das Lehren von Heuristik muss auch kritisch betrachtet werden. So merkt z.B. *Haas* dazu an (*Haas 2000*, S. 189f.):
„Grundvoraussetzungen für erfolgreiches Problemlösen sind nicht nur solide Kenntnisse, Ausdauer und kritische Analyse, sondern auch Kreativität und Beweglichkeit des Denkens. Die Verfügbarkeit heuristischer Strategien hilft dabei, Einfälle zu provozieren und zu produzieren. Bislang ist aber immer noch umstritten, in welcher Form Heuristik gelehrt werden kann und soll:

(a) implizit (Problemlösen lernen durch das Lösen von geeigneten Prolemen),
(b) explizit (Thematisierung und Training einzelner (welcher?) Strategien) oder noch weitergehend
(c) durch metakognitive Reflexionen.

[...]

Die Beschäftigung mit heuristischen Strategien ist in gewisser Weise paradox, denn sie versucht, das heuristische Wissen zu systematisieren und zu algorithmisieren und damit in einen anderen bekannten Wissensbereich zu verschieben. Bei allen Überlegungen zur Vermittlung heuristischer Strategien muss man sich dieses Antagonismus' bewusst sein."

8.2.3 Aufgabenbeispiele

1. Beispiel (Beispiel zum **systematischen Probieren**):
In das Puppentheater kamen viele Zuschauer. Die Hälfte und einer waren Kinder, ein Viertel und zwei der Anwesenden waren Mütter, und ein Sechstel und drei waren Väter dieser Kinder. Wie viele Kinder, Frauen und Männer waren es?

Bevor man eine Tabelle zum systematischen Probieren anlegt, ist es ratsam, sich zu überlegen, welche Zahlen für die Gesamtzahl der Zuschauer überhaupt in Frage kommen können. Wegen der Angaben „die Hälfte", „ein Viertel" und „ein Sechstel" muss die Gesamtzahl durch 2, 4 und 6 teilbar sein. Demnach macht es nur Sinn, mit Zahlen zu probieren, die durch 12 teilbar sind. Wir legen eine Tabelle an, die die vermutete Gesamtzahl der Zuschauer, die Anzahl der Kinder, der Mütter und der Väter und zur Kontrolle die sich aus der entsprechenden Aufteilung ergebende Summe enthält. Wir beginnen mit einer Gesamtzahl, die für ein Puppentheater realistisch erscheint und ein leicht zu berechnendes Vielfaches von 12 ist: 120.

Gesamtanzahl der Zuschauer	Anzahl der Kinder	Anzahl der Mütter	Anzahl der Väter	Summe nach Aufteilung
120	60+1=61	30+2=32	20+3=23	116
108	54+1=55	27+2=29	18+3=21	105
96	48+1=49	24+2=26	16+3=19	94
84	42+1=43	21+2=23	14+3=17	83
72	36+1=37	18+2=20	12+3=15	72

Die bisher ausgefüllte Tabelle sollte Anlass sein, die Zahlenstrukturen in den einzelnen Spalten von den Kindern beschreiben zu lassen. Auf diese Weise können sie auch zu der Erkenntnis kommen, dass die gefundene Lösung 72 die einzige sein muss.

Lösung: Im Puppentheater waren 37 Kinder, 20 Frauen und 15 Männer als Zuschauer.

Dass bereits Grundschulkinder diese Aufgabe anders (und eleganter) als durch systematisches Probieren lösen können, zeigt die Bearbeitung von Malte (9;11 Jahre) im Rahmen einer Kinderakademie; siehe Abbildung 8.3.

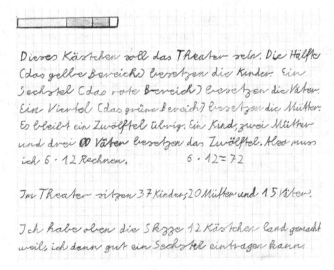

Abb. 8.3 Lösung von Malte zur Puppentheater-Aufgabe

2. Beispiel (Beispiel zum **Vorwärtsarbeiten**):
Gib die kleinste natürliche Zahl an, die alle folgenden Eigenschaften hat:
a) Die aus den letzten zwei Ziffern der Zahl gebildete Zahl ist 42.
b) Sie ist durch 42 (ohne Rest) teilbar.
c) Die Summe ihrer Ziffern (die Quersumme) ist 42.
Schreibe ausführlich auf, wie du die Zahl gefunden hast.
(*Vitanov 2001*, S. 634)

Zunächst nutzen wir Bedingung a). Die gesuchte natürliche Zahl nennen wir N. Da N mit 42 endet, gilt: $N = 100 \cdot x + 42$, wobei x eine natürliche Zahl ist, die zwei Stellen weniger als N hat. Was wissen wir weiterhin über x?
Da N durch 42 teilbar ist (Bedingung b)), muss x durch 21 teilbar sein (der Faktor 2 von 42 steckt bereits in 100). Außerdem muss die Quersumme von x gleich $42 - 4 - 2 = 36$ sein. Wegen der Forderung c) muss demnach x durch 7 teilbar sein (die Teilbarkeit durch 3 ist bereits wegen der Quersumme 36 gewährleistet).

Wegen der Quersumme 36 muss x mindestens vierstellig sein. Ist x = 9999? Nein, da 9999 nicht durch 7 teilbar ist.
Wir betrachten nun – der Größe nach geordnet – die ersten fünfstelligen Zahlen mit der Quersumme 36, beginnend mit der kleinsten, und prüfen (natürlich mit einem Taschenrechner), ob sie durch 7 teilbar sind:

Zahl mit Quersumme 36	durch 7 teilbar?
18999	nein
19899	nein
19989	nein
19998	nein
27999	nein
28899	nein
28989	nein
28998	nein
29799	ja!

Die gesuchte kleinste natürliche Zahl mit allen drei verlangten Eigenschaften ist also 2979942.

Hinweis: Ich habe Kinder erlebt, die sich bereits mehr als eine Stunde lang mit dieser – sicher nicht einfachen – Aufgabe beschäftigt hatten und schließlich – während einer Mittagspause im Rahmen einer Kinderakademie – die Lösung gefunden haben (ihr Weg: Erkenntnis, dass die Summe der unbekannten Ziffern der gesuchten Zahl 36 sein muss; Überprüfung der Teilbarkeit von 999942 durch 42; systematische Vergrößerung dieser Zahl auf Zahlen mit der Quersumme 42; Überprüfung auf Teilbarkeit durch 42 mit Hilfe eines Taschenrechners). Nach der gefundenen Lösung war der Wissensdurst dieser Kinder noch immer nicht gestillt. Sie fragten u. a.: „Welche ist die nächst größere Zahl, die die geforderten Bedingungen erfüllt?" (Antwort: 2998842)

3. Beispiel (Beispiel zum **Rückwärtsarbeiten/Rückwärtsrechnen**):
Ein Müller hinterließ nach seinem Tod seinen drei Söhnen 24 Goldmünzen und hatte verfügt, dass jeder seiner Söhne so viele Münzen erhalten sollte, wie er vor fünf Jahren an Lebensjahren gezählt hatte.
Der jüngste der Brüder, ein helles Köpfchen, schlug folgenden Tausch vor: „Ich behalte nur die Hälfte der Münzen, die ich vom Vater bekommen habe, und verteile die übrigen an euch zu gleichen Teilen. Mit der nun neuen Verteilung der Münzen soll auch der mittlere Bruder und am Ende (nach wieder neuer Verteilung) der älteste Bruder in gleicher Weise verfahren."
Die Brüder stimmten dem Tausch ohne Argwohn zu und hatten alle danach die gleiche Anzahl von Münzen.
Bestimme das Alter der Brüder.

Bernd hat mir die folgende Lösung im Rahmen eines mathematischen Korrespondenzzirkels zugeschickt:

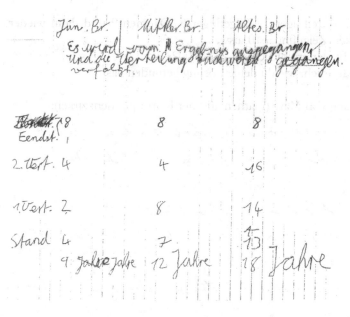

Abb. 8.4 Lösung von Bernd zur Münzen-Aufgabe

Offensichtlich bedient sich Bernd hier der Methode des Rückwärtsrechnens; er benutzt sogar selbst das Wort „rückwärts". Er geht von dem vorgegebenen Zustand nach der Verteilung der 24 Goldmünzen aus (24 : 3 = 8). Dann betrachtet er den Zustand vor der Verteilung durch den ältesten Bruder, der doppelt so viele Goldmünzen im Vergleich zum Endzustand (also 16) hat.
Die 8 zusätzlichen Münzen kommen je zur Hälfte vom jüngsten und vom mittleren Bruder, also hatten diese beiden vorher jeweils 4 Münzen. Vor der Verteilung durch den mittleren Bruder war die Verteilung so: 2; 8 (das Doppelte von 4); 14. Vor der Verteilung durch den jüngsten Bruder: 4 (das Doppelte von 2); 7; 13.
Aus dieser letzten Verteilung kann nun auf das gegenwärtige Alter geschlossen werden: jeweils plus 5, d. h. der jüngste Sohn ist 9 Jahre, der mittlere Sohn 12 Jahre und der älteste Sohn 18 Jahre alt.

4. Beispiel (Beispiel zum **Umstrukturieren**):
Wir zählen an den Fingern einer Hand: Daumen 1, Zeigefinger 2, Mittelfinger 3, Ringfinger 4, kleiner Finger 5 und nun rückwärts weiter:

Ringfinger 6, Mittelfinger 7, Zeigefinger 8, Daumen 9 und dann wieder vorwärts weiter: Zeigefinger 10, usw.
Für welchen Finger ergibt sich die Zahl 2002?
Erläutere ausführlich, wie du deine Lösung gefunden hast.

Hier die Lösung von Marc (mathematischer Korrespondenzzirkel):

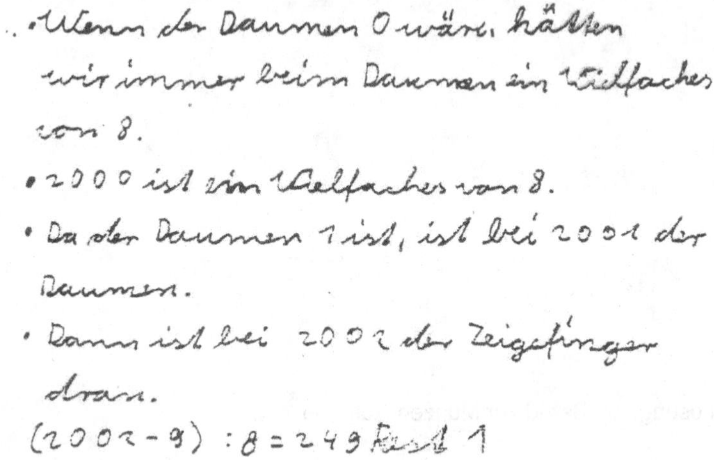

.. • Wenn der Daumen 0 wäre, hätten wir immer beim Daumen ein Vielfaches von 8.

• 2000 ist ein Vielfaches von 8.

• Da der Daumen 1 ist, ist bei 2001 der Daumen.

• Dann ist bei 2002 der Zeigefinger dran.

$$(2002 - 9) : 8 = 249 \text{ Rest } 1$$

Abb. 8.5 Lösung von Marc zur Zählaufgabe

Marc hat offensichtlich durchschaut, dass man bei einem Durchgang vom Daumen über den kleinen Finger und wieder zurück zum Daumen immer um 8 weiterzählen muss. Um leichter rechnen zu können (2000 ist durch 8 teilbar), strukturiert er die vorgegebene Zählweise um und beginnt nicht mit 1, sondern mit 0 zu zählen. Eine elegante Vorgehensweise!
(Wie zahlreich die Lösungsideen von Kindern bei einer solchen Aufgabe sind, ist bei *Bardy/Bardy 2004* dokumentiert; siehe auch Unterabschnitt 8.6.2.)

5. Beispiel (Beispiel zum **Benutzen von Variablen**):
Auf drei Bäumen sitzen insgesamt 56 Vögel. Nachdem vom ersten Baum 7 Vögel auf den zweiten Baum und dann vom zweiten Baum 5 Vögel auf den dritten Baum geflogen waren, saßen nun auf dem zweiten Baum

doppelt so viele Vögel wie auf dem ersten Baum und auf dem dritten Baum doppelt so viele Vögel wie auf dem zweiten Baum.
Ermittle, wie viele Vögel ursprünglich auf jedem der Bäume saßen.
(*Bezirkskomitee Chemnitz o. J.*, Klasse 4, S. 13)

Die Lösung von Sarah (mathematischer Korrespondenzzirkel):

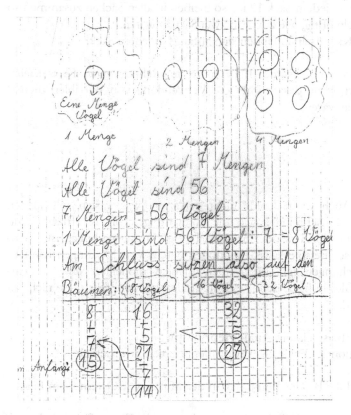

Abb. 8.6 Lösung von Sarah zur Aufgabe mit den Vögeln

Sarah benutzt die Wortvariable „Menge", um mit ihrer Hilfe auszu-drücken, wie viele „Mengen" sich nach den „Vogelflügen" auf den jeweiligen Bäumen befinden. Sie betrachtet die momentane Anzahl der Vögel auf dem ersten Baum als Einheit und ist in der Lage, eine Gleichung mit der Variable „Menge" aufzustellen, aus der sie leicht die zugehörige Lösung ermitteln kann („1 Menge … = 8 Vögel"). Die ge-suchten Anzahlen ermittelt Sarah dann mittels Rückwärtsrechnen.

6. Beispiel (Beispiel zum **Suchen nach Beziehungen** /zum **Aufstellen von Gleichungen oder Ungleichungen**):
In fünf Säcken befindet sich jeweils genau die gleiche Menge Kartoffeln. Entnimmt man jedem Sack 12 kg, so bleiben in allen Säcken zusammen so viel Kartoffeln übrig, wie zuvor in zwei Säcken waren.
Wie viel kg Kartoffeln befanden sich anfangs in jedem Sack?

Hier die *Lösung* von Isolde (10;01 Jahre) im Rahmen einer Kreisarbeitsgemeinschaft, ohne dass vorher die Verwendung von Variablen thematisiert worden wäre:
$x5 - (12 \cdot 5) = x5 - 60 = x2$
$60 = x3$
$60 : 3 = 20$
$x = 20$

Kommentar: Auch wenn Isolde nicht deklariert, was x sein soll, keinen Antwortsatz hinschreibt sowie die Reihenfolge von Koeffizient und Variable (statt z.B. $5 \cdot x$ oder 5x schreibt sie x5) ungewöhnlich ist, dokumentiert dieses Beispiel, dass Situationen bereits von 10-jährigen Kindern durch Gleichungen mit Buchstabenvariablen modelliert und die entstehenden Gleichungen richtig gelöst werden können, falls diese nicht zu komplex sind.

7. Beispiel (Beispiel zum **Analogieprinzip**):
Zur Illustration sind hier **zwei** Aufgabenbeispiele erforderlich:

a) Anke und ihr Bruder Bernd halfen der Mutter vor Ostern beim Färben von Eiern.
Anke hat zweimal soviel, die Mutter dreimal soviel Eier gefärbt wie Bernd. Insgesamt wurden mehr als 25, aber weniger als 35 Eier gefärbt.
Wie viele Eier haben die Mutter, Anke bzw. Bernd gefärbt?
Notiere deine Lösungsschritte.
(*alpha 12 (1978)*, H. 1, S. 8)

b) Ein Bauer hat Pferde, Kühe und Schafe. Zusammen sind es mehr als 90, aber weniger als 100 Tiere. Es sind doppelt so viel Kühe wie Pferde und viermal so viel Schafe wie Kühe. Wie viele Pferde, Kühe und Schafe hat der Bauer?
(*alpha 11 (1977)*, H. 6, S. 125)
Bei der Aufgabe a) bietet sich folgende Überlegung an: Alle Personen zusammen (Bernd einmal, Anke zweimal, Mutter dreimal) haben sechsmal soviel Eier gefärbt wie Bernd. 30 ist die einzige Zahl zwischen 25 und 35, die durch 6 teilbar ist. 30 : 6 = 5.
Bernd hat demnach 5 Eier, Anke 10 Eier und Mutter 15 Eier gefärbt.

Völlig analog lässt sich Aufgabe b) lösen:
Im Vergleich zu der Anzahl der Pferde gibt es doppelt so viele Kühe und achtmal so viele Schafe (im Aufgabentext steht „viermal so viel Schafe wie Kühe"). Die Gesamtzahl der Tiere ist demnach das Elffache der Anzahl der Pferde (1 + 2 + 8 = 11).
99 ist die einzige Zahl zwischen 90 und 100, die durch 11 teilbar ist. 99 : 11 = 9.
Auf der Weide befinden sich also 9 Pferde, 18 Kühe und 72 Schafe.

Es bietet sich an, analoge Aufgaben bewusst in den Förderprozess einzubeziehen. Zu viele Aufgaben des gleichen Typs sollten allerdings aus Motivationsgründen vermieden werden.

8. Beispiel (Beispiel zum **Symmetrieprinzip**):
Die Summe von drei natürlichen Zahlen beträgt 63. Die erste dieser Zahlen ist um 3 kleiner als die zweite, die dritte um 3 größer als die zweite. Wie lauten diese drei Zahlen?
Notiere deine Lösungsschritte.
(*alpha 8 (1974)*, H. 1, S. 32)

Ein möglicher *Lösungsweg*: Da die erste der gesuchten Zahlen um 3 kleiner und die dritte um 3 größer als die zweite ist, muss die angegebene Summe der drei Zahlen das Dreifache der zweiten Zahl sein („um 3 kleiner" und „um 3 größer" gleichen sich aus). Die zweite Zahl ist demnach 63 : 3 = 21. Die erste Zahl lautet 21 − 3 = 18, die dritte 21 + 3 = 24.

9. Beispiel (Beispiel zum **Invarianzprinzip**):
Mutti ist zurzeit 44 Jahre alt und Tina 18 Jahre alt. Nach wie vielen Jahren wird Mutti (nur noch) doppelt so alt wie Tina sein?

Ein möglicher *Lösungsweg*: Die Altersdifferenz von Mutti und Tina ändert sich nicht, sie ist invariant. Sie beträgt 44 Jahre – 18 Jahre = 26 Jahre. Dies bedeutet: Wenn Tina 26 Jahre alt ist, ist Mutti doppelt so alt. Von 18 bis 26 Jahre sind es 8 Jahre.
Also: Nach 8 Jahren wird Mutti doppelt so alt wie Tina sein.

10. Beispiel (Beispiel zum **Extremalprinzip**):
Zu acht Fahrzeugen gehören insgesamt 22 Räder. Ein Teil der Fahrzeuge hat vier, der Rest nur zwei Räder. Wie viele Fahrzeuge haben zwei und wie viele vier Räder?

Ein möglicher *Lösungsweg*: Obwohl wir wissen, dass diese Lösung falsch ist, tun wir zunächst so, als ob jedes der acht Fahrzeuge zwei Räder habe (Extremalprinzip; hier bewusster falscher Ansatz: Regula-Falsi-Prozedur). Dann gäbe es insgesamt nur 16 Räder. 22 – 16 = 6. Sechs Räder mehr erhält man dadurch, dass von den Fahrzeugen drei mit jeweils vier Rädern genommen werden.
Also haben fünf Fahrzeuge jeweils zwei Räder und drei Fahrzeuge jeweils vier Räder.

11. Beispiel (Beispiel zum **Zerlegungsprinzip**):
Zeige, dass die Summe von fünf natürlichen Zahlen, die alle bei Division durch 5 denselben Rest lassen, immer durch 5 teilbar ist.

Um den geforderten Nachweis zu führen, zerlegen wir die Problemstellung in fünf mögliche Fälle. Wir machen die folgenden Fallunterscheidungen:
1. Fall: Alle fünf Zahlen lassen bei Division durch 5 den Rest 0.
In diesem Falle sind alle fünf Zahlen und damit auch ihre Summe durch 5 teilbar.
2. Fall: Alle fünf Zahlen lassen bei Division durch 5 den Rest 1.
Für die Summe ergibt sich:
$$(a + 1) + (b + 1) + (c + 1) + (d + 1) + (e + 1) =$$
$$a + b + c + d + e + 5 \cdot 1 = a + b + c + d + e + 5.$$

Dabei sind a, b, c, d, e durch 5 teilbare Zahlen. Die Summe ist deshalb auch durch 5 teilbar.

3. Fall: Alle fünf Zahlen lassen bei Division durch 5 den Rest 2.

Es gilt: $(a + 2) + (b + 2) + (c + 2) + (d + 2) + (e + 2) =$

$a + b + c + d + e + 5 \cdot 2$.

Weitere Argumentation wie beim 2. Fall.

4. Fall: Alle fünf Zahlen lassen bei Division durch 5 den Rest 3.

Es gilt: $(a + 3) + (b + 3) + (c + 3) + (d + 3) + (e + 3) =$

$a + b + c + d + e + 5 \cdot 3$.

Weitere Argumentation wie beim 2. Fall.

5. Fall: Alle fünf Zahlen lassen bei Division durch 5 den Rest 4.

Es gilt: $(a + 4) + (b + 4) + (c + 4) + (d + 4) + (e + 4) =$

$a + b + c + d + e + 5 \cdot 4$.

Weitere Argumentation wie beim 2. Fall.

8.3 Logisches/schlussfolgerndes Denken

8.3.1 Worum geht es?

Um nicht missverstanden zu werden: „Logik mit den Methoden oder gar den Gesetzen des richtigen Denkens zu identifizieren gilt unter den Logikern als ein unzweckmäßiger Ansatz. Bereits FREGE kämpfte gegen diesen Ansatz und brachte den Unterschied auf die eingängige Formel, die Logik behandle die Gesetze des Wahrseins, nicht die des Fürwahrhaltens." (*Bock/Borneleit 2000*, S. 60)

Vertreter der Kognitionspsychologie sind der Auffassung, dass „sich ein Großteil des menschlichen Denkens nicht sinnvoll unter dem Gesichtspunkt des logischen Schließens betrachten" *(a.a.O.)* lasse. *Anderson (2001*, S. 303 f.) z.B. behauptet, dass keine enge Beziehung zwischen logischen Zusammenhängen und kognitiven Prozessen vorliege.

Dennoch sind beim Lösen mathematischer Probleme und beim Kommunizieren mathematischer Inhalte (von begabten Grundschulkindern) auch logische Fähigkeiten gefordert (vgl. *Bock/Borneleit 2000*, S. 62):

- das Verstehen und das Verwenden logischer Sprachbestandteile (z.B. „und", „oder", „nicht" – Verneinung einer Aussage, „wenn - dann", „es gibt ein", „für alle", „mindestens", „höchstens");
- das Verstehen und das Anwenden spezieller Ausdrucksweisen der **Meta**sprache (beim Sprechen **über** mathematische Inhalte; z.B. „Definition", „Beweis", „Aussage", „Umkehrung einer Aussage", „aus… folgt", „Gleichung", „Ungleichung");
- das Umformulieren einer vorgegebenen Aussage in eine logisch äquivalente und das Erkennen eines solchen Zusammenhangs;
- das richtige logische Schließen, das Erkennen von logischen Fehlern in Schlussweisen;
- das Führen einfacher Beweise (vgl. Abschnitt 8.5);
- das logisch richtige Definieren, die Verwendung von Definitionen beim Begründen und Beweisen.

Unter „logischem Denken" will ich hier das Verwenden der genannten logischen Fähigkeiten verstehen, wobei zu beachten ist, dass sich diese Fähigkeiten auch nicht bei mathematisch begabten Grundschulkindern zwangsläufig ergeben, also gleichsam von selbst herausbilden, eine Förderung dieser Fähigkeiten allerdings bei diesen Kindern wesentlich früher einsetzen kann als bei anderen.

Als Teil des logischen Denkens kann das sogenannte „schlussfolgernde Denken" angesehen werden. „Allgemein bedeutet schlussfolgerndes Denken, dass man von etwas Gegebenem zu etwas Neuem kommt." (*Oerter/Dreher 2002*, S. 487) Es gibt drei Arten schlussfolgernden Denkens (*a.a.0.* S. 487 f.):

- analoges Schließen (dabei wird von der Übereinstimmung in einigen Punkten auf Entsprechungen in anderen Punkten geschlossen);
- induktives Schließen (von Einzelbeobachtungen bzw. einigen Sachverhalten wird auf allgemeine Regeln oder Gesetzmäßigkeiten geschlossen);
- deduktives Schließen/logisches Schließen (bei diesem Schließen ist die logische Gültigkeit entscheidend, unabhängig von der inhaltlichen Richtigkeit ergibt sich aus etwas Vorgegebenem zwingend die entsprechende Schlussfolgerung).

Auch wenn in der Mathematik selbst bzw. beim Mathematiklernen analoges und induktives Schließen durchaus vorkommen (z.B. beim Generieren von Behauptungen in der Forschung oder beim entdeckenden Lernen in der Schule), steht hier das deduktive Schließen im Vordergrund.

Auch in neuerer Literatur wird die Frage, ab welchem Alter schlussfolgerndes Denken möglich sei, durchaus kontrovers diskutiert. „Autoren, die dieses Denken schon für den Vorschulbereich postulieren – z.B. *Donaldson (1982)* für das deduktive Schließen oder *Goswami* (1992) für das analoge – grenzen sich explizit ab von *Piaget* (vor allem *Piaget* & *Inhelder, 1980*), nach dessen Auffassung sich schlussfolgerndes Denken generell erst spät, ab dem 11./12. Lebensjahr, auf der Stufe des formalen Denkens entwickelt. [...]
Logisches Schließen im Sinne von Deduktionsschlüssen oder Implikationsschlüssen (wenn..., dann...), das auf die Regeln der Logik zurückgreift und Inhaltsunabhängigkeit erfordert (dekontextualisiertes Denken), wird frühestens mit der Stufe der formalen Operation möglich." (*Oerter/Dreher 2002*, S. 488 f.)

Da das Stadium der formalen Operationen von begabten Kindern wesentlich früher als von anderen Kindern erreicht wird (teilweise mit einem Vorsprung von mehr als drei Jahren), macht es Sinn bzw. ist es ratsam, mit Fördermaßnahmen zum logischen/schlussfolgernden Denken bereits frühzeitig zu beginnen. Jedoch Vorsicht: Ein expliziter Logikkurs ist keineswegs erforderlich bzw. sinnvoll; logische Schlussregeln brauchen nicht explizit behandelt zu werden. Was *Bock/Borneleit (2000*, S. 64) für den Mathematikunterricht der Sekundarstufe gefordert haben, gilt m. E. auch für die Förderung mathematisch begabter Grundschulkinder:
„Die Förderung logischer Fähigkeiten sollte [...] zielgerichtet und eng verbunden mit der Behandlung mathematischer Sachverhalte erfolgen. Dies sollte vorsichtig und behutsam geschehen, ohne einen Sprachdruck auszuüben, der sprachliche Uniformität und Sterilität in der Ausdrucksweise begünstigen könnte."

8.3.2 Aufgabenbeispiele

Im Vergleich zu ihren Altersgenossen haben mathematisch begabte Grundschulkinder nicht nur besondere Fähigkeiten im Erkennen von Strukturen, im Verallgemeinern und Abstrahieren (siehe Abschnitt 8.6), sondern auch im logischen/schlussfolgernden Denken. Deshalb sind die im Folgenden vorgestellten Aufgaben für unsere Zielgruppe nicht zu anspruchsvoll. Sie sind speziell zur Förderung logischen/schlussfolgernden Denkens ausgewählt bzw. konstruiert. Zahlreiche weitere solche Aufgaben findet man bei *Bardy/Hrzán 2005/2006*.

1. Beispiel: Socken im Wäschekorb
(*Bezirkskomitee Chemnitz*, Klasse 5, S. 6, Nr. 1, modifiziert)

David hilft seiner Mutter beim Wäschesortieren. Aber alle Socken liegen noch durcheinander im Wäschekorb. Es sind insgesamt 10 rote, 8 blaue und 6 weiße Socken.
Wie viele Socken müsste David im Finsteren (also ohne die Farbe erkennen zu können) mindestens aus dem Korb nehmen, damit er mit Sicherheit
a)   eine rote,
b)   eine rote und eine blaue,
c)   eine rote und eine blaue und eine weiße,
d)   eine rote und eine weiße,
e)   2 gleichfarbige,
f)   6 gleichfarbige
Socke(n) hat?

Lösung:
a) 15. Denn im ungünstigsten Fall entnimmt David zuerst die 8 blauen und die 6 weißen Socken. Die 15. Socke muss dann rot sein.
b) 17. Falls zunächst 6 weiße und 10 rote Socken entnommen werden, ist dann die 17. Socke von blauer Farbe.
c) 19. Nachdem David zuerst 10 rote und 8 blaue Socken entnommen hat, ist die 19. Socke von weißer Farbe.
d) 19. (Begründung wie bei Aufgabe c).
e) 4. Denn im ungünstigsten Fall entnimmt David zunächst von jeder Farbe eine Socke. Die 4. Socke muss dann eine Farbe haben, die schon vorhanden ist.

f) 16. David könnte zuerst von jeder Farbe 5 Socken nehmen, also zunächst 15 Socken. Die 16. Socke sichert, dass dann sechs gleichfarbige Socken vorliegen.

Kommentar: Die Aufgabenstellung kann nur verstanden werden, wenn die Bedeutung der Worte „mindestens", „mit Sicherheit" sowie „und" klar sind.
Die Lösungen der Teilaufgaben sind nur über den Gedanken des jeweils „ungünstigsten Falls" ermittelbar.

2. Beispiel: Wie heißen die Schüler?
(*alpha 14 (1980)*, H. 2, S. 34)

Alfons, Bruno, Christoff und Dieter gehen in dieselbe Schule. Ihre Nachnamen sind in anderer Reihenfolge Althoff, Blume, Cramer und Decker. Von ihnen ist Folgendes bekannt:
a) Alfons ist mit dem Schüler Cramer befreundet.
b) Bruno und der Schüler Decker sind gleichaltrig.
c) Dieter ist jünger als Bruno, und Bruno ist jünger als der Schüler Blume.
d) Dieter ist jünger als der Schüler Cramer.
e) Alfons kennt den Schüler Blume nicht.
f) Dieter und der Schüler Decker spielen oft zusammen.
Welche Familiennamen haben Alfons, Bruno, Christoff und Dieter?
Ordne diese vier Schüler nach ihrem Lebensalter.

Im Rahmen einer Kinderakademie haben sich Karl und Marc diese Aufgabe aus einer größeren Anzahl von vorgegebenen Aufgaben ausgesucht und in Partnerarbeit gelöst. Sie legten folgende Tabelle an (liegt mir als Poster vor) und trugen dort (in einer bestimmten Reihenfolge) Kreuze oder Kreise ein. Ein Kreuz wurde in das jeweilige Feld gesetzt, wenn diese Kombination (von Vor- und Nachname) aufgrund der vorgegebenen Bedingungen nicht möglich ist, ein Kreis, wenn diese Kombination zutrifft.
Die Nummern wurden von mir ergänzt und geben die Reihenfolge der Eintragungen der Kinder an. Das erste eingetragene Kreuz besagt also, dass Alfons nicht Cramer heißen kann, und folgt unmittelbar aus der Information a) usw.

	Alfons	Bruno	Christoff	Dieter
Decker	O (11)	x (2)	x (12)	x (6)
Blume	x (5)	x (3a)	O (15)	x (3b)
Althoff	x (10)	x (9)	x (8)	O (7)
Cramer	x (1)	O (13)	x (14)	x (4)

Alfons heißt also Decker, Bruno Cramer, Christoff Blume und Dieter Althoff.
Außerdem notierten Karl und Marc noch:

> „Christoff (ältester)
> Bruno – Alfons
> Dieter (jüngster)"

Kommentar: Nach dem Anlegen der Tabelle waren Karl und Marc sehr schnell in der Lage, aus den vorgegebenen Bedingungen die Schlussfolgerungen (1) bis (6) zu ziehen und daraus weitere Folgerungen abzuleiten (deduktives Schließen).

3. Beispiel: Kommissar Pfiffig

Anton, Bernd und Chris wurden über den Diebstahl von Herrn Lehmanns Fahrrad von Kommissar Pfiffig verhört.
Anton sagte: „Bernd hat es gestohlen."
Bernd sagte: „Ich war es nicht."
Chris sagte: „Ich bin nicht der Dieb."
Der kluge Kommissar wusste jedoch, dass nur einer von den dreien die Wahrheit gesagt hatte und die beiden anderen gelogen hatten.
Wer war der Fahrraddieb?
Schreibe deine Begründung ausführlich auf.

Katarina (10; 02 Jahre) löste in einer Kreisarbeitsgemeinschaft die Aufgabe in der folgenden Weise:
„Chris ist der Dieb, weil, wenn Anton der Dieb wäre, würden zwei die Wahrheit sagen und einer lügen. Wenn Bernd das Fahrrad gestohlen hätte, würden auch zwei die Wahrheit sagen und einer lügen. Wenn Chris aber der Dieb ist, dann sagt Bernd die Wahrheit und Anton und Chris lügen."

Kommentar: Katarina hat offensichtlich keine Probleme mit dem korrekten Gebrauch von Wenn-dann-Aussagen.

Die Beispiele zeigen, welch wichtige Voraussetzung logisches/schluss-folgerndes Denken für das Problemlösen sowie für Argumentations- und Begründungsprozesse ist. Dies ist auch der Grund, warum in verschiedenen Intelligenz-Theorien der Fähigkeit zum logischen/schlussfolgernden Denken eine bedeutende Rolle zugewiesen wird.

8.4 Argumentieren und Begründen

8.4.1 Worum geht es?

Um erläutern zu können, worum es bei den Stichwörtern „Argumentieren" und „Begründen" im Hinblick auf mathematisch begabte Grundschulkinder und deren Förderung eigentlich geht, bietet es sich zunächst an, zu erkunden, wie diese beiden Begriffe und im Hinblick auf Abschnitt 8.5 zusätzlich der Begriff „Beweisen" wissenschaftstheoretisch erklärt und gegeneinander abgegrenzt werden können. In der „Enzyklopädie Philosophie und Wissenschaftstheorie" (*Mittelstraß 2004,* Band 1; S. 161, 272 bzw. 304) findet man dazu: **Argumentieren** ist eine (geistige) Tätigkeit (in mündlicher oder schriftlicher Form) „mit dem Ziel, die Zustimmung oder den Widerspruch wirklicher oder fiktiver Gesprächspartner zu einer Aussage oder Norm [...] durch den schrittweisen und lückenlosen Rückgang auf bereits gemeinsam anerkannte Aussagen bzw. Normen zu erreichen. Jede im Verlauf einer solchen Rede erreichte Zustimmung zu einer weiteren Aussage oder Norm (über die Ausgangssätze hinaus) kennzeichnet einen Schritt der Argumentation; die einzelnen Schritte heißen die für (bzw. gegen) die zur Diskussion gestellte Aussage bzw. Norm vorgebrachten Argumente."

Eine „theoretische Behauptung [...] oder praktische (normative) Orientierung" zu **begründen**, bedeutet, „sie gegenüber allen vernünftig argumentierenden Gesprächspartnern zur Zustimmung" bringen zu können.

Beweisen bedeutet, eine aufgestellte Behauptung zu begründen, „weil die behauptende Verwendung von Aussagen im Unterschied etwa zur erzählenden Verwendung einen Anspruch auf Geltung einschließt, der durch den Beweis für die Behauptung eingelöst werden soll. Das dabei nach Rede und Gegenrede (den Beweis- und Widerlegungsgründen, d.h.

Argumenten und Gegenargumenten) verlaufende Verfahren (die Beweis-
führung oder Argumentation) erlaubt erst dann von einem Beweis für die
Behauptung zu sprechen, wenn der Behauptende sich nicht bloß gegen die
eventuell mangelhafte Gegenrede › behauptet ‹ , sondern sich gegen jeden
möglichen Einwand verteidigen kann [...]."

In der mathematikdidaktischen Literatur werden die Begriffe „Argumen-
tieren", „Begründen" und „Beweisen" nicht immer trennscharf benutzt.
Walsch (siehe *Flade/Walsch 2000*, S. 28f.) ist zuzustimmen, wenn er die
Situation in der folgenden Weise beschreibt: „Ich finde es durchaus tole-
rierbar, wenn diese drei Begriffe nicht streng voneinander abgegrenzt sind.
Ich selbst neige dazu, ‚Argumentieren' als den allgemeinsten der drei
Begriffe anzusehen, den man auch dann benutzt, wenn nicht nur logisch
strenge Schlüsse, sondern auch Plausibilitätsüberlegungen verwendet
werden. ‚Beweisen' halte ich für den speziellsten der drei Begriffe, weil er
vorrangig in der Mathematik verwendet wird und auch die weitest-
gehenden Ansprüche an logische Strenge beinhaltet. ‚Begründen' ist
vielleicht am unschärfsten – es kann sich auf einzelne Beweisschritte
beziehen, auf Vorgehensweisen, auf Resultate usw. Dabei müssen die
einzelnen Begründungen nicht notwendigerweise *streng* (im logischen
Sinne) sein. Beispielsweise bei Kindern kommen auch Begründungen vor,
die zwar nicht logisch streng sind, aber doch auch nicht einfach falsch
oder unsinnig. Beispiel: ‚Der Stein ist untergegangen, weil er zu schwer
war.'
Ich meine, dass die relativ geringe Trennschärfe der drei Begriffe dennoch
kaum zu Fehlern oder Missverständnissen in der Kommunikation führen
dürfte."

Um in diesem Buch Begründen und Beweisen deutlich unterscheiden zu
können, will ich hervorheben, dass Begründen (als schlüssige Argumentation für *eine* Aussage) sich auf eine Einzelaussage beziehen und Beweisen
als eine Kette von Begründungen angesehen werden soll. *Müller (1991,*
S. 738) versteht unter Begründungen auch einfachste „einschrittige" Beweise: „Sie unterscheiden sich von Beweisen nicht in der Stichhaltigkeit,
sondern in der Komplexität und – vor allem in den Klassenstufen des
Elementarbereichs – sicherlich auch in der Strenge ihrer Formulierungen."

Kommen beim Lösen eines mathematischen Problems mehrere Begründungen vor, so heißt das jedoch nicht, dass der zugehörige Lösungsweg bereits als ein Beweis angesehen werden kann; zum Beweisstatus gehört m.E. allerdings auch, dass das, was bewiesen wird, eine (allgemeine) mathematische Aussage ist. (Aus diesem Grunde betrachte ich die Argumentation von Lara zum dritten Beispiel im Unterabschnitt 8.4.2 nicht als Beweis, sondern als ein (schönes) Beispiel zum Argumentieren.)

Der Wissenschaftsphilosoph *Toulmin* hat ein **Argumentationsmodell** (hauptsächlich für Argumentationen des Alltags) entwickelt (siehe dazu *Toulmin 1996* und *Krummheuer 2003*). In diesem Modell (das ich für die weiteren Überlegungen zugrunde lege) unterscheidet er vier zentrale Kategorien: Daten (data), Konklusion (conclusion), Garant (warrant) und Stützung (backing). Die Beziehungen dieser Kategorien sind in Abbildung 8.7 dargestellt.

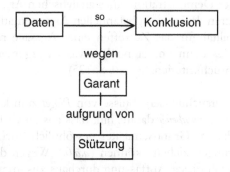

Abb. 8.7 (nach *Toulmin 1996*, S. 96; *Krummheuer 2003*, S. 124)

Nach diesem Modell wird eine (aktuelle) Aussage auf nicht-bezweifelbare Aussagen (Daten) zurückgeführt. Oder anders ausgedrückt: Aus den Daten wird die aktuelle Aussage erschlossen, sie erscheint als Konklusion. Die oberste Zeile in Abbildung 8.7 kann als die Herstellung eines Schlusses bezeichnet werden. Wie lässt sich ein solcher Schluss legitimieren? Der Garant (im Sinne einer Argumentationsregel) besteht aus Aussagen, die zur Legitimation des Schlusses beitragen. Die Aussagen, die sich auf die Zulässigkeit eines Garanten beziehen, sind nicht–bezweifelbare Grundüberzeugungen. *Toulmin* nennt sie „Stützungen". (Ein mathematisches Beispiel zur weiteren Erläuterung dieses Argumentations-modells finden Sie in 8.4.2, siehe dort das erste Beispiel.)

Toulmin unterscheidet zwischen analytischen und substantiellen Argumentationen und definiert (*Toulmin 1996*, S. 113): „Eine von D zu K führende Argumentation heißt analytisch genau dann, wenn die Stützung für die Schlußregel, die die Argumentation ermöglicht, explizit oder implizit die Information enthält, die in der Schlußfolgerung selbst übermittelt wird."
Eine Argumentation heißt substantiell genau dann, „wenn die Stützung des Garanten nicht die gesamte Information enthält, die in die Konklusion bei der Herstellung des Schlusses übertragen wird" (*Krummheuer 2003*, S. 123).
„Zum *analytischen* Typ der Argumentation gehört die Deduktion und somit der mathematische Beweis. [...] Mit einer analytischen Argumentation soll letzter Zweifel an der Richtigkeit einer Aussage ausgeschlossen werden. Im Grunde gibt es nach der Demonstration eines analytischen Arguments nichts mehr zu argumentieren. Bei einer substantiellen Argumentation soll dagegen die hohe Plausibilität für das Zutreffen einer Aussage nachge-wiesen werden. Hier gibt es dann immer noch etwas zu argumentieren und nur pragmatische Abbruchkriterien." (*a.a.O.* S. 125)

Unter Hinweis auf die Untersuchungsergebnisse von *Piaget* zum kausalen Denken bei Kindern weist *Krummheuer* darauf hin, dass aus entwicklungs-theoretischer Sicht „Kinder im Grundschulalter gewöhnlich noch keine analytischen Schlussfolgerungen ziehen" können (*a.a.O.*). Wegen des Zu-satzes „gewöhnlich" kann ich dieser Auffassung durchaus zustimmen, im Hinblick auf mathematisch begabte Grundschulkinder dürfte die Situation jedoch wegen des erheblichen Entwicklungsvorsprungs dieser Kinder anders sein. Ihnen muss allerdings durch entsprechende Übungsangebote ausreichend Gelegenheit gegeben werden, sich an analytischen Schluss-folgerungen zu versuchen und Argumentationsfähigkeiten zu entwickeln. Denn auch wenn diese Kinder bereits vielfältige Erfahrungen mit Argu-mentationen in ihrem sozialen Umfeld gemacht haben, dürften mathe-matikspezifische Argumentationen für sie zu Beginn ihrer Förderung noch ungewohnt sein.

Hinsichtlich der Förderung im Argumentieren sollten auch die folgenden Hinweise von *Winter* und *Bürger* beachtet werden:

„Es gibt Stufen der Vergewisserung und entsprechend Stufen in der Strenge von Argumentationen: vom lokalen Wahrnehmen bis hin zur globalen Einordnung in ein System, vom vorbewußten Einfühlen bis hin zur bewußten Einsicht, vom Gebrauch spontaner Vorbegriffe bis hin zum Gebrauch normierter Fachbegriffe, vom umgangssprachlichen bis hin zum fachsprachlichen Ausdrucksverhalten." (*Winter 1978*, S. 293) „Außerdem sollte man Mängel bei Formulierungen in einem Maße tolerieren, das vom Grad der Entwicklung der Argumentationsfähigkeit der Lernenden abhängt. Ein langfristiges Ziel des Mathematikunterrichts muß es jedoch sein, daß Schüler Mängel in Argumentationen selbst erkennen, daß sie Exaktifizierungen vornehmen und ihre Formulierungen präzisieren können." (*Bürger 1998*, S. 587)

Weiterhin geht es nicht nur darum, Argumentieren zu lernen, sondern auch um „argumentatives Lernen" (siehe *Miller 1986*), welches zu Wissenskonstruktionen führt.

Wenn **Begründen** hauptsächlich bedeutet, „andere und sich selbst durch (logisches) Verbinden einzelner Argumente von der Richtigkeit einer Aussage zu überzeugen" (*Goldberg 2002*, S. 9), so ist die wichtigste Funktion des Begründens bereits genannt, die Überzeugungsfunktion. Eine weitere nennenswerte Funktion des Begründens ist die „Zusammenhang stiftende Funktion" (*Malle 2002*, S. 4): Durch eine Begründung wird erkannt, dass eine Aussage aus einer anderen oder mehreren anderen Aussagen hergeleitet werden kann.

Warum sollen Argumentieren und Begründen (mit Hilfe speziell ausgewählter Aufgaben) besonders gefördert werden? Ich möchte hier eine Reihe von Gründen nennen (siehe dazu auch *Bürger 1998*, S. 585, und *Hefendehl-Hebeker/Hußmann 2003*, S. 103):

■   Die Verpflichtung zum Argumentieren und Begründen kann zu überlegtem Vorgehen und zu präziserem Denken beitragen. Wenn die Schülerinnen und Schüler – insbesondere beim Lösen von Aufgaben – Vorgehens- bzw. Schlussweisen begründen sollen, werden sie gezwungen, Zusammenhänge zu durchdenken, ihre Überlegungen präziser zu fassen und darzustellen, wodurch diese Überlegungen stärker bewusst werden.

■   Das Überdenken von Gesetzmäßigkeiten und Zusammenhängen sowie das Darstellen von Überlegungen können als Elemente des Begründens Verständnis und tiefere Einsicht fördern.

■ Beim Argumentieren und Begründen werden die Gedanken der Schüler offen gelegt. Der Lehrer hat die Möglichkeit, ihre Denkweisen und auch ihre Missverständnisse zu erkennen.

■ Begründen ermöglicht das Bewusstwerden von unpräzisen Formulierungen sowie von Mängeln in der Argumentation und motiviert damit exaktere Formulierungen.

■ Argumentieren und Begründen müssen als grundlegende mathematische Handlungen erfahrbar gemacht werden.

■ Argumentieren und Begründen dienen der Vorbereitung des Führen-Könnens von (einfachen) Beweisen (siehe Abschnitt 8.5).

Für besonders wichtig halte ich auch folgende Aussage: „Die Schüler sollen das Begründen lernen, ohne über das Begründen direkt belehrt zu werden." (*Walsch 1975*, S. 112)

8.4.2 Aufgabenbeispiele

Erstes Beispiel (Unbekannte Ziffern):
* und $\square$ ersetzen unbekannte Ziffern ungleich 0.
Wie viele Ziffern hat das Ergebnis?

```
      9 8 6 4
  +   * 4 4
  +    □ 1
```

Eine *Lösungsmöglichkeit*:
Wir ersetzen * und $\square$ jeweils durch die kleinstmögliche Ziffer (1) bzw. durch die größtmögliche Ziffer (9) und erhalten:

```
      9 8 6 4            9 8 6 4
  +   1 4 4         +    9 4 4
  +    1 1          +     9 1
   1 0 0 1 9         1 0 8 9 9
```

Daraus lässt sich schließen, dass das Ergebnis in jedem Falle fünfstellig sein muss, denn das kleinste mögliche Ergebnis ist 10019 und das größtmögliche 10899. Alle anderen (möglichen) Ergebnisse liegen zwischen diesen beiden Zahlen.

Diese Argumentation lässt sich im Sinne des Argumentationsmodells von *Toulmin* in der folgenden Weise deuten:

Die **Daten** sind die vierstellige Zahl 9864, die dreistellige Zahl *44 (mit unbekannter erster Ziffer) und die zweistellige Zahl □1 (mit unbekannter Zehnerziffer) sowie die Information, dass alle drei Zahlen addiert werden sollen.

Die **Konklusion** sagt aus, dass die Summe der drei Zahlen in jedem Falle (natürlich im Dezimalsystem) fünf Ziffern hat.

Der **Garant** ist die Tatsache, dass sowohl die Summe der jeweils kleinstmöglichen Zahlen als auch die Summe der jeweils größtmöglichen Zahlen fünfstellig sind.

Die **Stützung** des Garanten erfolgt duch die Überlegung, dass die Summe von irgend drei zugelassenen Zahlen (Daten) zwischen 10019 und 10899 liegen muss.

(Eine etwas andere Lösungsmöglichkeit, eine andere Argumentation zu dieser Aufgabe finden Sie bei *Bardy/Hrzán 2005/2006*, S. 55.)

Zweites Beispiel (Kleinste/größte Zahl):
Für die Zahlen a, b, c, d und e gilt das Folgende:
$a-1=b+2=c-3=d+4=e-5$.
Welche ist die größte Zahl, welche die kleinste?
Begründe deine Behauptungen.

Lösung: Wegen der Gleichheitszeichen ist diejenige Zahl am größten, von der die größte Zahl subtrahiert wird, also e. Diejenige Zahl ist am kleinsten, zu der die größte Zahl addiert wird, also d.

Drittes Beispiel (Multiplikation einer Zahl mit sich selbst):
Multipliziert man eine zweistellige natürliche Zahl mit sich selbst, so erhält man das Vierfache der Zahl, die aus der ursprünglichen durch Vertauschen der Ziffern entsteht.
Gibt es mehr als eine Lösung?

Diese Aufgabe hat Lara (im Rahmen eines Mathematischen Korrespondenzzirkels) in der folgenden Weise gelöst (siehe Abbildung 8.8):

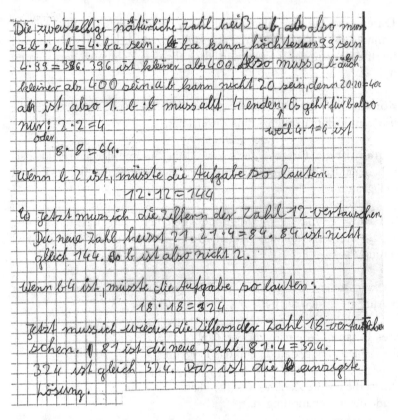

Abb. 8.8 Lösung von Lara zur Aufgabe „Multiplikation einer Zahl mit sich selbst"

Nach meinen Erfahrungen ist die Einführung von Variablen (hier speziell a b für eine zweistellige Zahl, wobei a und b Ziffern ersetzen und a b für 10a+b steht) durch mathematisch begabte Viertklässler nichts Ungewöhnliches (siehe dazu auch Abschnitt 8.10). Sieht man von einem offensichtlichen Schreibfehler (in der 6. Zeile von unten muss es statt „Wenn b 4 ist" richtig „Wenn b 8 ist" heißen) und der Steigerung von einzig ab, so sind die Argumentationskette und die Begründungen von Lara sehr beeindruckend.

8.5 (Einfaches) Beweisen

8.5.1 Zur Mathematik als beweisender Disziplin

Im Unterabschnitt 8.4.1 wurden die Begriffe „Argumentieren", „Begründen" und „Beweisen" gegeneinander abgegrenzt bzw. aufeinander bezogen. Charakteristisch für die Mathematik – im Vergleich zu anderen Wissenschaften – ist die Tatsache, dass sie eine beweisende Disziplin ist. Konzeption und Ablauf mathematischer Beweise sind vor allem durch das sukzessive lückenlose Verknüpfen von Argumenten und den streng logischen Aufbau von Argumentationsketten gekennzeichnet.

Zum derzeitigen Stand der Mathematik als beweisender Disziplin merkt *Drösser (2006)* allerdings kritisch an: „Mathematik, so lautet die gängige Meinung, beruht im Gegensatz zu den Naturwissenschaften nicht auf Erfahrung, sondern auf reiner Logik. Aus einer überschaubaren Menge von Grundannahmen, sogenannten Axiomen, finden die Mathematiker durch die Anwendung logischer Schlussregeln zu immer neuen Erkenntnissen, dringen immer tiefer ins Reich der mathematischen Wahrheit vor. Die menschliche Subjektivität (der Geisteswissenschaft) und die schmutzige Realität (der Naturwissenschaft) bleiben außen vor. Es gibt nichts Wahreres als die Mathematik, und vermittelt wird uns diese Wahrheit durch den Beweis. So ein Beweis ist zwar von Menschen gemacht, und es erfordert Inspiration und Kreativität, ihn zu finden, aber wenn er einmal dasteht, ist er unumstößlich. Allenfalls kann er durch einen einfacheren oder eleganteren ersetzt werden.

Dass diese Sicht naiv ist, kann jeder Laie feststellen, der einmal in ein mathematisches Lehrbuch schaut. Erstaunlicherweise sind nämlich die meisten Beweise keine Abfolge von Formeln, sondern sie sind in ganzen Sätzen abgefasst, einige davon lauten »Wie man leicht sieht, gilt …«, »Ohne Beschränkung der Allgemeinheit kann man annehmen, dass …«. Es wimmelt nur so von Andeutungen, stillschweigenden Voraussetzungen und Appellen an den gesunden Menschenverstand. Was als Beweis akzeptiert wird und was nicht, ist eine soziale Konvention der mathematischen Community.

Und es mehren sich die Zeichen, dass dieser wissenschaftlichen Gemeinschaft der Begriff des Beweises überhaupt entgleiten könnte. Es gibt
immer mehr Fälle, in denen der einzelne Mathematiker nicht mehr guten
Gewissens behaupten kann, er habe den Beweis Schritt für Schritt
nachvollzogen. Muss die Mathematik sich bald von der Idee des rigorosen
Beweises verabschieden? Sind manche Dinge einfach zu komplex, als dass
sie ein Mensch noch wirklich verstehen könnte? [...]
Es gibt zunehmend Beispiele von einfach zu formulierenden Sätzen, deren
Beweise sich so schwierig gestalten, dass weder einzelne Mathematiker
noch die Gemeinschaft mit Sicherheit sagen können, ob der Nachweis
nun erbracht ist oder nicht. [...]
Auf allen ihren Gebieten (den Gebieten der Mathematik, P.B.) werden
täglich neue interessante Dinge erforscht und auch auf eine Art bewiesen,
die über jeden Zweifel erhaben ist. Aber in Zukunft werden der Mensch
und sogar die Menschheit immer öfter feststellen: Es gibt Probleme in der
höheren Mathematik, die für unser Säugergehirn einfach zu hoch sind."

Im Hinblick auf die Frage, was als Beweis akzeptiert werden kann und was
nicht, gibt *Dreyfus* (*2002*, S. 18) zu bedenken: „Wie soll bestimmt werden,
ob eine Behauptung 'in gültiger Weise hergeleitet' wurde, wenn jeder
Beweis nur mit einer gewissen Wahrscheinlichkeit fehlerfrei ist? Und wer
soll dies bestimmen? In der Tat kann sich der 'Ideale Mathematiker'
(Davis und Hersh [...]) in einer Diskussion mit einem provokativen
Philosophiestudenten über die Natur des Beweises nur schlecht
herausreden: In die Ecke getrieben, definiert er einen Beweis als 'ein
Argument, das den überzeugt, der sich auf dem Gebiet auskennt', und gibt
zu, dass es dafür keine objektiven Kriterien gibt, sondern dass die
Mathematiker als Experten entscheiden, ob ein bestimmtes Argument ein
Beweis ist oder nicht. Andererseits betont er, dass die Experten sich im
Allgemeinen einig sind, und dass diese Einigkeit bestimmend ist. Die
Entscheidung, was als Beweis gilt, hat also eine bedeutende soziologische
Komponente."

Es stellt sich natürlich die Frage, was im Zusammenhang mit der Förderung „unserer" Kinder als Beweis gelten soll und welche mathematischen Aussagen bzw. Sätze von diesen Kindern überhaupt bereits
bewiesen werden können. In den nächsten beiden Unterabschnitten wird
versucht, darauf Antworten zu geben.

Den genannten soziologischen Aspekt des Beweisens haben *Wittmann* und *Müller* bereits vor vielen Jahren erkannt und deutlich herausgearbeitet (siehe *Wittmann/Müller 1988*). Sie kritisieren die Rolle des Formalismus als „offizieller" Philosophie der Mathematik und plädieren sowohl bezogen auf den Mathematikunterricht in der Schule als auch bezogen auf die Lehrerausbildung für das Konzept eines inhaltlich-anschaulichen Beweises. „Inhaltlich-anschauliche, operative Beweise stützen sich [...] auf Konstruktionen und Operationen, von denen intuitiv erkennbar ist, daß sie sich auf eine ganze Klasse von Beispielen anwenden lassen und bestimmte Folgerungen nach sich ziehen." (*a.a.0.*, S. 249)
Mehr dazu in Abschnitt 8.5.2.

Leserinnen oder Leser, die aufgrund ihrer eigenen (leidvollen?) Erfahrungen mit (in der Regel formalen/symbolischen) Beweisen während ihrer Schulzeit oder ihres Studiums möglicherweise Antipathien oder sogar Furcht vor Beweisen oder vor der Aufforderung „Beweise oder Beweisen Sie, dass..." entwickelt haben, sollten sich auf die Lektüre von 8.5.2 und 8.5.3 freuen (die anderen natürlich auch) und außerdem bedenken, dass es sich bei den Beweisen, die „unsere" Kinder bereits führen können/sollen, doch in der Regel um kurze und einfache Überlegungen handelt.

8.5.2 Beweisformen und Funktionen von Beweisen

Welch unterschiedliche Beweisformen möglich sind und wie breit diese Palette sein kann, möchte ich an einem Beispiel demonstrieren, das Sie schon im Abschnitt 5.2 kennen gelernt haben:
Untersuche, ob die Summe von drei aufeinander folgenden natürlichen Zahlen eine Primzahl sein kann.
Dass die Summe dreier aufeinander folgender natürlicher Zahlen immer durch 3 teilbar ist, mindestens gleich 6 sein muss und damit keine Primzahl sein kann, lässt sich auf unterschiedliche Art und Weise beweisen (siehe dazu auch *Büchter/Leuders 2005*, S. 49, und *Dreyfus 2002*, S. 19):

a) formal/symbolisch:
Mathematiker dürften in der Regel so argumentieren: n sei eine beliebige natürliche Zahl. Dann gilt: $n+(n+1)+(n+2)=3 \cdot n+3=3 \cdot (n+1)$. Wegen $n \geq 1$ ist die Summe mindestens 6, und wegen des Faktors 3 im Term $3 \cdot (n+1)$ ist sie durch 3 teilbar und damit keine Primzahl.

Bei dieser Überlegung könnte Sie außer der formalen Vorgehensweise auch die Tatsache stören, dass zusätzlich noch das Distributivgesetz der Multiplikation bezüglich der Addition verwendet wird (Ausklammern von 3 im Term $3 \cdot n+3$). Dies dürfte auch der Grund dafür sein, dass eine solche Lösung von „unseren" Kindern nicht erwartet werden kann.

Eine andere Möglichkeit (und diese könnte durchaus vorkommen) wäre die folgende (siehe auch den Anfang der Notizen der 10-jährigen Lisa in Abbildung 5.5):

n sei eine natürliche Zahl größer oder gleich 2.

Dann gilt: $(n-1)+n+(n+1)=3 \cdot n$. Wegen $n \geq 2$ ist die Summe mindestens 6, und wegen des Faktors 3 im Term $3 \cdot n$ ist sie durch 3 teilbar und damit keine Primzahl.

b) zeichnerisch/diagrammatisch:
Hier und bei den folgenden Beweisformen wird lediglich aufgezeigt, dass die Summe der drei aufeinander folgenden Zahlen durch 3 teilbar ist. Dass die Summe nicht gleich 3 sein kann, wird nicht eigenständig begründet, ist aber in jedem Falle schnell erkennbar.

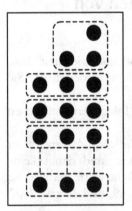

Abbildung 8.9 spricht für sich:
In der ersten Spalte ist die erste Zahl dargestellt (jeder kleine Kreis repräsentiert 1, im Extremfall kommt nur ein Kreis vor), in der zweiten Spalte die zweite Zahl (ein Kreis mehr) und in der dritten Spalte die dritte Zahl (ein zusätzlicher Kreis im Vergleich zur zweiten Spalte).

Abb. 8.9 Teilbarkeit durch drei.

Durch die Zusammenfassungen von je drei Kreisen wird verdeutlicht, dass die Summe der drei Zahlen ein Vielfaches von 3 und damit durch 3 teilbar ist.

c) operativ:
Wenn man von der größten Zahl eins „wegnimmt" und der kleinsten Zahl „dazugibt", entstehen insgesamt drei gleich große Zahlen. Die Summe dieser drei Zahlen ist also durch 3 teilbar. (siehe hierzu die Zeilen 47-50 des Transkripts auf Seite 95; der dortige Beweis kann natürlich auch als verbal angesehen werden, siehe d))

d) verbal:
Wenn man die erste Zahl durch 3 dividiert, möge sich z.B. der Rest 2 ergeben. Für die nächsten Zahlen ergeben sich dann die Reste 0 und 1. Aber egal welche aufeinander folgenden Zahlen man nimmt, immer kommen die Reste 0,1 und 2 vor. Deren Summe ist 3. Deshalb ist die Gesamtsumme durch 3 teilbar.

e) generisch (Ein generischer Beweis ist eine allgemeine Begründung, die an einem Beispiel ausgeführt wird.):
Als Beispiel nehmen wir die Zahlen 14, 15 und 16.

$$\text{Es gilt}: \left. \begin{array}{l} 14 = 12 + 2 \\ 15 = 15 + 0 \\ 16 = 15 + 1 \end{array} \right\} \text{Summe} = (\text{Vielfaches von 3}) + 3$$

D.h.: Jede der drei Zahlen wird als Summe einer Dreierzahl und des jeweiligen Rests bei Division durch 3 dargestellt. Wie man sieht, ist die Summe durch 3 teilbar. Dies gilt immer.

f) induktiv:
Für die ersten drei natürlichen Zahlen gilt: 1+2+3=6, und 6 ist durch 3 teilbar. Erhöhe ich jede der drei Zahlen, von denen ich beliebig ausgehen kann, um 1, so wird die Summe um 3 größer. Beginnend bei 6, durchlaufe ich also bei dieser Erhöhung die Dreierreihe ab 6.

g) kontextuell:
Anna hat einen bestimmten Geldbetrag gespart, Berta einen Euro mehr als Anna und Carola einen Euro mehr als Berta. Gibt Carola einen Euro an Anna, so haben alle drei Kinder den gleichen Geldbetrag, und der Gesamtbetrag ist damit durch 3 teilbar. (Beispiel auch operativ und verbal)

Bei der Förderung mathematisch begabter Grundschulkinder sollten inhaltlich-anschauliche Beweise im Sinne von *Wittmann/Müller* nicht nur geduldet, sondern sogar gepflegt werden. Falls einzelne Kinder bereits in der Lage sind, formale Beweise zu führen, sollte man sie nicht davon abhalten, sie aber auf andere mögliche Beweisformen hinweisen.

De Villiers (1990) hat fünf zentrale Funktionen von Beweisen formuliert. Ein Beweis soll eine Aussage oder Aussagen

- verifizieren,
- erklären,
- systematisieren,
- entdecken,
- kommunizieren (Erläuterungen siehe auch *Hefendehl-Hebeker/Hußmann 2003*, S. 96ff.).

Die Funktion des Entdeckens wird wirksam, wenn im Verlauf des Beweisprozesses eine neue Aussage gefunden wird. Dazu ein Beispiel:
Die kleinste von irgendwelchen fünf aufeinander folgenden natürlichen Zahlen sei gerade. Beweise, dass dann die Summe dieser fünf Zahlen gerade ist.

Versucht man, mit einem Punktmuster wie in Abbildung 8.10 den geforderten Nachweis zu führen, so entdeckt man sogar eine weiter gehende Behauptung: Die Summe der fünf Zahlen ist nicht nur gerade, sondern sogar eine Zehnerzahl.

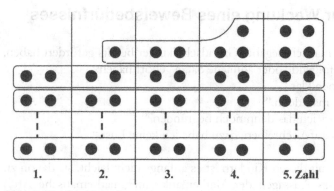

Abb. 8.10 Punktmuster

8.5.3 Beispiele

Zu den bereits in 8.5.2 behandelten Beispielen füge ich noch zwei weitere hinzu (viele weitere findet man bei *Bardy/Hrzán 2005/2006*).

Erstes Beispiel (Gerades Produkt):
Wenn die Summe aus vier natürlichen Zahlen eine ungerade Zahl ist, so ist ihr Produkt eine gerade Zahl. Beweise diesen Satz.
(*Walsch 1975*, S. 166)
Beweis:
Wenn alle vier Zahlen ungerade wären, so wäre die Summe gerade. Also muss unter den vier Zahlen mindestens eine gerade vorkommen. Dann ist aber das Produkt gerade.

Zweites Beispiel (Differenz zweier ungerader Zahlen):
Die Differenz zweier ungerader Zahlen sei gleich 8. Beweise, dass solche Zahlen unter dieser Bedingung keinen gemeinsamen Teiler größer als 1 haben.
Beweis:
Die Zahlen a und b sind ungerade; und es gilt: a − b = 8. Hätten a und b einen gemeinsamen Teiler größer als 1, so müsste dieser auch Teiler von a − b, also auch von 8 sein. Teiler von 8 sind außer 1 nur 2, 4 und 8. 2, 4 und 8 sind aber alle gerade und können deshalb nicht Teiler von a und b sein, da a und b ungerade sind.

8.5.4   Zur Weckung eines Beweisbedürfnisses

Alle, die mathematisch begabte Grundschulkinder bereits gefördert haben, dürften schon folgende oder ähnliche Sätze gehört haben:

- „Das ist doch klar."
- „Das sieht man doch."
- „Wozu muss ich das denn noch begründen?"
- „Das noch aufzuschreiben, dazu habe ich keine Lust."

Beim Arbeiten mit diesen Kindern ist es anfangs nicht leicht, sie davon zu überzeugen, dass Aussagen der Mathematik (auf „mathematische Art") begründet bzw. bewiesen werden müssen. Andererseits dauert es bei diesen Kindern nicht so lange wie bei anderen, bis sie eine solche Forderung erkennen bzw. anerkennen. Und es dauert dann auch nicht allzu lange, bis sie in der Lage sind, bereits erste (kleine) Beweise zu führen.

Um bei Schülerinnen und Schülern ein Beweisbedürfnis zu wecken, ist es nach *Winter* (*1983*, S. 78) wichtig,

„(i) das Verhältnis zwischen Anschauung und Denken positiv als sich
wechselseitig befruchtend auszugestalten und speziell deduktive
Argumentationen als sprachlich-symbolische Verallgemeinerungen
von anschaulich-empirischen Aktivitäten zu entwickeln,

(ii) Beweise nicht nur als Mittel der Wisssenssicherung, sondern auch als
Mittel der Wissenspräzisierung, der Wissensordnung (logische Hierar-
chisierung) und vor allem der Wissensvermehrung erfahren zu lassen."

Winter (*a.a.0.*) beschreibt auch, wie ein Schüler, „dessen subjektives Beweisbedürfnis hoch entwickelt ist", dies zeigen kann:

- „- durch spontane Fragen an sich oder andere: Ist es wirklich so? Ist es immer so? Wann ist das so? Wie hängt das mit dem zusammen? Wie ist das zu erklären? Worauf beruht das? Was würde denn folgen, wenn es nicht so wäre?...
- durch kritische Beharrlichkeit: stellt Nachfragen, insistiert, besteht auf umfassende Information, misstraut raschen Lösungen, gibt sich nicht mit halbverstandenen Argumenten zufrieden, arbeitet an sprachlichen Verbesserungen, ...
- durch persönlichen Einsatz: ist emotional beteiligt, opfert Zeit und Kraft, scheut nicht Widerstände, übernimmt nicht Resultate aus frem-

den Quellen, sucht spontan nach Erklärungen und Argumenten, scheut nicht Konfliktsituationen, sucht den Dialog über die anstehende Sache, ...

■ durch Objektivität: kann anderen zuhören, gibt eigene Irrtümer zu, kann auch Fremden und Vorgesetzten widersprechen, erscheint von der Sache gefesselt, [...]"

Treffen die meisten der genannten Merkmale auf ein mathematisch begabtes Grundschulkind zu, so sind wichtige Förderziele bereits erreicht.

8.6 Muster/Strukturen erkennen, Verallgemeinern/Abstrahieren

8.6.1 Mathematik – die Wissenschaft von den Mustern

Zum Begriff „Struktur" ist in der „Enzyklopädie Philosophie und Wissenschaftstheorie" (siehe *Mittelstraß 2004*, Band 4, S. 107) zu lesen: „in unterschiedlichen Zusammenhängen der Bildungs- und Wissenschaftssprache terminologisch wenig normiertes Synonym der Metaphern »Aufbau« und »Gefüge« zur Bezeichnung der Ordnung eines geordnet aufgebauten Ganzen". Und außerdem im Zusammenhang mit der Mathematik: „Die moderne Mathematik versteht sich weithin als eine Analyse formaler Strukturen." (*a.a.0.*)

Mason et al. (1992, S. 113) schreiben: „Die Mathematiker haben sehr viel Zeit und Mühe darauf verwendet, zu erklären, was man unter einer Struktur versteht. Tatsächlich kann man sagen, daß große Teile der heutigen Mathematik durch die in ihnen behandelten Strukturen charakterisiert werden können. Es wäre vermessen, eine allgemeine Definition für den Strukturbegriff geben zu wollen [...]."

Die Begriffe „Muster" und „Struktur" werden in diesem Buch synonym benutzt. Im Weiteren werden wir hauptsächlich den Begriff „Muster" verwenden. Die folgenden drei Zitate sollen verdeutlichen, wie wichtig Muster in der Mathematik sind. Das erste Zitat (Übersetzung von *Wittmann 2003*, S. 25f.) stammt aus dem Vortrag „What is science?", den

Richard Feynman 1965 hielt (als ihm der Nobelpreis für Physik überreicht wurde):

„Als ich noch sehr klein war und in einem Hochstuhl am Tisch saß, pflegte mein Vater mit mir nach dem Essen ein Spiel zu spielen. Er hatte aus einem Laden in Long Island eine Menge alter rechteckiger Fliesen mitgebracht. Wir stellten sie vertikal auf, eine neben die andere, und ich durfte die erste anstoßen und beobachten, wie die ganze Reihe umfiel. So weit, so gut. Als Nächstes wurde das Spiel verbessert. Die Fliesen hatten verschiedene Farben. Ich musste eine weiße aufstellen, dann zwei blaue, dann eine weiße, zwei blaue, usw. Wenn ich neben zwei blaue eine weitere blaue setzen wollte, insistierte mein Vater auf einer weißen. Meine Mutter, die eine mitfühlende Frau ist, durchschaute die Hinterhältigkeit meines Vaters und sagte: ‚Mel, bitte lass den Jungen eine blaue Fliese aufstellen, wenn er es möchte.‘ Mein Vater erwiderte: ‚Nein, ich möchte, dass er auf Muster achtet. Das ist das Einzige, was ich in seinem jungen Alter für seine mathematische Erziehung tun kann.‘
Wenn ich einen Vortrag über die Frage ‚Was ist Mathematik?‘ geben müsste, hätte ich damit die Antwort schon gegeben: Mathematik ist die Wissenschaft von den Mustern."

Die beiden nächsten Zitate stammen von *Keith Devlin*.

„Erst in den letzten zwanzig Jahren ist eine Definition (von Mathematik, P.B.) aufgekommen, der wohl die meisten heutigen Mathematiker zustimmen würden: Mathematik *ist die Wissenschaft von den Mustern*. Der Mathematiker untersucht abstrakte ‚Muster' - Zahlenmuster, Formenmuster, Bewegungsmuster, Verhaltensmuster und so weiter. Solche Muster sind entweder wirkliche oder vorgestellte, sichtbare oder gedachte, statische oder dynamische, qualitative oder quantitative, auf Nutzen ausgerichtete oder bloß spielerischem Interesse entspringende. Sie können aus unserer Umgebung an uns herantreten oder aus den Tiefen des Raumes und der Zeit oder aus unserem eigenen Innern." (*Devlin 1997*, S. 3f.)

„Die Muster und Beziehungen, mit denen sich die Mathematik beschäftigt, kommen überall in der Natur vor: die Symmetrien von Blüten, die oft komplizierten Muster von Knoten, die Umlaufbahnen der

Himmelskörper, die Anordnung der Flecke auf einem Leopardenfell, das Stimmverhalten der Bevölkerung bei einer Wahl, das Muster bei der statistischen Auswertung von Zufallsergebnissen beim Roulettespiel oder beim Würfeln, die Beziehungen der Wörter, die einen Satz ergeben, die Klangmuster, die zu Musik in unseren Ohren führen. Manchmal lassen sich die Muster durch Zahlen beschreiben, sie sind ‚numerischer Natur', etwa das Wahlverhalten einer Bevölkerung. Oft sind sie jedoch nicht numerischer Natur; so haben Strukturen von Knoten oder Blütenmuster nur wenig mit Zahlen zu tun.

Weil sie sich mit solchen abstrakten Mustern beschäftigt, erlaubt uns die Mathematik oft, Ähnlichkeiten zwischen zwei Phänomenen zu erkennen (und oft überhaupt erst zu nutzen), die auf den ersten Blick nichts miteinander zu tun haben. Wir könnten die Mathematik also als eine Art Brille auffassen, mit deren Hilfe wir sonst Unsichtbares sehen können – als ein geistiges Äquivalent zu dem Röntgengerät der Ärzte oder dem Nachtsichtgerät eines Soldaten." (*Devlin 2003*, S. 97)

8.6.2 Förderung des Erkennens von Mustern – ein Beispiel

Wie man das Erkennen von Mustern fördern kann, sei an einer Aufgabe demonstriert, die bereits als Beispiel für die Strategie des Umstrukturierens (siehe 8.2.3) benutzt wurde. Sie wird hier noch einmal formuliert, jetzt mit einer anderen „Jahreszahl". Wir zählen an den Fingern einer Hand: Daumen 1, Zeigefinger 2, Mittelfinger 3, Ringfinger 4, kleiner Finger 5 und nun rückwärts weiter: Ringfinger 6, Mittelfinger 7, Zeigefinger 8, Daumen 9 und dann wieder vorwärts weiter: Zeigefinger 10 usw.
Für welchen Finger ergibt sich die Zahl 2003?
Erläutere ausführlich, wie du deine Lösung gefunden hast.

Kinder haben zu dieser Aufgabe unterschiedliche Muster entdeckt und für die Lösungsfindung fruchtbar gemacht (siehe dazu auch *Bardy/Bardy 2004*), z.B.:

a) Erkennen der „Periode" 8:

Marco notiert in seiner Tabelle die ersten 37 Zahlen (das sind vier vollständige „Durchgänge" hin zum kleinen Finger und wieder zurück zum Daumen sowie ein halber „Durchgang") und erkennt, dass jeder „Durchgang" acht Zahlen weiterführt. Die Beachtung des Starts beim Daumen (1) und die Ermittlung des Rests bei der Division 2002 : 8 führen dann zum richtigen Ergebnis (siehe Abbildung 8.11).

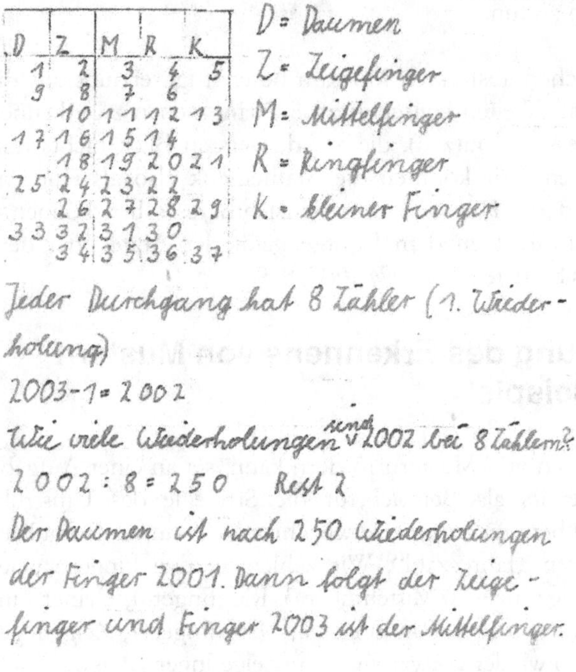

Abb. 8.11 Marcos Lösung

b) Erkennen der „Periode" 40:

Christian hat in seine Tabelle die ersten 41 Zahlen eingetragen, erkennt die „Periode" 40 und ermittelt den Rest bei der Division 2003 : 40. Dieser Rest gibt den Hinweis auf die richtige Lösung (siehe Abbildung 8.12).

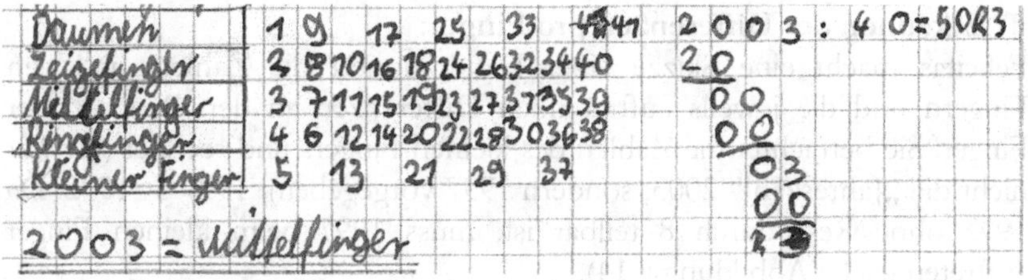

Abb. 8.12 Christians Lösung

c) Erkennen der Struktur für die Endziffer 3:

In seiner Tabelle, die von 1 bis 53 reicht, betrachtet Michael die Zahlen mit der Endziffer 3. Diese treten nur beim Daumen, beim Mittelfinger und beim kleinen Finger auf. Die Zehnerziffern dieser Zahlen sind beim Daumen und beim kleinen Finger ungerade, beim Mittelfinger gerade. 2003 hat die Endziffer 3 und die gerade Zehnerziffer 0. Demnach tritt 2003 beim Mittelfinger auf (siehe Abbildung 8.13).

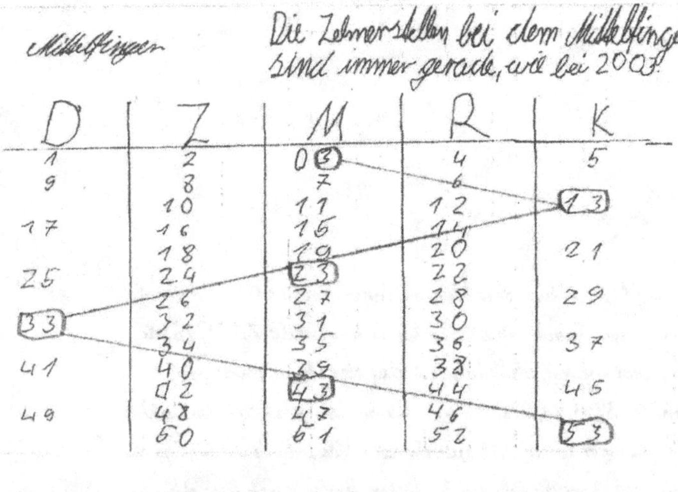

Abb. 8.13 Michaels Lösung

d) Erkennen der Differenzen pro Finger:
Felicitas macht eine Skizze einer Hand, notiert die Zahlen „in" den Fingern und die jeweils auftretenden Differenzen an den Rändern der Finger. Sie betrachtet die Zahlen des kleinen Fingers und rechnet (ihr war nicht die „Jahreszahl" 2003, sondern 1997 vorgegeben): 1997-5=1992. Da 1992 ohne Rest durch 8 teilbar ist, muss 1997 beim kleinen Finger auftreten (siehe Abbildung 8.14).

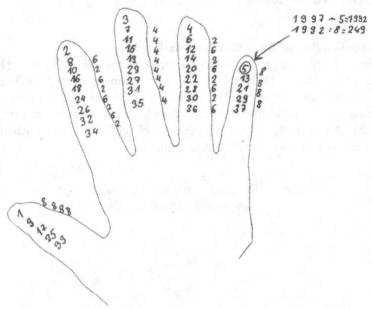

Die Zahl 1997 ergibt sich für den kleinen Finger. Beim ersten Zählen an den Fingern einer Hand erhält der kleine Finger die Zahl 5. Zähle ich wie vorgegeben weiter, stelle ich fest, daß der kleine stets eine um 8 höhere Zahl erhält (5, 13, 21, 29, 37...). Wenn ich jetzt von der Zahl 1997 fünf abziehe und diese Zahl durch acht teile erhalt ich eine ganze Zahl, nämlich 249. Versuche ich nach diesem Muster auch für die anderen Finger vorzugehen, bekomme ich kein ganzzahliges Ergebnis. Also kann die Lösung nur der kleine Finger sein.

Abb. 8.14 Lösung von Felicitas

8.6.3 Verallgemeinern/Abstrahieren – eine kurze Erläuterung

Unter **Verallgemeinern** versteht man ein Vorgehen/ein Verfahren, auf der Grundlage einiger weniger Tatsachen den wahren Sachverhalt für eine große Klasse von Fällen zu erschließen.

„Verallgemeinerungen sind das Lebenselixier der Mathematik. So interessant auch spezielle Ergebnisse für sich sein mögen, besteht das Hauptanliegen doch stets im Aufspüren von ganz allgemeinen Resultaten." (*Mason et al. 1992*, S. 20)

Abstrahieren bedeutet, das Allgemeine (eines Gegenstands) „durch Absehen (lat. abstrahere, fortziehen, abziehen) von den jeweils unwesentlichen Merkmalen bei gleichzeitigem Herausheben und gesondertem Betrachten der wesentlichen Merkmale" zu erkennen (*Mittelstraß 2004*, Band 1, S. 37).

8.6.4 Förderung des Verallgemeinerns und Abstrahierens – ein Beispiel

Die verschiedenen Abstraktionsebenen nach *Devlin* wurden bereits im Abschnitt 3.3 beschrieben. Deshalb will ich mich hier mit einer Beispielaufgabe begnügen, die aufzeigt, wie Verallgemeinern bzw. Abstrahieren gefördert werden kann:

a) Dies sind die ersten vier Aufgaben einer Serie. Vervollständige die 3. und 4. Aufgabe dieser Serie
   1. Aufgabe: $1 \cdot 5 + 4 = 3 \cdot 3$
   2. Aufgabe: $2 \cdot 6 + 4 = 4 \cdot 4$
   3. Aufgabe: $3 \cdot 7 + 4 = $ _____
   4. Aufgabe: $4 \cdot 8 + 4 = $ _____

b) Schreibe die 5. Aufgabe dieser Serie vollständig auf.
   5. Aufgabe: _____ $\cdot$ _____ $+$ _____ $=$ _____

c) Schreibe die 50. Aufgabe dieser Serie vollständig auf.

d) Schreibe die n-te Aufgabe dieser Serie vollständig auf.
   n. Aufgabe: _____ $\cdot$ (_____) $+$ _____ $=$ (_____) $\cdot$ (_____)

Hier die *Lösungen*:

3. Aufgabe: $3 \cdot 7 + 4 = 5 \cdot 5$
4. Aufgabe: $4 \cdot 8 + 4 = 6 \cdot 6$
5. Aufgabe: $5 \cdot 9 + 4 = 7 \cdot 7$
50. Aufgabe: $50 \cdot 54 + 4 = 52 \cdot 52$
n. Aufgabe: $n \cdot (n+4) + 4 = (n+2) \cdot (n+2)$

Bei den Teilaufgaben a) bis c) geht es um das schrittweise Verallgemeinern der Gleichungen in der 1. und 2. Aufgabe der Serie. Bei d) ist Abstrahieren erforderlich, und zwar durch die Verwendung der Buchstabenvariable n, die hier für eine beliebige natürliche Zahl steht. Damit gilt die letzte Gleichung in unendlich vielen Fällen, und wir befinden uns auf der höchsten Abstraktionsebene, der Abstraktionsebene 4 nach *Devlin*. Es gibt Grundschulkinder, die in der Lage sind, die letzte Gleichung (und die anderen natürlich auch) richtig hinzuschreiben, selbstverständlich bei Vorgabe der Klammern.

8.7 Kreativ sein dürfen

8.7.1 Kreativität als Komponente von (Hoch-) Begabung und ihre Förderung

Der **Begriff „Kreativität"** stammt vom lateinischen Wort „creare" (für schaffen, erschaffen, hervorbringen). Andere Begriffe wie „Schöpfertum", „schöpferisches" Denken und Handeln, Phantasie, Originalität usw. wurden schon lange in der deutschen Sprache, auch in der Pädagogik und in der Psychologie, als Synonyme für Kreativität gebraucht. Der für die Psychologie neuere Begriff „Kreativität" ist eine Übertragung des englischen Wortes „creativity", das *Guilford* (1950) einführte (siehe *Urban 2004*, S. 70). *Guilford* kennzeichnete damit einen inhaltlich übergreifenden Bereich einiger zu dieser Zeit neuerer Denkströmungen und Forschungsarbeiten aus verschiedenen Arbeitsrichtungen. Diese Arbeiten resultierten insbesondere aus der Unzufriedenheit mit Bemühungen der Intelligenzforschung und aus der Kritik an der Brauchbarkeit von Intelligenztests (z.B. bezüglich neuer Bedürfnisse bei der Auswahl von Personal). „Die moderne Kreativitätsforschung sensu Guilford und anderer entstand also aus einem aktuellen gesellschaftlichen und ökonomischen Interesse heraus, das sich kristallisierte in dem zunehmenden Bedarf an hoch qualifizierten schöpferischen Menschen für eine progressive Weiterentwicklung in verschiedenen Bereichen [...]. Anhand herkömmlicher Ausleseverfahren, die vor allem aus traditionellen Intelligenztests bestanden, konnte diesem Bedarf nicht hinreichend und zufriedenstellend entsprochen werden." (a.a.O.)

Ausubel (1974, S. 616) bezeichnete „Kreativität" als einen der „vagesten, doppeldeutigsten und verwirrendsten Begriffe der heutigen Psychologie und Pädagogik". Diese Einschätzung dürfte auch derzeit noch zutreffen, siehe z.B. *von Hentig 1998*. *Rost (2000*, S. 28) bemerkt: „Kreativität, und darüber ist sich die Psychologie einig, ist ein im Vergleich zur Intelligenz vielfach unschärferes, im Verlauf der nicht nur kindlichen Entwicklung instabiles Konstrukt [...], das bislang weder klar umschrieben noch zufriedenstellend operationalisiert worden ist [...]." Und weiter (a.a.O. S. 31): „Die gern behauptete Unabhängigkeit von Intelligenz und 'Kreativität' ist [...] fraglich [...], und der konstruierte Gegensatz zwischen kreativem Denken einerseits und konvergentem Problemlösen andererseits ist unfruchtbar und wahrscheinlich auch falsch [...]." Die ersten Kreativitätsforscher, *Guilford* und *Torrance*, suchten die Ursache für kreative Leistungen im sog. „divergenten Denken", siehe dazu auch das Intelligenzstrukturmodell von *Guilford* in Abbildung 2.2. Dem divergenten Denken wird das konvergente gegenüber gestellt. Mit konvergentem Denken wird die Fähigkeit ausgedrückt, Lösungen für geschlossene Probleme zu finden. „Geschlossen" bedeutet dabei, dass bereits in der Problemstellung Hinweise auf die Lösung gegeben werden und der Lösungsweg vorgegeben ist. „Typisch dafür sind Aufgaben aus Intelligenztests, Mathematikaufgaben oder Logeleien, wie man sie in vielen Zeitungen findet. Divergentes Denken ist dagegen bei offenen Problemen gefragt, bei denen es gilt, neue Wege zu gehen, vielleicht das Problem erst selbst zu definieren." (*Hany 1999*, S. 3)

Hinsichtlich der **Bezüge zwischen Kreativität und Begabung** betont *Cropley 1990* (S. 68) das Folgende: „Die Idee, daß es eine Art Begabung gibt, die über die konventionelle Intelligenz hinausgeht, aber gleichzeitig Kreativität als Bestandteil hat, erfordert eine übergreifende Konzeptionalisierung des menschlichen Verstandes, die das Wesentliche sowohl am herkömmlichen Intelligenzbegriff als auch am neueren Kreativitätskonzept integriert." *Urban* (*2004*, S. 87) weist darauf hin, dass es inzwischen nicht nur gute Tradition sei, sondern auch Ausdruck eines erweiterten Konzepts von Hochbegabung, Kreativität und Kreativitätsförderung im Zusammenhang mit Hochbegabung und Begabtenförderung zu diskutieren: „Dieses komplexere Konzept hat schon seit geraumer Zeit eine eingeengte, rein psychometrisch geprägte Sicht auf eine ausschließlich quantitativ hoch ausgeprägte Intelligenzfähigkeit als alleinigen Begabungsindikator abgelöst. In allen neueren Begabungskonzepten spielt Kreativität eine wesentliche Rolle [...]." Ich verweise auf den Stellenwert der Kreativität in den im Abschnitt 2.2 beschriebenen Modellen zur (Hoch-) Begabung.

Um den Begriff der „mathematischen Kreativität" oder der „Kreativität in der Mathematik" besser beschreiben zu können, folge ich hier einer Unterscheidung, die von *Preiser* (*1976*) und *Weth* (*1999*) benutzt wurde: Kreativität als Eigenschaft eines Produkts („kreatives Produkt"), Kreativität als Eigenschaft eines Individuums („kreative Persönlichkeit"), Kreativität als Prozess („kreativer Prozess"):

Kreatives Produkt

„In den meisten *produktorientierten* Ansätzen gilt die *Neuartigkeit des geschaffenen Produkts* als ein wesentliches Maß für die kreative Leistung des Erzeugers." (*Weth 1999*, S. 5) *Preiser* (*1976*, S. 5) bezieht in seinen „Definitionsversuch" noch soziale Aspekte mit ein: „Eine Idee wird in einem sozialen System als kreativ akzeptiert, wenn sie in einer bestimmten Situation neu ist oder neuartige Elemente enthält und wenn ein sinnvoller Beitrag zu einer Problemlösung gesehen wird."

Betrachtet man kreative Leistungen in der Mathematik von den Produkten her, um welche „Taten"/um welche „Produkte" könnte es sich dabei z. B. handeln (siehe dazu auch *Weth 1999*, S. 6)?

- das Bilden eines „fruchtbaren", eines besonders weit tragenden Begriffes;
- den Beweis eines fundamentalen Satzes (auf dem möglicherweise eine komplette Theorie fußt);
- das Entdecken einer neuartigen Beweisidee;
- das Erfinden eines sehr leistungsfähigen Algorithmus;
- das Lösen eines schwierigen innermathematischen oder (mit Hilfe von Mathematik zu bearbeitenden) außermathematischen Problems.

In der Kreativitätspsychologie wird versucht, Kreativität dadurch „greifbar" zu machen, dass Experten unabhängig voneinander die Originalität und das Nützliche eines „kreativen Produkts" beurteilen bzw. einschätzen sollen. Dabei stellt die beurteilende Person sicherlich eine Erschwernis dar, denn „[...] ein wesentliches Kennzeichen kreativer Produkte ist, daß sie im Betrachter auch affektive Prozesse, wie Überraschung, Befriedigung, Stimulation und Genuß auslösen" (*Caesar 1981*, S. 84).

„Bei der Beurteilung von mathematischen Theorieelementen wie Begriffen, Sätzen, Beweisen, Algorithmen und Problemlösungen drücken sich diese affektiven Prozesse in (natürlich im wesentlich subjektiv bestimmten) Wertungen aus wie: 'Der Beweis ist elegant', 'Die Idee ist überraschend', 'Der Gedanke ist nicht naheliegend', '... ist wichtig', '... eröffnet neue Möglichkeiten' usw.
Um die genannten Schwierigkeiten zu umgehen, die sich aus der Einbeziehung subjektiver, affektiver Bewertungen ergeben, versuchen andere psychologische Ansätze, Kreativität nicht über Produkteigenschaften, sondern über 'Persönlichkeitskorrelate' zu charakterisieren." (*Weth 1999*, S. 7f.)

Kreative Persönlichkeit
In der psychologischen Literatur werden hauptsächlich die folgenden individuellen Fähigkeiten genannt, die eine kreative Persönlichkeit auszeichnen und für das Zustandekommen kreativer Ideen relevant sein sollen (vgl. *Preiser 1976*, S. 58 ff., und *Weth 1999*, S. 8):

- Flüssigkeit: die Fähigkeit, zu einem Problem oder zu einer Sache in kurzer Zeit möglichst viele Gedanken, Ideen oder Assoziationen zu produzieren;
- Flexibilität: die Fähigkeit, in verschiedene Richtungen zu denken, ein Problem oder eine Sache von verschiedenen Seiten aus zu betrachten;
- Originalität: die Fähigkeit, ungewöhnliche Lösungsansätze zu haben und überraschende Ideen zu produzieren;
- Elaboration (Ausarbeitung): die Fähigkeit, sich in ein Problem, in eine Sache vertiefen zu können, von einem Konzept zu einem konkreten Plan, der sich auch verwirklichen lässt, überzugehen;
- Problemsensitivität: die Fähigkeit, „der materiellen und sozialen Umwelt mit einer offenen, kritischen Haltung gegenüberzutreten, Probleme und Verbesserungsmöglichkeiten, Widersprüche,

Unstimmigkeiten und Neu-igkeiten zu entdecken" (*Preiser 1976*, S. 59);

■ Umstrukturierung: die Fähigkeit, „Objekte oder deren Elemente in völlig neuer und ungewohnter Weise zu gebrauchen, ihre Funktion zu verändern, sie in neue Zusammenhänge zu stellen oder sie in einer neuen Gestalt anzuordnen" (*a.a.O.*, S. 63); ein Beispiel aus der Mathematik: siehe die Lösung von Marc (Abbildung 8.5) zu der Aufgabe „Abzählen an den Fingern einer Hand".

Folgende Verhaltens- und Persönlichkeitsmerkmale kreativer Persönlichkeiten werden insbesondere genannt (vgl. *Preiser 1976*, S. 66ff., und *Weth 1999*, S. 8f.):

■ Neugier: intensive, offene Auseinandersetzung mit der Umwelt, Vorliebe für unbekannte, abwechslungsreiche Umweltreize, vielseitiges Interesse, großes Informationsbedürfnis;

■ Ausdauer: relativ hohe Konflikt- und Frustrationstoleranz, Ertragen von Unsicherheit und Ungewissheit;

■ Erfolgszuversicht: spontan, voller Initiative, mutig, risikobereit, von Zuversicht geleiteter Drang zur Umweltbewältigung;

■ Unabhängigkeit: autonom, selbstständig, selbstsicher, kritisch, nonkonform, unkonventionell;

■ Ich-Stärke: emotional stabil, psychisch gesund;

■ Vorliebe für Komplexität: komplexes Bild der Umwelt, Vermeidung von Simplifizierungen, Auseinandersetzung mit heterogenen Aspekten eines Problems;

■ kontrollierte Regressionsfähigkeit: offen für Empfindungen, Gefühle, Emotionen; kontrollierte Zulassung primitiver, kindlicher (regressiver) Motive, ohne diese zu unterdrücken; „Überwindung von Einstellungsschranken und Denkbarrieren, die durch starre Orientierung an (pseudo-)logischen, ökonomischen, moralischen Kriterien, an Konventionen und 'Erfahrungen' entstanden sind" (*Preiser 1976*, S. 70).

Kreativer Prozess
Nach dem französischen Mathematiker *Hadamard* (*1949*) lassen sich bei Entdeckungs- und Findungsprozessen im Bereich der Mathematik vier Phasen unterscheiden:

- Präparation (Vorbereitung),
- Inkubation (Ausbrütung),
- Illumination (Erleuchtung, Inspiration),
- Verifikation (Überprüfung, Einordnung)

(siehe dazu auch *Winter 1991*, S. 170, und *Weth 1999*, S. 12).

Hadamard beruft sich überwiegend auf Introspektion sowie auf Selbstbeobachtungen anderer Forscher oder Künstler und schließt sich den Gedanken von *Poincaré* an (siehe *Poincaré 1913*). Überraschend und interessant ist, welche Bedeutung *Poincaré* und *Hadamard* dem Unbewussten im kreativen Prozess zumessen.

Am Anfang der ersten Phase, der **Präparation**, steht die bewusste Auseinandersetzung mit einem Problem. Am Ende dieser Phase gesteht der Problembearbeiter seine Unwissenheit ein und sieht keine Möglichkeit, die bestehende Barriere des Problems zu überwinden. „Das einschlägige Vorwissen ist reaktiviert worden, und das Problem konnte nicht als Routinefall identifiziert werden. Ansätze zur Lösung (durch neue 'Kombinationen' etwa) wurden versucht, aber sie brachten nichts." (*Winter 1991*, S. 170f.)

In der Phase der **Inkubation** wird die Suche nach neuen Ideen durch einen unbewussten Prozess vorangetrieben, der nicht-logischen oder transrationalen Prinzipien folgt. Plötzlich wird eine Lösung für ein Problem gefunden, für das vorher kein nennenswerter Fortschritt möglich war.

„Poincaré und Hadamard bieten für das Zustandekommen der Lösungsidee im Unbewußten eine Hypothese an. Zunächst stellen sie fest, daß die Lösungsidee nicht das direkte Resultat bewußter Geistestätigkeit ist, sondern plötzlich, unerwartet und ohne Anteilnahme des Bewußtseins aus dem Unterbewußten auftaucht. Zwischen der Vorbereitungsphase [...] und der sehr kurzen Erleuchtungsphase [...] muß die Inkubationsphase [...] (lat.: incubare – auf etwas liegen (um es auszubrüten)) notwendig durchschritten werden. In ihr beschäftigt sich der Problemlöser bewußt mit etwas völlig anderem, er hat vielleicht das Lösenwollen des ursprünglichen Problems (evt. aus Resignation) aufgegeben. Aber 'es' arbeitet – so die Hypothese Poincarés und Hadamards – unwillentlich in ihm weiter, im Unbewußten [...]. In der Inkubationsphase werden nach Poincaré/Hadamard nicht nur unwillentlich irgendwelche Ideenkombinationen gewissermaßen als stochastisches Spielen ausgeführt, vielmehr werden diese Neukombinationen auch schon im Unter-bewußtsein bewertet: Nur die verheißungsvollen werden weiter verwandt und tauchen auf, die unbrauchbaren werden (schon im Unterbewußtsein!) verworfen. Und das Kriterium für Brauchbarkeit/Fruchtbarkeit, nach dem das Unbewußte bewertet und sortiert, ist das in ihm liegende Gefühl für Schönheit." (*a.a.O.*, S. 171)

Die Phase der Inkubation wird durch die 3. Phase, die **Illumination**, abgelöst bzw. beendet. Bei der Illumination ist der Begriff „Phase" eigentlich unpassend. Denn unter Illumination wird das plötzliche und unerwartete Auftreten der Lösung verstanden und nicht deren langsames „Heranwachsen". „Typisch für die Illumination ist das archimedische 'Heureka!' bei der Entdeckung der Auftriebskraft in Flüssigkeiten, die ihm beim Baden gekommen ist." (*Weth 1999*, S. 13) Dass bereits Kinder (im Alter von zehn Jahren) bei Bearbeitungen mathematischer Probleme „Illuminationen" haben können und sie dann auch als solche empfinden, belegt die Äußerung „Terhat, ich glaub ich hab grad 'ne Eingebung" von Lisa (siehe Zeile 45 des zugehörigen Transkripts auf Seite 95).
Es ist wichtig zu wissen, dass Illumination nur in Kombination mit solidem Faktenwissen gelingen kann (siehe auch *Weisberg 1993*). Nach *Heller (1992*, S. 141) ist die Kombination von divergenten und konvergenten Denkakten unter Verwendung einer reichen Wissensgrundlage und in Verbindung mit einer positiven Arbeitshaltung und ausgeprägten Interessen eine günstige Voraussetzung für kreative Leistungen. „Kreatives Denken erfordert demnach harte, andauernde Arbeit und beharrliche Zielfixierung, wobei Zufallsfaktoren dann zum Glücksfall werden können, wenn die sich bietenden Chancen konsequent genutzt werden. Ob dies ohne ausreichenden Kompetenzhintergrund überhaupt möglich ist, muß nach heutigen Erkenntnissen weitgehend verneint werden. Analog gilt die Annahme von aus dem Unbewußten auftauchenden Erkenntnissprüngen ohne vorhergehende intensive Problemauseinandersetzung als höchst unwahrscheinlich." (*a.a.O.*)

Die abschließende 4. Phase kreativen Arbeitens, die **Verifikation**, verläuft wieder bewusst. In ihr muss die intuitive Lösungsidee der Illumination systematisch und kritisch überprüft werden. Denn es kann vorkommen, dass das Unterbewusstsein getrogen hat und falsche Lösungen entwickelt wurden. Außerdem ist zu beachten, dass in der Illumination „nur" der „zündende" Gedanke aufgekommen ist. Dieser kann noch sehr vage sein und muss dann noch präzisiert werden. Eine solche Präzisierung ist der Phase der Verifikation zuzurechnen. Zu ihr gehört auch, dass die gefundene Lösung „als eine Quelle für neue Inspirationen und kreative Prozesse betrachtet" wird (*Weth 1999*, S. 17).

Wie der kreative Prozess mit den kreativen Fähigkeiten und den genannten Persönlichkeitsmerkmalen verbunden ist, wurde von *Preiser* (*1976*, S. 74/75) in einer Abbildung zusammengefasst (siehe Abbildung 8.15).

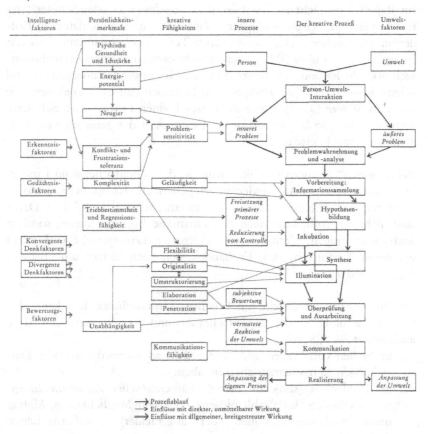

Abb. 8.15 Der kreative Prozess (nach *Preiser 1976*, S. 74/75)

In seiner Kritik am Hadamardschen Kreativitätsmodell weist *Weth* (1999, S. 18) zu Recht darauf hin, dass „das Hadamardsche Modell eine zu einseitige Sicht von Kreativität oder mathematischen Erfindungen beschreibt. Hadamard geht es ausschließlich um Problem*lösungen*. Der schöpferische Akt des *Bildens* von Problemen, des *Schaffens von mathematischen Begriffen* und die anschließende intellektuelle Auseinandersetzung damit bleiben unberücksichtigt."

Wie äußert sich **Kreativität im Kindesalter**, und zwar im Zusammenhang mit mathematischen Inhalten?

Im Regelfall ist nicht zu erwarten, dass Schülerinnen oder Schüler (erst recht nicht im Grundschulalter) objektiv neue mathematische Entdeckungen machen. „Der überwiegende Teil der Schulmathematik ist seit langem, z. T. seit über 2000 Jahren, wohlbekannt und ist schon millionenfach von Profis und Amateuren hin- und hergewendet und gelehrt und gelernt worden." (*Winter 1999*, S. 213) Dennoch gibt es Ausnahmen, wie das von *Winter* (*a.a.O.*) genannte Beispiel einer Darmstädter Schülerin zeigt, die eine „wohl wirklich neue" Eigenschaft der gemeinsamen Tangenten an zwei Kreise entdeckte.

Bei „unseren" Kindern (wie überhaupt in der Schulmathematik) kann es „nur" um subjektiv neue Entdeckungen gehen, um das Nacherfinden oder Wiederentdecken bereits bekannter mathematischer Erkenntnisse. Dabei sind nicht nur (subjektiv) neue mathematische Inhalte gemeint, sondern auch neue Fragen, Vermutungen, alternative Lösungswege und selbst gefundene Formulierungen. Es handelt sich auch hierbei um kreatives Denken und Tun.

Im Umgang/im Unterricht mit begabten Grundschulkindern kann sich mathematische Kreativität in vielfacher Art und Weise äußern (siehe dazu auch *Bruder 2001*, S. 46):

- ■ im Stellen von Fragen und im Zweifeln an Sachverhalten oder Darstellungen zu mathematischen Inhalten;
- ■ im Entdecken (subjektiv neuer) mathematischer Zusammenhänge, von Methoden des Problemlösens oder von Möglichkeiten, Mathematik in Alltagssituationen oder (allgemeiner) in außermathematischen Kontexten anzuwenden;

■ im Finden und Ausprobieren eines (subjektiv) neuen Lösungsweges zu einer vorgegebenen Aufgabe;

■ im selbstständigen Erweitern/Variieren und im eigenen Erfinden von Aufgaben;

■ bei einer (originellen) Präsentation, Begründung oder Bewertung von eigenen Arbeitsergebnissen oder solchen eines Teams.

Lässt sich **Kreativität fördern**, und wenn ja, wie? *Beer/Erl (1972*, S. 45, siehe auch *Weth 1999*, S. 19ff.) sehen die folgenden fünf Aspekte „fördernder Bedingungen kreativer Entfaltung" als wesentlich an:

1. Offen sein oder „die aufgeschobene Bewertung",

2. Problematisieren oder „die produktive Unzufriedenheit",

3. Assoziieren oder „die Vielzahl der Einfälle",

4. Experimentieren oder „das Sprengen des Systems",

5. Bisoziieren oder „die Vereinigung des Unvereinbaren".

Das *Offensein* ist in zweifacher Weise zu verstehen: Einerseits richtet es sich an die Schülerinnen und Schüler, die im Unterricht aufgefordert sein sollen, den Lehrstoff mit „offenen Augen" zu betrachten und alternative Ideen zu entwickeln; andererseits richtet es sich an die Lehrerinnen und Lehrer, die die Schülerinnen und Schüler zu einer kritischen, auch querdenkenden Haltung herausfordern sollen. „Wesentlich bei der Entwicklung kreativer Gedanken ist dabei, daß der Lehrer auf frühzeitige Korrekturen und Bewertungen (richtig/falsch, brauchbar/unbrauchbar, ...) verzichten muß [...]. Kreative Leistungen können sich nur in einer angstfreien, auch 'schräge' Ideen akzeptierenden Atmosphäre entwickeln." (*Weth 1999*, S. 19)

Die *produktive Unzufriedenheit* beschreibt eine Haltung, die durch die Frage beschrieben werden kann: „Kann man das nicht anders oder besser machen?" Es geht darum, bestehende Angebote und Strukturen im mathematischen Lehrstoff kritisch und konstruktiv zu hinterfragen. Dazu müssen die Schülerinnen und Schüler ihre Fragen und Probleme ohne Angst formulieren und vorbringen können.

Das *Assoziieren* ist förderlich für neuartige Ideen, es geht um das Wecken der Phantasie. Nach *Beer/Erl (1972*, S. 51) sollte die Übung der Phantasie „Pflichtfach" neben der Ausbildung und der nüchternen Wissensvermittlung sein.

„Auch hier meinen wir allerdings meistens, Phantasie habe man entweder oder man habe sie nicht. Das ist jedoch ebenso falsch wie die meisten Vorurteile auf diesem Gebiet. Jeder hat Phantasie, und man kann sie üben und damit immer reicher und vielfältiger werden lassen. Eigene Einfälle kann man provozieren, und zwar schon durch Ruhe, ein leeres Blatt Papier und einige geringfügige Stimulationen." (*a.a.0.*)

Beim *Experimentieren* sollen die Grenzen konventioneller Denksysteme bewusst gesprengt werden: Verschiedene Zugänge zu Problemen und Manipulationen mit Objekten werden gefordert. Selbstständiges und nicht gruppenkonformes Denken, Toleranz gegenüber neuen Ideen, die Suche nach Problemen, das Recht zu konstruktiver Kritik und verbessernder Unzufriedenheit sollen nicht nur toleriert, sondern sogar gefördert und trainiert werden.
„Dafür ist es wichtig, daß der Lehrer selbst kreativ und abenteuerlustig, zumindest aber experimentierfreudig ist." (*a.a.0.*, S. 54)

Unter *Bisoziieren oder der Vereinigung des Unvereinbaren* verstehen *Beer/Erl* „die merkwürdige Paradoxie im schöpferischen Akt [...], in der in allem Anschein nach seine wichtigste Wesensbestimmung liegt: in dem Gegensatz von Planung und Zufall, von Arbeit und Spiel, von Bewußtem und Unbewußtem. Darum gilt es, diesen Gegensatz bewußt zu bejahen und in seiner Person zu integrieren." (*a.a.0.*, S. 55)

Von Kreativitätsförderung kann auch bereits dann gesprochen werden, wenn bekannte Hemmnisse und Hindernisse kreativen Verhaltens vermieden werden. Zu solchen zählen *Beer/Erl (a.a.0.*, S. 40ff., dort Näheres) vor allem:
„ 1. Konformitätsdruck
 2. Autoritätsfurcht

3. Erfolgsprämien
4. Informations- und Innovationssperren
5. Geschlechtsrollen." (*a.a.O.*, S. 41)

In unserem Fall reicht es auch nicht aus, den Kindern kreativitäts-
fördernde Aufgaben zu präsentieren (siehe dazu die Unterabschnitte 8.7.2
und 8.7.3). Die Kinder müssen nicht nur kreativ sein dürfen, sondern
dieses auch wollen. *Bruder* (*2001*, S. 48) nennt für dieses „Wollen" einige
förderliche „atmosphärische Komponenten", die für jeglichen Mathematikunterricht bedeutsam sind:

- Irren ist erlaubt, auch ein Schmierzettel. Es gibt bewertungsfreie
  Phasen im Unterricht und genügend Zeit zum Nachdenken. Auf diese
  Weise wird angstfreies Lernen möglich.
- Jede geäußerte Idee wird ernst genommen (gegenseitige Wertschätzung von Lehrenden und Lernenden; vorurteilsfreier Umgang miteinander).
- Unterschiedliche Vorgehensweisen werden akzeptiert.
- Dem Orientierungsbedarf der Lernenden wird Rechnung getragen:
  durch klare Zielsetzungen im Sinne eines Orientierungsrahmens für
  das eigene Lernen und durch Vermeidung kleinschrittiger, selbstständiges Denken und Handeln eher verhindernder Vorgehensweisen.

8.7.2 Eine Aufgabe mit vielen Lösungswegen

Für Fördermaßnahmen besonders geeignet halte ich Aufgaben, die sowohl mit herkömmlichen Methoden gelöst werden können als auch sehr
kreative Lösungsideen provozieren.
Dazu ein *Beispiel*:
Ein Seeschiff ging auf große Fahrt. Als es 180 Seemeilen von der Küste
entfernt war, flog ihm ein Wasserflugzeug mit Post nach. Die Geschwindigkeit des Flugzeuges war zehnmal so groß wie die des Schiffes. In
welcher Entfernung von der Küste holte das Flugzeug das Schiff ein?
Schreibe deinen Lösungsweg ausführlich auf.

Den *Lösungsweg* von **Stefanie** (siehe Abbildung 8.16) würde ich mit „her-
kömmlich" bezeichnen wollen. Stefanie legt eine Art Tabelle an, wobei
Seemeile für Seemeile die zurückgelegten Entfernungen des Schiffs und

des Flugzeugs einander zugeordnet werden. Störend sind lediglich die Gleichheitszeichen.

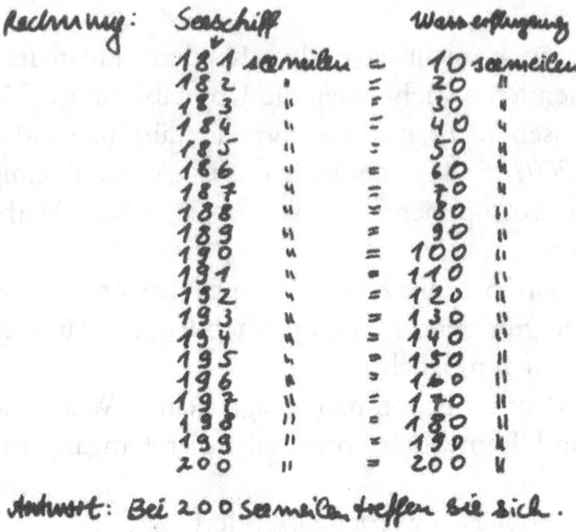

Rechnung: Seeschiff — Wasserflugzeug

181 seemeilen = 10 seemeilen
182 " = 20 "
183 " = 30 "
184 " = 40 "
185 " = 50 "
186 " = 60 "
187 " = 70 "
188 " = 80 "
189 " = 90 "
190 " = 100 "
191 " = 110 "
192 " = 120 "
193 " = 130 "
194 " = 140 "
195 " = 150 "
196 " = 160 "
197 " = 170 "
198 " = 180 "
199 " = 190 "
200 " = 200 "

Antwort: Bei 200 Seemeilen treffen sie sich.

Abb. 8.16 Stefanies Lösung

Die folgenden Lösungswege enthalten nach meiner Einschätzung kreative Elemente.

Bea hat eine interessante (kreative) Idee (siehe Abbildung 8.17). Sie geht von dem Vorsprung des Schiffs aus (180 Seemeilen), subtrahiert 10 (Seemeilen) und addiert anschließend 1 (Seemeile). Diese Rechnung führt sie so oft aus (insgesamt zwanzigmal), bis das Flugzeug das Schiff eingeholt hat, bis das Rechenergebnis also 0 (Seemeilen) ist. Bea kennzeichnet dabei mit unterschiedlichen Farben die verschiedenen Zustände bzw. Aktionen. Auch wenn die eigentliche Rechnung hätte verkürzt werden können (180 : 9), ist die Idee von Bea hoch einzuschätzen, zumal nur ein weiteres Kind (von insgesamt 264) ähnlich vorgegangen ist.

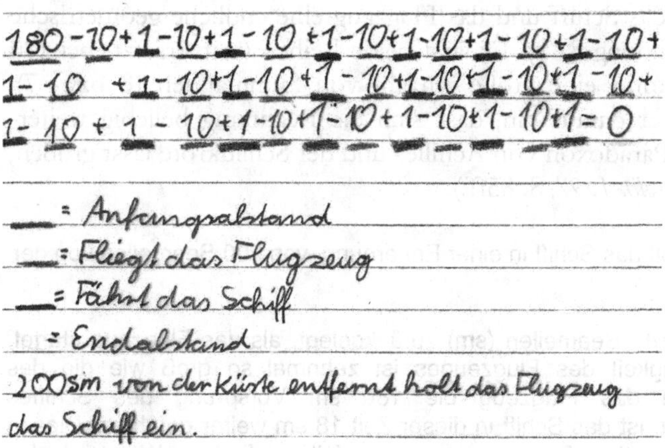

$$180 - \frac{10}{1} + 1 - \frac{10}{1} + 1 - \frac{10}{1} + 1 - \frac{10}{1} + 1 - \frac{10}{1} + 1 - \frac{10}{1} + 1 - \frac{10}{1} +$$
$$1 - \frac{10}{1} + 1 - \frac{10}{1} + 1 - \frac{10}{1} + 1 - \frac{10}{1} + 1 - \frac{10}{1} + 1 - \frac{10}{1} +$$
$$1 - \frac{10}{1} + 1 - \frac{10}{1} + 1 - \frac{10}{1} + 1 - \frac{10}{1} + 1 - \frac{10}{1} + 1 = 0$$

___ = Anfangsabstand

___ = Fliegt das Flugzeug

___ = Fährt das Schiff

___ = Endabstand

200 sm von der Küste entfernt holt das Flugzeug das Schiff ein.

Abb. 8.17 Beas Lösung

Susann benutzt die Wortvariable „Strecke", stellt eine Gleichung auf und löst diese, wobei sie auf eine passende Skizze zurückgreift (siehe Abbildung 8.18).

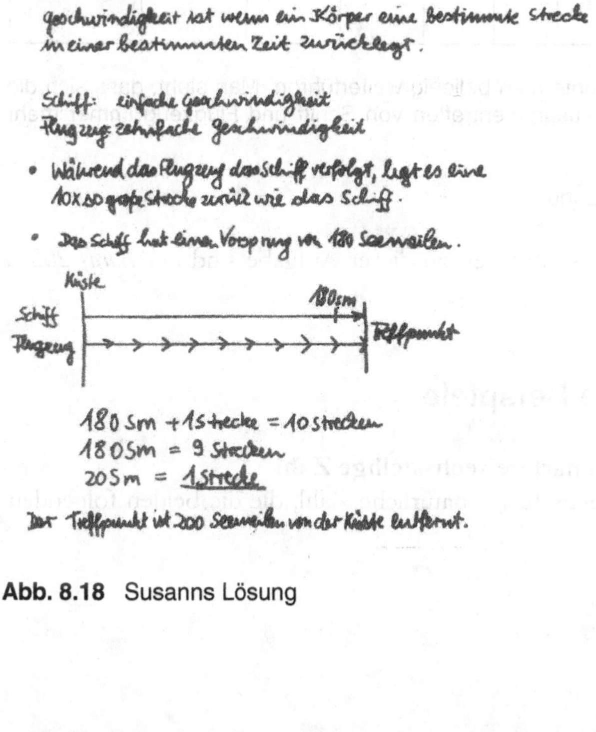

geschwindigkeit ist wenn ein Körper eine bestimmte Strecke in einer bestimmten Zeit zurücklegt.

Schiff: einfache geschwindigkeit
Flugzeug: zehnfache geschwindigkeit

• Während das Flugzeug das Schiff verfolgt, legt es eine 10x so große Strecke zurück wie das Schiff.

• Das Schiff hat einen Vorsprung von 180 Seemeilen.

180 sm + 1 strecke = 10 strecken
180 sm = 9 strecken
20 sm = 1 strecke

Der Treffpunkt ist 200 Seemeilen von der Küste entfernt.

Abb. 8.18 Susanns Lösung

Sören bildet für das Schiff und das Flugzeug eine endliche geometrische Reihe (siehe Abbildung 8.19). Er lässt beide Reihen (zeitversetzt) bei 180 beginnen und nimmt eine große Anzahl von Summanden (8 bzw. 7). Außerdem weist er darauf hin, dass sich die Rechnung beliebig weiterführen lässt (das Paradoxon von Achilles und der Schildkröte lässt grüßen, dazu siehe z.B. *Devlin 1997*, S. 85ff.).

Das Flugzeug holt das Schiff in einer Entfernung von 200 Seemeilen von der Küste ein.

Das Schiff hat 180 Seemeilen (sm) zurückgelegt, als das Flugzeug startet. Die Geschwindigkeit des Flugzeuges ist zehnmal so groß wie die des Schiffes. Wenn das Flugzeug die 180 sm Vorsprung des Schiffes zurückgelegt hat, ist das Schiff in dieser Zeit 18 sm weiter gefahren. Diesen Vorsprung muss das Flugzeug nun ebenfalls aufholen. Während das Flugzeug diese 18 sm zurücklegt, fährt das Schiff 1,8 sm weiter. So verfolgt das Flugzeug das Schiff in immer kleinerem Abstand.

Schiff (sm)	180	18	1,8	0,18	0,018	0,0018	0,00018	0,000018	Summe 199,999998
Flug-zeug (sm)	0	180	18	1,8	0,18	0,018	0,0018	0,00018	Summe 199,99998

Diese Rechnung könnte man beliebig weiterführen. Man sieht, dass sich die Entfernung für das Zusammentreffen von Schiff und Flugzeug immer mehr den 200 sm nähert.

Abb. 8.19 Sörens Lösung

Zahlreiche weitere Lösungsideen zu dieser Aufgabe sind bei *Bardy 2002a* dokumentiert.

8.7.3 Weitere Beispiele

Beispiel 1: Eine eigenartige sechsstellige Zahl
Gesucht wird eine sechsstellige natürliche Zahl, die die beiden folgenden Eigenschaften hat:

(1) Addiert man die aus den ersten drei Ziffern dieser Zahl gebildete Zahl zu der aus den letzten drei Ziffern gebildeten Zahl, so erhält man 999.

(2) Multipliziert man die sechsstellige Zahl mit 6, so erhält man wieder eine sechsstellige Zahl. Die aus den ersten drei Ziffern dieser neuen sechsstelligen Zahl gebildete Zahl ist gleich der Zahl, die aus den letzten drei Ziffern der ursprünglichen Zahl gebildet wird. Und die aus den letzten drei Ziffern der neuen Zahl gebildete Zahl ist gleich der aus den ersten drei Ziffern der ursprünglichen Zahl gebildete Zahl.

Bestimme die gesuchte sechsstellige Zahl. Beschreibe ausführlich, wie du auf diese Zahl gekommen bist.

Hinweis: Alle Ziffern der gesuchten Zahl sind verschieden voneinander.
(nach: *alpha* 5 (1971), H. 5, Nr. 794, modifiziert)

Um zur *Lösung* dieses Problems zu kommen, kann man verschiedenartig vorgehen. Ein aus meiner Sicht sehr kreatives Vorgehen ist das folgende: Die gesuchte sechsstellige natürliche Zahl sei

$$abcdef \ (a, b, ..., f \ \text{Ziffern}).$$

Wegen Bedingung (1) gilt:

$$\begin{array}{r} abc \\ + \ def \\ \hline 999 \end{array}$$

Daraus folgt (und in dieser Folgerung steckt ein besonders kreatives Moment):

$$\begin{array}{r} abcdef \\ + \ defabc \\ \hline 999999 \end{array}$$

Wegen Bedingung (2) gilt:

$$6 \cdot (abcdef) = defabc.$$

Damit ergibt sich insgesamt:

$$1 \cdot (abcdef) + 6 \cdot (abcdef) = 7 \cdot (abcdef) = 999999.$$

Und deshalb: $abcdef = 999999 : 7 = 142857$.

Also ist die gesuchte sechsstellige Zahl 142857.

Beispiel 2: Der Trick eines Zauberers

Ein Zauberer hat hundert Karten, nummeriert von 1 bis 100. Er legt sie in drei Schachteln, eine rote, eine gelbe und eine blaue, so dass jede Schachtel mindestens eine Karte enthält.

Ein Zuschauer wählt (ohne dass der Zauberer dies sehen kann) zwei dieser drei Schachteln aus, nimmt aus jeder der beiden eine Karte heraus und gibt die Summe der Nummern dieser Karten bekannt. Mit Hilfe dieser Summe kann der Zauberer die Schachtel bestimmen, aus der keine Karte gezogen wurde.

Gib zwei unterschiedliche Verteilungen der Karten in den Schachteln so an, dass dieser Trick immer funktioniert.

(*Kašuba 2001*, S. 342)

Lösung:

1. Verteilung: 1 in die rote Schachtel,
2 bis 99 in die gelbe Schachtel,
100 in die blaue Schachtel.

Ist die Summe 3 bis 100, hat der Zuschauer keine Karte aus der blauen Schachtel gezogen.

Ist die Summe 101, hat er keine Karte aus der gelben Schachtel gezogen.

Ist die Summe 102 bis 199, hat er keine Karte aus der roten Schachtel gezogen.

2. Verteilung:

Rote Schachtel: alle Karten mit Nummern, die bei Division durch 3 den Rest 0 lassen.

Gelbe Schachtel: alle Karten mit Nummern, die bei Division durch 3 den Rest 1 lassen.

Blaue Schachtel: alle Karten mit Nummern, die bei Division durch 3 den Rest 2 lassen.

Ist die Summe eine Zahl mit dem Rest 1 (bei Division durch 3), hat der Zuschauer keine Karte aus der blauen Schachtel gezogen.

Ist die Summe eine Zahl mit dem Rest 2, hat er keine Karte aus der gelben Schachtel gezogen.

Ist die Summe eine Zahl mit dem Rest 0, hat er keine Karte aus der roten Schachtel gezogen.

8.8 Selbstständiges Erweitern und Variieren von Aufgaben

8.8.1 Ein Beispiel sowie Strategien des Erweiterns und Variierens von Aufgaben

Um zu beschreiben, worum es geht, greife ich eine Aufgabe auf, die Sie bereits in diesem Buch kennen gelernt haben, und zwar im Zusammenhang mit einer Videobeobachtung (siehe Abschnitt 5.2) und beim Thema „Beweisen" (siehe Unterabschnitt 8.5.2). Die Formulierung dieser Aufgabe wird lediglich ein klein wenig abgeändert (siehe *Schupp 2002*, S. 1).

Addiere drei aufeinander folgende natürliche Zahlen.
Was fällt dir auf?
(Wir wissen bereits, dass die entstehende Summe keine Primzahl sein kann, da sie stets durch 3 (und den mittleren Summanden) teilbar ist.)

Welche Möglichkeiten der Variation des Aufgabentextes gibt es (*a.a.O.*, S. 1 ff. und S. 23)?

Zunächst ist es möglich, die Addition durch eine andere Verknüpfung zu ersetzen, z. B. durch die Multiplikation. Das nächste Wort („drei") lässt sich ändern durch: zwei, vier, fünf, ..., n (andere Anzahl, bei n würde ich nicht von einer Variation, sondern von einer Erweiterung oder Verallgemeinerung sprechen). Die Bedingung „aufeinander folgende" lässt sich z. B. ersetzen durch: im Abstand 2, 3, ...; gleichabständig; identisch; zufällig gewählte (andere Bedingung). Und schließlich lassen sich statt der natürlichen Zahlen z. B. wählen: gerade Zahlen, ungerade Zahlen, Quadratzahlen.

Wenden wir uns möglichen Variationen zu:

a) Addiere *zwei* aufeinander folgende natürliche Zahlen. Was...?
(Die Summe ist immer ungerade, also nicht durch 2 teilbar.)
Addiere *vier* aufeinander folgende natürliche Zahlen. ...
(Die Summe ist immer durch 2, aber niemals durch 4 teilbar.)
Addiere *fünf* aufeinander folgende natürliche Zahlen.
(Die Summe ist immer durch 5 und den mittleren Summanden teilbar.)

Die gewählte Strategie kann man **geringfügiges Ändern** oder **„Wackeln"** (hier der Summandenzahl) nennen. "Diese nahe liegende [...] Strategie ist bestens geeignet, aufgabeninterne Qualitäten und Abhängigkeiten explizit zu machen." (*a.a.0.*, S. 32)

b) Addiere *ungerade viele* aufeinander folgende natürliche Zahlen. (Die Summe ist immer durch die Anzahl der Summanden und durch den mittleren Summanden teilbar.)
   Addiere *gerade viele* aufeinander folgende natürliche Zahlen. (Die Summe ist gerade, wenn die Anzahl der Summanden durch 4 teilbar ist, sonst ungerade.)
   Addiere *n* aufeinander folgende natürliche Zahlen. (Hierzu ist keine allumfassende Teilbarkeitsaussage möglich, sondern nur eine Fallunterscheidung gemäß den beiden eben gemachten Aussagen.)
   Bezüglich der Anzahl der Summanden liegt eine **Verallgemeinerung** vor.
   Es handelt sich hierbei um eine der wichtigsten mathematischen Forschungsmethoden („Be wise, generalize!").

c) *Stelle* eine durch 3 teilbare natürliche Zahl als Summe dreier aufeinander folgender natürlicher Zahlen *dar*.
   $(3n = (n - 1) + n + (n + 1))$
   Strategie: **Umkehren** (hier der Denkrichtung)

d) Addiere drei aufeinander folgende *gerade* Zahlen.
   $((2n - 2) + 2n + (2n + 2) = 6n$. Die Summe ist durch 6 teilbar.)
   Strategie: **Spezialisieren** (hier des Zahlentyps)

e) Addiere drei *gleichabständige* natürliche Zahlen.
   $((n - d) + n + (n + d) = 3n$. Die Summe ist (immer noch) durch 3 teilbar.)
   zusätzlich: Änderung der Anzahl der Summanden wie bei a)
   Strategie: **Verallgemeinerung** (hier der Bedingung)

f) Addiere drei aufeinander folgende *Quadratzahlen*.
   (Die Summe lässt bei Division durch 3 stets den Rest 2.)
   Strategie: **Bedingung abändern** (hier des Zahlentyps)

g) *Multipliziere* drei aufeinander folgende natürliche Zahlen.
(Das Produkt ist immer durch 6 teilbar, da einer der Faktoren durch 3
teilbar ist und (mindestens) einer durch 2.)
zusätzlich: Änderung der Anzahl der Faktoren
Strategie: **Analogisieren** (hier der Verknüpfung)

Weitere Vorschläge für Änderungen dieser Aufgabe, die allerdings erst mit
älteren Schülerinnen und Schülern realisiert werden können, findet man
bei *Schupp 2002*. Dort sind auch weitere Strategien des Erweiterns und
Variierens von Aufgaben beschrieben, z. B.:

- **Lücken beheben** („dicht machen");
- **in Beziehung setzen** („vergleichen"), Beispiel: Vergleich der
  Eigenschaften von Summe und Produkt bei der obigen Aufgabe;
- **umorientieren** („Ziel ändern"), Beispiel: in einer Sachaufgabe (z. B.
  bei einem Kauf) den Standpunkt eines anderen Beteiligten einnehmen
  (Käufer ◄► Verkäufer);
- **Kontext ändern** („Rahmen wechseln"), Beispiel:
  Gleichung ◄► Textaufgabe;
- **iterieren** („weitermachen"), Beispiel: konkrete Rechnung ─► mit
  Resultat entsprechend weiterrechnen;
- **anders bewerten** („interessant machen"), Beispiel: Wie viele Teiler
  hat 100? ─► Welches ist die kleinste natürliche Zahl, die so viele
  Teiler hat?
- **Frage anschließen** („nachfragen");
- **kritisieren** („verbessern"); Beispiel: Verändern einer
  Schulbuchaufgabe mit sächlichen oder sprachlichen Mängeln;
- **Variation variieren** („ausweiten");
- **Schwierigkeitsgrad abändern** („schwerer oder leichter machen");
- **einen Umweltbezug herstellen** („anwenden").

Warum sollte das Erweitern und Variieren von Aufgaben in den
Förderprozess einbezogen werden?
Aus meiner Sicht gibt es dafür eine Reihe von Gründen (siehe auch *a.a.0.*
S. 12 ff.):

- die Kinder werden zum Fragen (oder zumindest zum Nachfragen)
  angeregt;
- durch einfache Variationen einer gelösten Aufgabe können die Kinder
  zu schwierigen, sie herausfordernden Problemen gelangen;

- Mathematik wird als lebendiger Prozess erlebt;
- das Erweitern und Variieren von Aufgaben fördert vernetztes Denken, es schafft Verbindungen zu früherem, anderem und späterem Wissen;
- es kann neue Denkanstöße beim Suchen nach Lösungen des Ausgangsproblems liefern;
- es macht den neuen Sachverhalt und seine Bedeutung erst wirklich bzw. in seiner vollen Tiefe einsichtig;
- es steigert Motivation und Interesse (zur Lösung eigener Fragen ist man mehr motiviert als zur Lösung von Fragen anderer, die die Antworten schon kennen);
- es stärkt die Selbstkompetenz des Kindes.

8.8.2 Weitere Beispiele

Beispiel 1: Zerlegung von 100
Zerlege die Zahl 100 so in zwei Summanden, dass Folgendes gilt: Dividiert man den ersten Summanden durch 5, so bleibt der Rest 2. Dividiert man den zweiten Summanden durch 7, so bleibt der Rest 4. Gib alle Lösungen an.

Lösung:
Die Lösungen sind:

$$12 + 88 = 100;$$
$$47 + 53 = 100;$$
$$82 + 18 = 100.$$

Man findet alle Lösungen, indem man z. B. alle als erster Summand (von 2 bis 92) in Frage kommenden Zahlen (2, 7, 12, 17 usw.) durchgeht, von 96 subtrahiert (siehe den Rest 4 beim zweiten Summanden) und überprüft, ob das Ergebnis durch 7 teilbar ist.

Variationsmöglichkeiten:
(1) Die Zahl 100 wird geändert.
(2) Die Anzahl der Summanden wird verändert, z. B. werden statt zwei drei Summanden genommen; dann muss natürlich noch eine weitere Bedingung ergänzt werden.

(3) Statt „Summanden" werden „Faktoren" genommen. Das Problem ist dann nicht lösbar. Ersetze 100 so, dass dieses Problem eine Lösung/ Lösungen besitzt.

(4) Eine der beiden Bedingungen oder beide werden variiert. Beispiel: Zerlege 100 so in zwei Summanden, dass der Rest 3 bleibt, wenn man den ersten Summanden durch 7 dividiert, und der Rest 5, wenn man den zweiten Summanden durch 11 dividiert.
Die einzige Lösung ist: 73 + 27 = 100.

(5) Kombinationen von (1) bis (4).

Beispiel 2: Einerziffer 7

a) Eine sechsstellige Zahl hat die Einerziffer 7. Wenn man diese Einerziffer streicht und den anderen Ziffern voranstellt, entsteht eine neue natürliche Zahl, die das Vierfache der alten ist. Um welche Zahlen handelt es sich?

b) Ändere die Problemstellung in a) in geeigneter Weise ab und löse deine selbstgestellt Aufgabe.
    (*Schupp 1999*)

Bei der arithmetisch-iterativen *Lösung* zu a) wird fortlaufend multipliziert: 4 · 7 = 28; notiere 8, merke 2; 4 · 8 = 32, 32 + 2 = 34, notiere 4, merke 3 usw.

$$7 \;\boxed{1}\;\boxed{7}\;\boxed{9}\;\boxed{4}\;\boxed{8}\;\diagdown\!7 \cdot 4$$
$$\leftarrow$$

So erkennt man, dass es sich um die Zahlen 179487 und 717948 handelt.

Folgende *Variationen* zur Lösung von Teilaufgabe b) sind denkbar:

(1) andere letzte Ziffern, z. B. (0 sei als erste Ziffer zugelassen)

$$\frac{0769\,2\boxed{3}\;\cdot 4}{307692}$$

(2) andere Multiplikatoren und andere Stellenzahl, z. B.

$$\frac{0886075949367\;\cdot\;\boxed{8}}{7088607594936}$$

(3) andere Stellenzahl des Schlusses, z. B.

208020050125313$\boxed{83}$ · 4 =

$\boxed{83}$ 2080200501253132

(4) andere Umstellungsrichtung, z. B.

$\boxed{1}$42857 · 3 = 42857$\boxed{1}$

8.9 Förderung der Raumvorstellung

8.9.1 Raumvorstellung, ihre Entwicklung und Beispiele zur Förderung ihrer Komponenten

Da wir in einer dreidimensionalen Welt leben, müssen wir uns ständig mit dieser unserer räumlichen Umgebung auseinandersetzen. Um uns in dieser Umwelt sicher bewegen zu können, brauchen wir Kenntnisse über und Erfahrungen mit räumliche(n) Verhältnisse(n) und Anordnungen. „Ein Zurechtfinden gelingt aber nur, wenn wir eine entsprechende Vorstellung von den räumlichen Gegebenheiten haben und Bewegungsvorgänge vor der Ausführung in Gedanken vollziehen können." (*Wölpert 1983*, S. 7) Diese Kenntnisse, Erfahrungen und Fähigkeiten werden üblicherweise unter einem der Begriffe „Raumvorstellung", „räumliches Vorstellungsvermögen" oder „Raumanschauung" zusammengefasst.

„Raumvorstellung kann umschrieben werden als die *Fähigkeit, in der Vorstellung räumlich zu sehen und räumlich zu denken.* Sie geht über die *räumliche Wahrnehmung* durch die Sinne hinaus, indem sie nicht nur ein Registrieren der Sinneseindrücke, sondern ihre gedankliche Verarbeitung voraussetzt. So entstehen Bilder der wirklichen Gegenstände in unserer Vorstellung, die auch ohne das Vorhandensein der realen Objekte verfügbar werden. Raumvorstellung beschränkt sich dabei nicht darauf, solche Bilder im Gedächtnis zu speichern und bei Bedarf abzurufen. Dazu kommen muss die Fähigkeit, mit diesen Bildern aktiv umzugehen, sie gedanklich umzuordnen und neue Bilder aus vorhandenen vorstellungsmäßig zu ent-

wickeln. Neben Gedächtnisfunktionen spielen also auch Einbildungskraft und Kreativität bei der Raumvorstellung eine Rolle." (*a.a.O.*, S. 9)

Nicht nur in der Mathematik (hier vor allem in der Geometrie) benötigt man eine gut ausgeprägte Raumvorstellung. In vielen Berufen ist sie eine wichtige Voraussetzung: bei Flugzeug-Piloten, bei Architekten und Bauingenieuren, bei künstlerischen Berufen (Malern, Bildhauern, Designern), bei Medizinern (Chirurgen, Neurologen, ...), bei technischen Berufen (Ingenieuren, Konstrukteuren, Modellbauern, Automechanikern, Elektrikern, ...), bei naturwissenschaftlichen Berufen (Physikern, Chemikern, Biologen, ...) usw.

Die Raumvorstellung wird mit zunehmendem Alter von der Raumwahrnehmung immer weniger abhängig. Der Umgang mit räumlichen Objekten in der Vorstellung und der Umgang mit Beziehungen zwischen ihnen wird immer besser. Dieser Prozess des Abstrahierens wird beim erwachsenen Menschen schließlich „gesättigt". Nach *Bloom 1971* „sind bis zum 9./10. Lebensjahr rund 50 % und bis zum 12. – 14. Lebensjahr rund 80 % der Raumvorstellungsfähigkeit (gemessen an den Leistungen von Erwachsenen) entwickelt" (zit. nach *Rost 1977*, S. 47). Die Kurve der Raumvorstellung weist im Vergleich zu den Entwicklungskurven anderer Primärfaktoren der Intelligenz zwischen 7 und 13 Jahren einen relativ steilen Anstieg auf (siehe Abbildung 8.20).

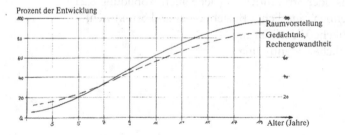

Abb. 8.20 Entwicklung der Raumvorstellung (nach *Wölpert 1983*, S. 11)

Im Regelfall haben mathematisch begabte Grundschulkinder auch im Bereich der Raumvorstellung einen erheblichen Entwicklungsvorsprung gegenüber gleichaltrigen („normal begabten") Kindern. Ich habe 8- bis 10-jährige Kinder erlebt, die vielen Erwachsenen im Bereich der Raumvorstellung weit überlegen waren, insbesondere was die Schnelligkeit des Erfassens räumlicher Strukturen und Beziehungen betrifft. Diese Kinder haben keinen allzu großen Förderbedarf mehr im Bereich des räumlichen Vorstellungsvermögens. Wenn ein Kind alle in diesem Abschnitt 8.9 vorgestellten acht Aufgaben vollständig richtig löst, dürfte es zu dieser Gruppe gehören und sollte eher in anderen Bereichen der Mathematik gefördert werden. Andererseits bin ich auch Kindern mit beachtlichen mathematischen Fähigkeiten begegnet, deren räumliches Vorstellungsvermögen vergleichsweise wenig entwickelt war. Mit diesen sollten natürlich entsprechende Fördermaßnahmen durchgeführt werden. Denn viele Untersuchungen zeigen, dass die Fähigkeit der Raumvorstellung gefördert werden kann (vgl. z. B. *Rost 1977*, S. 101 ff.). „Allerdings ist es fraglich, ob durch ein zeitlich begrenztes Training mehr erreicht werden kann als ein kurzfristiger Erfolg. Nachhaltige Effekte sind nur zu erwarten, wenn die Förderung über einen längeren Zeitraum [...] erfolgt." (*Wölpert 1983*, S. 12)

Das Komponenten-Modell der Raumvorstellung von *Besuden* haben Sie bereits im Abschnitt 3.3 kennen gelernt. Hier werde ich nun noch ein anderes Modell vorstellen (zu weiteren siehe *Maier 1999* und *Franke 2000*), welches auf *Thurstones* Drei-Faktoren-Hypothese beruht: das Modell von *Merschmeyer-Brüwer. Merschmeyer-Brüwer (2003)* unterscheidet beim Raumvorstellungsvermögen drei grundsätzlich verschiedene Prozesse mentalen Bewegens oder Strukturierens (siehe auch Abbildung 8.21):

- Erkennen räumlicher Beziehungen und Strukturen,
- räumliche Visualisierung,
- räumliche Orientierung.

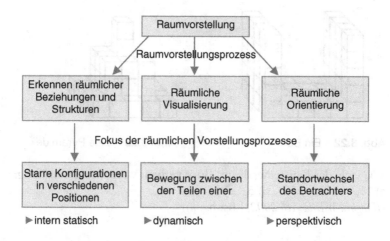

Abb. 8.21 Raumvorstellungsvermögen, aufgeschlüsselt nach den Vorstellungsprozessen (*Merschmeyer-Brüwer 2003*, S. 6)

Im Folgenden werden die einzelnen Komponenten kurz erläutert und zu jeder Komponente zwei passende Beispielaufgaben präsentiert (siehe *a.a.O.*, S. 7ff.).

Erkennen räumlicher Beziehungen und Strukturen

Bei den Vorstellungsprozessen zum Erkennen räumlicher Beziehungen und Strukturen sollen räumliche Konfigurationen von Objekten oder Teilen davon und ihre Beziehungen untereinander richtig erfasst werden. Die Körper bzw. Figuren bleiben dabei in ihren Teilen unbewegt („intern statisch", siehe Abbildung 8.21).

Beispiel 1: Pyramidenbau

Die jüngere Schwester von Marc baut aus lauter gleichen Holzwürfeln ein „Boot" (siehe Abbildung 8.22). Später reißt sie es ein und baut daraus eine Pyramide (siehe Abbildung 8.23).

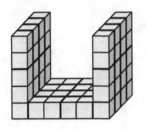
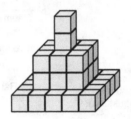

Abb. 8.22 Ein Boot   **Abb. 8.23** Eine Pyramide

Wie viele der Bausteine, die im Boot verbaut waren, sind nun übrig?
a) 11, b) 9, c) 12, d) 5, e) 3.
(*Känguru-Wettbewerb 2002*, Lösung: a))

Beispiel 2: Gleiche Körper
Auf drei bzw. zwei der Bilder in Abbildung 8.24 sind jeweils gleiche
Körper zu sehen. Welche sind die drei, welche die zwei Bilder?

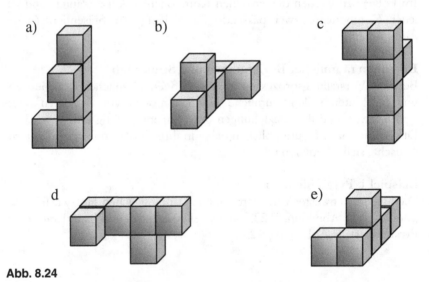

Abb. 8.24

(*Känguru-Wettbewerb 2001*, Lösung: a), b), d) bzw. c), e))

Räumliche Visualisierung

Bei räumlichen Visualisierungsprozessen werden Körper oder Figuren intern in ihren einzelnen Teilen bewegt oder einzelne Teile werden gedanklich in Beziehungen zueinander gesetzt oder manipuliert. Solche Prozesse unterscheiden sich demnach von solchen des Erkennens räumlicher Beziehungen und Strukturen durch dynamisches Bewegen von Teilen innerhalb einer Konfiguration.

Beispiel 3: Würfelnetz

Nur einer der fünf dargestellten Würfel passt zum Netz (siehe Abbildung 8.25).
Welcher Würfel ist es?

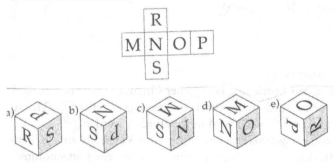

Abb. 8.25   Würfelnetz

(*Känguru-Wettbewerb 1999*, Lösung: e))

Beispiel 4: Augenzahlen bei Spielwürfeln

Bei einem Spielwürfel ist die Summe der Augenzahlen auf einander gegen-überliegenden Flächen stets 7, d. h. der 6 gegenüber liegt die 1, der 5 die 2 und der 4 die 3.

Ein Spielwürfel ist auf einem Spielfeld abgelegt, wie in Abbildung 8.26 dargestellt. Er wird in Pfeilrichtung – jeweils über eine Kante – über das Spielfeld abgerollt. Wie viele Punkte sind auf der oberen Würfelfläche zu sehen, wenn der Würfel in dem Feld mit dem * liegt?

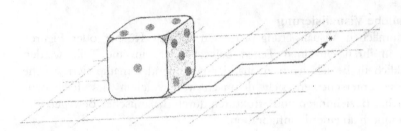

Abb. 8.26 Würfel auf Spielfeld

a) 5, b) 1, c) 4, d) 3,
e) eine der beiden anderen Möglichkeiten.
(*Känguru-Wettbewerb 2001*, Lösung: a))

Räumliche Orientierung
Typische Beispiele zur Förderung räumlicher Orientierungsprozesse sind Aufgaben, in denen Zuordnungen von Ansichten gegebener Objekte zu Standorten bezüglich der Objektanordnung gefordert werden.
„Räumliche Orientierungsprozesse sind [...] – im Vergleich zum Erkennen räumlicher Beziehungen – durch die Einbeziehung eines angenommenen Betrachters in eine vorgegebene Gesamtkonfiguration gekennzeichnet. Sie verlangen vom Betrachter die richtige Einordnung der eigenen Person in einen vorgegebenen räumlichen Bezugsrahmen." (*Merschmeyer-Brüwer 2003*, S. 9)

Beispiel 5: Verschiedene Perspektiven

Zeichne die Ansichten von vorn, von rechts und von oben. Unterscheide dabei auch weiße und graue Quadrate.

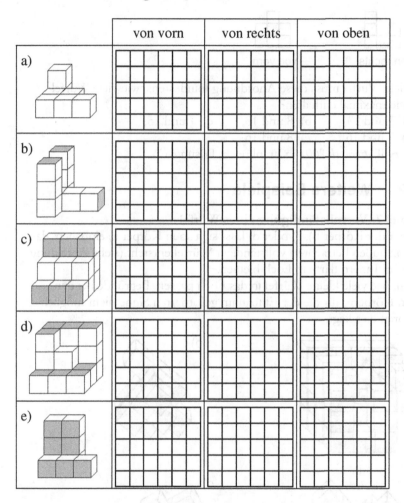

Abb. 8.27 Würfelanordnungen (nach *Lorenz 2006*, S. 77.1)

Beispiel 6: Würfelanzahl eines Körpers

Abgebildet sind die Ansichten einer Anordnung aus Holzwürfeln, und zwar die Seitenansicht von rechts und die Frontansicht von vorn.

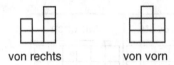

von rechts   von vorn

Wie viele Würfel muss diese Anordnung mindestens, wie viele Würfel kann sie maximal enthalten?

a) 7 und 13,   b) 8 und 13,   c) 7 und 15,
d) 7 und 16,   e) 8 und 16.

(*Känguru-Wettbewerb 2001* in Frankreich, Lösung: e))

8.9.2   Weitere Beispiele

Beispiel 7: Vervollständigung eines Würfels

Welcher der Körper b), c) oder d) lässt sich so in Körper a) einbauen, dass ein (von außen betrachtet) vollständiger Würfel entsteht (siehe Abbildung 8.28)? Im Innern darf ein Loch bleiben.

Gib an, wie viele kleine Würfel in das Loch passen. Begründe bei den beiden Körpern, für die der Einbau im geforderten Sinne nicht möglich ist, woran dies liegt.

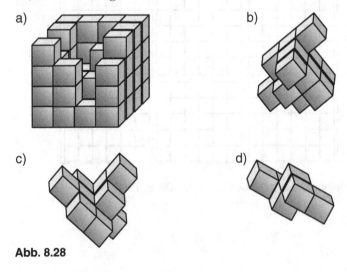

a)   b)

c)   d)

Abb. 8.28

Lösung: Der Körper c) lässt sich so in den Körper a) einbauen, dass dieser (von außen betrachtet) einen vollständigen Würfel ergibt. Im Innern bleibt dann ein Loch, in das zwei kleine Würfel passen.
Beim Körper b) stört der kleine Würfel rechts unten. Körper d) eignet sich nicht dazu, Körper a) oben zu schließen.

Beispiel 8: Körpernetz
Zeichne ein Netz des in Abbildung 8.29 dargestellten Körpers (Maße in cm).

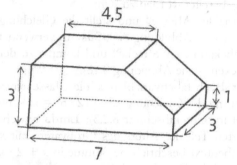

Abb. 8.29 Körpernetz

Kommentar: Die Kinder müssen sich bei dieser Aufgabe überlegen, an welchen Kanten der Körper derart aufzuschneiden ist, dass ein entsprechendes Netz entsteht.
Bei einer Fläche des Körpers (Rechteck, Abschrägung) ist eine Seitenlänge nicht explizit gegeben. Deshalb ist bei einer maßgerechten Darstellung des Netzes darauf zu achten, dass entweder das Aufschneiden des Körpers so erfolgt, dass bei der Abwicklung sich das Maß der betreffenden Seite ergibt, oder das fehlende Maß ist von den betreffenden Seitenflächen des Körpers zu übertragen (Zirkel oder Messen mit dem Lineal).

Weitere 26 Aufgaben zur Förderung des räumlichen Vorstellungsvermögens finden Sie bei *Bardy/Hrzán 2005/2006.* Dort werden zunächst ebene Probleme gestellt, dann welche, die die Ebene und den Raum verbinden, und schließlich solche, die sich ganz im Raum abspielen.

8.10 Der Beginn algebraischen Denkens

8.10.1 Einige Fallbeispiele

An mehreren Stellen in diesem Buch wurde bereits über 8- bis 10-jährige Grundschulkinder berichtet, die vorgelegte Problemstellungen mit Hilfe der Einführung von Variablen und eventueller anschließender (algebraischer) Umformungen von Gleichungen gelöst haben, ohne vorher in ihren Förderprojekten darauf vorbereitet worden zu sein:

- **Sarah** benutzt die Wortvariable „Menge" und stellt die Gleichung „7 Mengen = 56 Vögel" auf (siehe Abbildung 8.6); **Susann** verwendet bei ihrem Problem die Unbekannte „1 Strecke" und kommt zu der Gleichung 180 sm = 9 Strecken (siehe Abbildung 8.18).

- **Isolde** bezeichnet mit der Buchstabenvariablen x die Masse eines Sacks Kartoffeln und startet mit der Gleichung $x5 - (12 \cdot 5) = x5 - 60 = x2$ (siehe das 6. Beispiel im Unterabschnitt 8.2.3); **Linda** ist sehr pfiffig, bezeichnet den vierten Teil des Alters des Großvaters mit x und übersetzt die im Aufgabentext beschriebene Summe in $x + 2 \cdot x + 4 \cdot x = 7 \cdot x$ (siehe 3. Beispiel der Einführung).

- **Lara** beschreibt eine zweistellige Zahl durch ab, wobei a und b für Ziffern stehen, und entnimmt dem Aufgabentext die Beziehung $ab \cdot ab = 4 \cdot ba$,

- mit deren Hilfe sie weiter argumentiert (siehe Unterabschnitt 8.4.2).

- **Georg** erfindet selbst eine Aufgabe, in der zwei Buchstabenvariablen vorkommen und bei der die entsprechende Gleichung unendlich viele Lösungspaare besitzt (siehe 4. Beispiel der Einführung).

Es ist nicht zu vermuten, dass alle genannten Kinder selbstständig auf die Verwendung von Variablen gekommen sind. Sie werden irgendwann davon gehört haben, vielleicht von den Eltern oder Großeltern, Geschwistern oder Lehrern. Bemerkenswert ist allerdings, dass die weitere Bearbeitung der aufgestellten Gleichungen intuitiv richtig erfolgt. Wie das teilweise unkonventionelle Vorgehen belegt (siehe die Lösungswege von Isolde und Linda), haben die Kinder offensichtlich noch keine elementare Algebra „gelernt", wie sie in der Sekundarstufe I üblich ist, sondern gehen ihre eigenen Wege.

Bevor Empfehlungen im Blick auf Fördermaßnahmen ausgesprochen werden und Möglichkeiten und Grenzen ausgelotet werden, möchte ich noch auf zwei weitere Kinder eingehen:

Beispiel Anton (10 Jahre)
In einer Kreisarbeitsgemeinschaft hat Anton folgende Aufgabe bearbeitet[16]:
Ein reicher Athener ließ zu einem Gastmahl 13 Ochsen und 31 Schafe im Gesamtwert von 166 Drachmen schlachten. Ein Ochse kostete ihn 6 Drachmen mehr als ein Schaf.
Wie viele Drachmen zahlte er für ein Schaf?

Anton machte folgenden algebraischen Ansatz:
$$13\,O + 31\,S = 166 \qquad O = 6 + S$$
(Dabei bezeichnete er offensichtlich mit O den Preis in Drachmen für einen Ochsen und mit S den Preis in Drachmen für ein Schaf.)
Er rechnete in der folgenden Weise weiter:
$$13 \cdot (S+6) + 31\,S = 166$$
$$13 \cdot S + 13 \cdot 6 + 31 \cdot S = 166$$
$$44 \cdot S + 78 = 166$$
$$44 \cdot S = 88$$
$$S = 2$$
Bemerkenswert an Antons Vorgehensweise sind das Einsetzen eines Terms (6+S) in eine Variable (O) und (vor allem) die richtige Anwendung des Distributivgesetzes der Multiplikation bezüglich der Addition, wobei eine Variable auftritt. Diese Fähigkeiten gehen über das hinaus, was man bei Kindern in den mir bekannten Fördergruppen im Allgemeinen erwarten kann. (Man könnte an dieser Stelle einwenden, dass doch auch Linda bei ihrer Rechnung $x + 2 \cdot x + 4 \cdot x = 7 \cdot x$ das Distributivgesetz angewandt habe. Dies ist zwar objektiv richtig, subjektiv dürfte sie hier jedoch mit x wie mit einer Größe gerechnet haben.)

Beispiel Erik (9; 05 Jahre)
Über ein Kind mit außergewöhnlichen algebraischen Fähigkeiten berichtet *Fritzlar (2006*, S. 31f.).
Es ging um folgende Aufgabe:

---

[16] mündliche Mitteilung von E. Sefien

„Wie viele Würfel werden gebraucht, um den abgebildeten Turm zu bauen?
Wie viele Würfel werden für einen derartigen Turm benötigt, der (in der Mitte) 10 Würfel hoch ist?
Wie viele Würfel werden für einen noch höheren Turm gebraucht?"

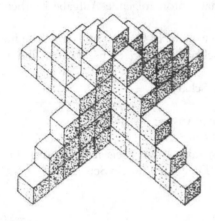

Abb. 8.30 Würfelturm (*a.a.O.*)

Die Fragen wurden „innerhalb weniger Minuten" (*a.a.O.*) von Erik bearbeitet. Er arbeitete mit Variablen. Der Umgang mit ihnen war für ihn selbstverständlich.

„Später präsentierte er den anderen Teilnehmern seine Ergebnisse:
Wenn b die Höhe des Turmes ist, dann gilt:

$b - 1 = x \quad (x \cdot b) : 2 = n \quad n \cdot 4 = y$

$y + b = a$

und a ist dann immer das richtige Ergebnis."
(*a.a.O.*)

Verblüffend ist nicht nur, wie souverän Erik hier mit immerhin fünf Variablen umgeht, sondern auch mit welcher Selbstverständlichkeit er die Formel

$$1 + 2 + 3 + \ldots + x = [x \cdot (x + 1)] : 2$$

verwendet (erinnert sei an das Vorgehen von Gauß im Falle x = 100).
(Nicht unerwähnt sei, dass Erik mittlerweile Preisträger der Bundesmathematikolympiade war.)

8.10.2 Möglichkeiten und Grenzen der Förderung algebraischen Denkens

Bei den Überlegungen zu Möglichkeiten und Grenzen in der Förderung algebraischen Denkens bei 8- bis 10-jährigen begabten Kindern sollten wir uns nicht von Antons und Eriks überragenden Fähigkeiten leiten lassen, sondern eher von den gezeigten Leistungen der anderen hier erwähnten Kinder.

Die meisten Kinder in Fördermaßnahmen verwenden mit Freude (und teilweise auch mit Stolz) Variable – gelegentlich auch Terme und Formeln – als Mittel zur allgemeinen Darstellung von Sachverhalten. Sie setzen dabei Variable ein, um Probleme zu lösen (siehe Sarah, Susann, Isolde und Linda), um sich mitzuteilen, zu kommunizieren (siehe Georg und Erik), zum allgemeinen Argumentieren/Begründen/Beweisen (siehe Lara) und zum Explorieren, d.h. um allgemeine Einsichten für spezielle Situationen zu gewinnen (siehe Erik). Diese Gelegenheiten sollten wir den Kindern nicht vorenthalten, allerdings darauf achten, dass sie im Regelfall nicht überfordert werden. Die Grenzen liegen vor allem darin, dass spezielle algebraische Gesetze (z.B. das Distributivgesetz) den meisten „unserer" Kinder nicht präsent sind. Ich halte auch nichts davon, diese Gesetze zu thematisieren und bereits elementare algebraische Inhalte einzuüben. Dies geschieht im normalen Mathematikunterricht der Sekundarstufe I.

Um Möglichkeiten und Grenzen algebraischen Denkens bei 8- bis 10-jährigen begabten Kindern aufzuzeigen, folgen nun noch drei weitere Beispiele. Für besonders günstig halte ich Aufgaben, die ohne algebraische Ansätze gelöst werden können, aber andererseits die Einführung einer (oder mehrerer) Variablen geradezu provozieren.

Beispiel Warenlager
In jedem von fünf Regalen eines Warenlagers befindet sich die gleiche Anzahl Konservendosen. Entnimmt man jedem Regal 48 Dosen, so bleiben insgesamt so viele Dosen übrig, wie vorher zusammen in drei Regalen waren.
Wie viele Konservendosen befanden sich anfangs in jedem Regal?

Diese Aufgabe dürften einige Kinder mit Hilfe der Einführung einer Variablen lösen können, etwa in der folgenden Weise:
x sei die Anzahl der Konservendosen, die sich anfangs in jedem Regal befanden. Dann gilt:

$$(x - 48) + (x - 48) + (x - 48) + (x - 48) + (x - 48) = 3x$$
$$5x - 5 \cdot 48 = 3x$$
$$5x - 240 = 3x$$
$$2x = 240$$
$$x = 120$$

Also waren anfangs in jedem Regal 120 Konservendosen.

Beispiel Zahlenbeziehungen
Gesucht sind vier Zahlen, für die gilt: Die erste Zahl ist doppelt so groß wie die zweite; die zweite Zahl ist um 5 größer als die dritte; die vierte Zahl ist um 7 größer als die erste; die Summe der vier Zahlen beträgt 62.

Auch diese Aufgabe dürften einige Kinder durch Verwendung einer Variablen bewältigen können, etwa in der folgenden Weise:
z sei die zweite Zahl. Dann lassen sich die anderen Zahlen so darstellen:
1. Zahl: $2 \cdot z$
3. Zahl: $z - 5$
4. Zahl: $2 \cdot z + 7$
Und es gilt: $2 \cdot z + z + (z - 5) + (2 \cdot z + 7) = 62$, also:

$$6 \cdot z + 2 = 62$$
$$6 \cdot z = 60$$
$$z = 10$$

Die vier gesuchten Zahlen sind demnach:
20; 10; 5 und 27.

Beispiel Schafherde
Vermehrt ein Schäfer seine Herde um 23 Schafe, dann hat er doppelt so viele Tiere zu betreuen, als wenn er 27 Schafe zum Schlachten gibt.
Wie viele Schafe umfasst seine Herde?

Versucht ein Kind hier – statt eine Tabelle anzulegen und systematisch zu probieren – einen Gleichungsansatz, so dürfte es so vorgehen:
x sei die Anzahl der Schafe in der Herde. Dann gilt:

$$x + 23 = 2 \cdot (x - 27)$$

An dieser Stelle dürften dann einige Kinder nicht weiterkommen, da ihnen das Distributivgesetz der Multiplikation bezüglich der Subtraktion nicht vertraut ist.

Deshalb sollte vor der Präsentation von Aufgaben, die die Einführung von Variablen provozieren sollen, genau überlegt werden, auf welche Hindernisse die Kinder stoßen könnten.

8.11 Von einzelnen Aufgaben zu Problemfeldern

In diesem Abschnitt möchte ich anhand von zwei Beispielen aufzeigen, wie mathematisch begabte Grundschulkinder, ausgehend von einer vorgegebenen Aufgabenstellung, umfangreiche Problemfelder[17] (hier „Primzahlen" und „Summenzahlen") sich weitgehend selbstständig erschließen können. Dieses Konzept beruht darauf, „Forschungssituationen im elementarmathematischen Bereich zu simulieren" (*Kießwetter 2006*, S. 130).

Bei den folgenden Erfahrungsberichten stütze ich mich auf Erlebnisse in vier Kinderakademien und einer „Auswertungsveranstaltung" eines Korrespondenzzirkels (Problemfeld „Primzahlen") bzw. auf Erlebnisse in drei Kinderakademien (Problemfeld „Summenzahlen"). In beiden Fällen war der Ausgangspunkt eine Aufgabe, die – nach Einzel- bzw. Partnerarbeit – in der gesamten Fördergruppe besprochen wurde.

Ein kurzer Theorieteil schloss sich an, in dem entweder ein spezielles Verfahren thematisiert (hier „Sieb des Eratosthenes") oder eine Definition (hier „Summenzahl") erarbeitet wurde (unter Einschluss von Beispielen und Gegenbeispielen). Dann sollten die Kinder zu den jeweiligen Themen selbst Fragen formulieren. Diese wurden an die Tafel geschrieben (einschließlich des Namens des Kindes, welches die jeweilige Frage gestellt

---

[17] Unter einem „Problemfeld" verstehe ich eine Menge/eine Sammlung („in irgend einer Weise") zusammenhängender Probleme oder eine Folge aufeinander aufbauender Probleme. Der Zusammenhang kann z.B. durch einen Begriff (etwa „Primzahl") gestiftet sein. Die Einzelprobleme können (in Form einer Sammlung) von der Lehrkraft vorgegeben oder (besser) von den Lernenden selbst formuliert und zusammengetragen worden sein. (Im letzten Fall brauchen die Kinder in der Regel Hilfestellung bei der Frage, welche Probleme von ihnen eigenständig gelöst werden können bzw. angegangen werden sollten.)

hatte). Nachdem keine Fragen mehr auftauchten, wurden diejenigen Fragen ausgesondert, die von den Kindern sehr schnell beantwortet werden konnten, bzw. solche, deren Beantwortung für die Kinder aus meiner Sicht zu schwierig oder gar nicht möglich war. Die anderen Fragen wurden besonders gekennzeichnet. Nun bildeten die Kinder von sich aus Arbeitsgruppen („Forschergruppen"), die die Bearbeitung jeweils einer speziellen gewählten Frage in Angriff nahmen. Dabei kam es durchaus vor, dass zwei Arbeitsgruppen ein und dieselbe Fragestellung wählten. Nach der Bearbeitung (die z.T. mehr als fünf Stunden dauerte) durften die Gruppen ihre Ergebnisse vorstellen.

8.11.1 Das Problemfeld „Primzahlen"

Nachdem der Begriff „Primzahl" geklärt war (eine natürliche Zahl, die ungleich 1 ist und sich nicht als Produkt zweier kleinerer natürlicher Zahlen darstellen lässt bzw. die genau zwei Teiler hat) und auch Beispiele und Gegenbeispiele genannt worden waren, wurde folgende Aufgabe als Ausgangspunkt genommen (siehe auch Abschnitt 5.2):
a) Wie viele Primzahlen liegen zwischen 10 und 20?
b) Wie viele Primzahlen liegen zwischen 20 und 30?
c) Wie viele Primzahlen können zwischen zwei aufeinander folgenden Zehnerzahlen immer nur höchstens liegen?

Die Fragen a) und b) wurden sehr schnell beantwortet, und auch Begründungen zur richtigen Lösung 4 bei c) ließen nicht lange auf sich warten.

Dann kamen schon Fragen der Kinder, z. B. von Lea: Wie viele Primzahlen gibt es bis 100?
Dies war für mich Anlass, das Sieb des Eratosthenes vorzustellen, und zwar wegen der bereits aus der Ausgangsaufgabe gewonnenen Erkenntnisse in verkürzter Form. Nicht alle Zahlen bis 100 müssen notiert werden, alle geraden Zahlen (außer 2) brauchen nicht notiert zu werden und auch solche nicht mit der Endziffer 5 (außer 5 selbst). In dem folgenden Schema erscheinen deshalb ab 11 nur Zahlen mit den Endziffern 1, 3, 7 oder 9:

	2	3	5	7	9̸
11		13		17	19
2̸1̸		23		2̸7̸	29
31		3̸3̸		37	3̸9̸
41		43		47	4̸9̸
5̸1̸		53		5̸7̸	59
61		6̸3̸		67	6̸9̸
71		73		7̸7̸	79
8̸1̸		83		8̸7̸	89
9̸1̸		9̸3̸		97	9̸9̸

Darauf wurden die in diesem Schema noch vorhandenen Vielfachen von 3 (siehe ╱ , außer 3 selbst) und die auch dann noch vorkommenden Vielfachen von 7 (siehe ╲ , außer 7 selbst) gestrichen. Außerdem wurde begründet, dass Vielfache weiterer Zahlen (z. B. von 11) nicht mehr gestrichen werden brauchen ($11 \cdot 11 = 121$ und $121 > 100$). Die nun verbleibenden Zahlen sind alle Primzahlen bis 100.
Die Antwort auf Leas Frage ist also 25.

Nun wurden die Fragen der Kinder gesammelt. Es folgt eine inhaltlich geordnete Auswahl der Kinderfragen. Zu den Fragen sind jeweils die Namen der Fragesteller und kurze Kommentare für die Leserin/den Leser notiert.

- Kann es sein, dass zwischen zwei aufeinander folgenden Zehnerzahlen keine Primzahl liegt? (Mandy; Antwort: ja, zum ersten Mal zwischen 200 und 210)
- Wie viele Primzahlen können zwischen zwei Zehnerzahlen höchstens liegen, deren Differenz 30 ist? (Johanna; Übungsaufgabe für Sie)
- Kann es sein, dass zwischen zwei aufeinander folgenden Hunderterzahlen mehr als 20 Primzahlen liegen? (Fabienne; Antwort: ja, zwischen 100 und 200 liegen 21 Primzahlen)
- Welche Zahl ist die 50. Primzahl? (Simon; Antwort später)
- Wie viele Primzahlen gibt es von 1 bis 1000? (Peter; Antwort: 168)
- Gibt es mehr als 200 Primzahlen? (Tom und Dennis; Antwort später)
- Welche Zahl ist die kleinste Primzahl größer als 1000? (Jan Niklas; Antwort später)
- Gibt es eine Primzahl, die größer als 1 000 000 ist? (Stephanie; Antwort später)

- Wie viele Primzahlen liegen zwischen 1 000 000 und 1 000 000 000? (Marvin; Antwort: 50 769 036)
- Wie viele Primzahlen gibt es? (Kevin; Antwort: unendlich viele, hat bereits Euklid vor mehr als 2000 Jahren bewiesen)
- Wie viele Primzahlen mit der Endziffer 7 gibt es? (Samir; Antwort: unendlich viele)
- Wie lautet die größte (derzeit bekannte) Primzahl? (Galan; Recherche im Internet zu empfehlen, Stand am 21.10.2006: $2^{32582657}$-1, eine Zahl mit 9808358 Stellen, die 44. sog. „Mersennesche Primzahl")
- Wie viele Primzahlzwillinge gibt es? (Karsten; der Begriff „Primzahlzwilling" war vorher erklärt worden, Problem noch nicht gelöst)
- Gibt es Primzahldrillinge oder Primzahlvierlinge? (Thomas; Beispiel für einen Drilling: (5|7|11), Beispiel für einen Vierling: (11|13|17|19))
- Wie viele Primzahlzwillinge gibt es mit Primzahlen, die kleiner als 100 sind? (Anne-Sophie; Antwort: 8)
- Gibt es von einer Hunderterzahl zur nächsten immer weniger Primzahlen? (Malik; Antwort: nein)
- In welchen Abständen treten die Primzahlen auf? (Anne-Sophie; Untersuchung von Kindern später)
- Wie groß ist der größte Zwischenraum zwischen zwei Primzahlen? (Anna; Antwort: beliebig groß, den „größten Zwischenraum" gibt es nicht)
- Gibt es ein Muster, das alle Nicht-Primzahlen bis 100 erfasst? (Anne-Sophie; Antwort: ja, Erkenntnis durch Anwendung des Siebes des Eratosthenes auf die in sechs Spalten angeordneten Zahlen von 1 bis 102)
- Gibt es eine Regel, mit der man Primzahlen finden kann? (Galan; Antwort: ja, mit dem Term $f(x) = x^2 - 79x + 1601$ erhält man für x = 0 bis x = 79 achtzigmal Primzahlen, allerdings jeweils zweimal dieselbe; andererseits existiert kein Polynom $P(x) = a_n x^n + ... + a_1 x + a_0$ vom Grad $n \geq 1$ mit $a_i \in \mathbb{Z}$, das für alle $x \in \mathbb{Z}$ Primzahlwerte annimmt, siehe *Padberg 1996*, S. 81)
- Ist die Differenz von zwei Primzahlen immer auch eine Primzahl? (Anne-Sophie; Antwort: nein, Beispiel: 3 – 2 = 1 oder 11 – 7 = 4)
- Kann die Summe von zwei Nicht-Primzahlen eine Primzahl sein? (Tabea; Antwort: ja, siehe 4 + 9 = 13)

■ Wie lautet die Primfaktorzerlegung von 1268? (Tabea; Antwort: 1268 = $2^2 \cdot 317$, der Begriff „Primfaktorzerlegung" war vorher erklärt worden, siehe auch die Verbindung zum Problemfeld „Summenzahlen")

Es folgen nun die Untersuchungsergebnisse einzelner Arbeitsgruppen. Den Text habe ich inhaltlich nicht geändert (auch nicht, wenn Fehler vorgekommen sind), allerdings sprachlich für die Leserin/den Leser „freundlicher" gestaltet:

Welche Zahl ist die 50. Primzahl?
(gestellt von Simon; bearbeitet von Dennis, Simon und Tom)

Wir haben das Sieb des Eratosthenes benutzt, um alle Primzahlen bis 269 herauszufinden. D. h. wir haben folgende Tabelle gemacht:

2	3	5	7
11	13	17	19
21	23	27	29
31	33	37	39

usw. bis

261	263	267	269

Und alle Vielfachen von 3 (außer 3 selbst), von 7, von 11 und von 13 haben wir gestrichen.
(Schluss bei 13 wegen $13 \cdot 13 = 169 < 269$ und $17 \cdot 17 = 289 > 269$)
Danach haben wir bis zur 50. Primzahl gezählt.

Ergebnis: Die 50. Primzahl ist 229.

Gibt es mehr als 200 Primzahlen?
(gestellt von Tom und Dennis; bearbeitet von Christian, Christina und Thomas)

Als Hilfe hat uns Herr Bardy gesagt, dass es bis 1200 insgesamt 196 Primzahlen gibt.
Wir haben weiter untersucht: 1201 ist die 197. Primzahl.1202, 1203 (durch 3 teilbar), 1204, 1205, 1206, 1207 (durch 17 teilbar), 1208, 1209 (durch 3 teilbar), 1210, 1211 (durch 7 teilbar), 1212 sind keine Primzahlen (Achtung: 11 Zahlen hintereinander, darunter keine Primzahl).

1213 ist die 198. Primzahl.
1214, 1215, 1216 sind natürlich keine Primzahlen.
1217 ist die 199. Primzahl.

⋮

1223 ist die 200. Primzahl.

⋮

1229 ist die 201. Primzahl.

Ergebnis: Es gibt mehr als 200 Primzahlen

Welche Zahl ist die kleinste Primzahl größer als 1000?
(gestellt von Jan Niklas; bearbeitet von Florian, Jan Niklas und Marco)

Wir haben herausgefunden, dass 1001 keine Primzahl ist (1001 : 7 = 143).
Wir brauchten 1002, 1004, 1006 und 1008 nicht zu untersuchen, weil diese
Zahlen gerade sind. Außerdem ist 1005 durch 5 teilbar.
Als nächste Zahl haben wir uns 1003 vorgenommen: 1003 ist durch 17
teilbar (1003 : 17 = 59). Weiterhin gilt: 1007 ist durch 19 teilbar
(1007 : 19 = 53).
Wir haben dann 1009 durch alle Primzahlen, die kleiner oder gleich 31
sind, geteilt. Bei keiner dieser Divisionen ergab sich eine natürliche Zahl.

Ergebnis: 1009 ist die kleinste Primzahl, die größer als 1000 ist.

Gibt es eine Primzahl, die größer als 1 000 000 ist?
(gestellt von Stephanie; bearbeitet von Lucas 1, Lukas 2 und Niklas)

Herr Bardy hat uns als Hilfe eine Tabelle der Primzahlen von 1 bis 1000
gegeben.

Als erste Zahl haben wir 1 000 001 untersucht. Schnell haben wir herausgefunden, dass 1 000 001 keine Primzahl ist. Denn 1 000 001 ist durch
101 teilbar. Es gilt: 1 000 001 : 101 = 9901.

Als nächste Zahl haben wir uns 1 000 003 vorgenommen. Mit Hilfe von
Taschenrechnern haben wir folgende Rechnungen durchgeführt:

Lucas 1 hat 1 000 003 durch alle Primzahlen von 3 bis 400 dividiert, Lukas 2 hat diese Zahl durch alle Primzahlen von 400 bis 700 dividiert und Niklas hat 1 000 003 durch alle Primzahlen von 700 bis 1000 geteilt. Nie ergab die Division eine natürliche Zahl.

Ergebnis: Es gibt eine Primzahl, die größer als 1 000 000 ist,
z. B. 1 000 003.

In welchen Abständen treten die Primzahlen auf?
(gestellt von Anne-Sophie; bearbeitet von David, Etienne und Moritz)

Unser Vorgehen: Wir haben von Herrn Bardy eine Tabelle der ersten tausend Primzahlen erhalten. Wir selbst haben eine Tabelle angelegt mit den möglichen Abständen, die von einer Primzahl zur nächstgrößeren auftreten können.
Den Abstand 1 gibt es nur von der Primzahl 2 zur Primzahl 3. Alle anderen Abstände müssen mindestens 2 sein. Ungerade Abstände ab 3 können nicht auftreten, da die Differenz zweier ungerader Zahlen (Primzahlen ab 3 sind alle ungerade) immer gerade ist. Für die einzelnen Abstände haben wir jeweils Strichlisten gemacht. Wir mussten also 999 Striche machen, da wir 1000 Primzahlen hatten. Mit Hilfe unserer Tabelle haben wir folgende Entdeckungen gemacht:

- Die Abstände 2, 4, 6 kommen am häufigsten vor (bis 1000 Primzahlen jeweils mit einer Häufigkeit von mehr als 150).
- Bis zur 1000. Primzahl gibt es 169 Paare[18] von Primzahlen mit dem Abstand 2. Solche Paare nennt man *Primzahlzwillinge*.
- Auch die Abstände 8, 10 und 12 kommen häufig vor (jeweils mehr als 50mal). Die Abstände 24, 26, 28, 30 und 32 kommen nur selten vor[19].
- Der größte Abstand ist 34. Zwischen 1327 und 1361 liegen keine Primzahlen. Das heißt: Die 33 Zahlen 1328, 1329, 1330, ..., 1358, 1359, 1360 sind keine Primzahlen. Es liegt hier also eine Lücke in der Primzahlenfolge mit 33 Zahlen vor.
- Die 1000. Primzahl lautet 7919.
- Der Primzahlzwilling mit den größten Zahlen in diesem Bereich ist (7877/7879).

---

[18] richtig: 174 Paare
[19] 24 stimmt nicht.

8.11.2 Das Problemfeld „Summenzahlen"

Startaufgabe:
Begründe durch Zusammenfassen von jeweils zwei Summanden, dass
55+56+57+...+69+...+81+82+83=2001 und
6+7+8+...+34+35+...+61+62+63=2001 gilt.
Es gibt weitere fünf Summen aufeinander folgender natürlicher Zahlen,
die alle die Zahl 2001 darstellen.
Finde vier davon.

Definition: Eine Zahl heißt *Summenzahl*[20] genau dann, wenn sie als Summe
aufeinander folgender natürlicher Zahlen geschrieben werden kann.

Beispiele:
$$3 = 1 + 2$$
$$5 = 2 + 3$$
$$6 = 1 + 2 + 3$$
$$7 = 3 + 4$$
$$9 = 4 + 5 = 2 + 3 + 4$$

Gegenbeispiele:
4
8

Nach der Beschäftigung mit der Startaufgabe, der Definition für den
Begriff „Summenzahl" sowie Beispielen und Gegenbeispielen hatten die
Kinder Gelegenheit, Fragen, Vermutungen und Behauptungen zu formu-
lieren. Hier eine Auswahl:

■ Ist 8326 eine Summenzahl? (Tabea; Antwort: ja;

(a) $8326 = 2 \cdot 23 \cdot 181$,

$8326 = 2080 + 2081 + 2082 + 2083$,

$8326 = 351 + 352 + ... + 372 + 373$,

$8326 = 45 + 46 + ... + 135 + 136$)

■ Wie viele Summenzahlen gibt es von 1 bis 100? (Galan; Antwort: 93)

■ Welche Zahl ist die größte Summenzahl, die kleiner als 10 000 000 ist?
(Tabea; Antwort: 9 999 999)

---

[20] Das Wort „Summenzahl" ist mir erstmalig bei *Fritzlar 2005* begegnet.

- Wie viele Summenzahlen gibt es? (Roman) Dazu Vermutung von Samuel: Es gibt unendlich viele Summenzahlen.
- Ist jede Primzahl ab 3 eine Summenzahl? (Anne-Sophie; Antwort: ja)
- Behauptung: Jede ungerade Zahl ab 3 ist eine Summenzahl. (Hanna; Beweis siehe später)
- Lässt sich keine gerade Zahl als Summenzahl mit zwei Summanden darstellen? (Johannes; Untersuchung siehe später)
- Vermutung: Bei 1 beginnend, erhält man jeweils durch Verdoppeln (1; 2; 4; 8; 16; 32; 64 usw.) immer Zahlen, die keine Summenzahlen sind. (Maximilian; Vermutung richtig)
- Vermutung: Je höher man in den Zahlenraum geht, desto größer ist die Lücke von einem Gegenbeispiel zum nächsten. (Johannes; Vermutung richtig)
- Vermutung: Unter den Zahlen mit der Endziffer 6 ist jede siebzehnte Zahl eine Summenzahl. (Niklas; „Forschungsfrage" für die Leserin/den Leser)
- Ist 500 eine Summenzahl? Wenn ja, wie viele Möglichkeiten gibt es, sie als Summenzahl darzustellen? (Hanna; Untersuchung später)
- Ist 1 000 930 eine Summenzahl? Und wenn ja, wie viele Möglichkeiten gibt es, sie darzustellen? (Johannes; Untersuchung später)
- Vermutung: Die Anzahl der Darstellungen einer Zahl als Summenzahl ist gleich der Anzahl der ungeraden Teiler ungleich 1 dieser Zahl. (Alexander und Anne-Sophie; Vermutung richtig, dieser Satz wurde erst um 1850 formuliert und bewiesen, Satz von Sylvester)
- Wie viele Summenzahlen haben 15 Summanden? (Hanna; dazu Vermutung von Johannes: Davon gibt es unendlich viele.)
- Wie viele Summenzahlen bis 2 000 000 gibt es, die sich sowohl mit 2 als auch mit 3 Summanden schreiben lassen? (Johannes; Übungsaufgabe für die Leserin/den Leser)

Die folgenden Ausarbeitungen stammen von einzelnen Gruppen einer Kinderakademie und wurden Eltern, Großeltern und Gästen am Schlusstag präsentiert. Beachten Sie den Gebrauch der Wörter „Forschergruppe" und „Forschungsfrage". (Die Einteilung in Frage, Behauptung und Beweis wurde von mir empfohlen.)

Forschergruppe: Johannes K., Lukas, Niklas
Forschungsfrage 1: Ist die folgende Behauptung von Hanna richtig?
Ab 3 sind alle ungeraden Zahlen Summenzahlen.
Behauptung: Der Satz ist richtig.
Beweis: Von der ungeraden Zahl rechnet man die Hälfte aus. Es ist jedes Mal etwas mit ,5. Dieses ,5 muss einmal weggenommen werden und einmal dazugetan werden. Wenn das gemacht ist, hat man die zwei Zahlen, die addiert werden müssen. Also ist jede ungerade Zahl ab 3 eine Summenzahl.

Forschergruppe: Andreas, Willibald, Benedikt
Forschungsfrage 2: **Ist 500 eine Summenzahl? Wenn ja, wie viele Möglichkeiten gibt es, sie als Summenzahl darzustellen?**
Antwort: 500 ist eine Summenzahl.
Wir haben viel ausprobiert und folgende Darstellungen gefunden:

$$500 = 98 + 99 + 100 + 101 + 102$$
(5 Summanden)
$$500 = 59 + 60 + 61 + 62 + 63 + 64 + 65 + 66$$
(8 Summanden)
$$500 = 8 + 9 + 10 + ... + 20 + ... + 30 + 31 + 32$$
(25 Summanden)

Wir vermuten, dass 500 als Summenzahl nur diese 3 Darstellungen besitzt. Beweisen können wir das allerdings nicht.

Forschergruppe: Oliver, Roman, Samuel W.
Forschungsfrage 3 (von Johannes F.): **Lässt sich keine gerade Zahl als Summenzahl mit 2 Summanden darstellen?**
Behauptung: Es gibt keine gerade Zahl, die sich als Summenzahl mit 2 Summanden schreiben lässt.
Beweis: Kommen bei einer Summenzahl 2 Summanden vor, so ist einer davon gerade, der andere ungerade. Die Summe einer geraden und einer ungeraden Zahl ist aber immer ungerade. Deshalb kann die Summenzahl bei 2 Summanden nicht gerade sein.

Forschergruppe: Samuel S., Johannes F., Hanna
Forschungsfrage 4: **Ist 1 000 930 eine Summenzahl? Und wenn ja, wie viele Möglichkeiten gibt es, sie als Summenzahl darzustellen?** (von Johannes F.)
Bearbeitung:
Als erstes haben wir die Zahl 1 000 930 durch 2 geteilt. Nimmt man das Ergebnis 500 465 und addiert 1 dazu, so hat man zwei aufeinander folgende Zahlen, deren Summe allerdings um 1 zu groß ist. Addiert man 500 464 und 500 465, so ist das Ergebnis um 1 zu klein, 1 000 930 ist also keine Summenzahl mit 2 Summanden.
Dann haben wir systematisch mit 3, 4, 5, 6 und 7 Summanden probiert und sind zu folgendem Ergebnis gekommen:

$$1\ 000\ 930 = 250\ 231 + 250\ 232 + 250\ 233 + 250\ 234$$
$$(4\ \text{Summanden})$$
$$1\ 000\ 930 = 200\ 184 + 200\ 185 + 200\ 186 + 200\ 187 + 200\ 188$$
$$(5\ \text{Summanden})$$
$$1\ 000\ 930 = 142\ 987 + 142\ 988 + 142\ 989 + 142\ 990 + 142\ 991 +$$
$$142\ 992 + 142\ 993$$
$$(7\ \text{Summanden})$$

Da wir bis dahin schon viel gerechnet hatten, haben wir Herrn Bardy gefragt, ob wir jetzt alle weiteren Möglichkeiten von Summandenanzahlen (8, 9 usw.) auch noch ausprobieren müssten oder ob es eine einfachere Methode gebe.
Herr Bardy hat uns gesagt, dass die Anzahl der Summanden mit der Primfaktorzerlegung von 1 000 930 zu tun habe.
Dann hat er uns diese genannt: $1\ 000\ 930 = 2 \cdot 5 \cdot 7 \cdot 79^* \cdot 181$.
Die 2 hat zu tun mit den 4 Summanden, die wir schon gefunden haben: $1\ 000\ 930 : 4 = 250\ 232{,}5$. Aus der letzten Zahl ist die erste Darstellung entstanden:
$1\ 000\ 930 = 250\ 231 + 250\ 232 + 250\ 233 + 250\ 234$.
Außer den Summandenanzahlen 5 und 7 kommen noch folgende Summandenanzahlen in Frage:
$4 \cdot 5 = 20$, $4 \cdot 7 = 28$, $5 \cdot 7 = 35$, 79, 181, $4 \cdot 79 = 316$, $5 \cdot 79 = 395$, $7 \cdot 79 = 553$, $4 \cdot 181 = 724$, $5 \cdot 181 = 905$, $7 \cdot 181 = 1267$

Also müsste es demnach insgesamt 14 Darstellungen[21] von 1 000 930 als Summenzahl geben.

Hinweis: Kein Kind ist auf die Idee gekommen, den Satz von Sylvester mit Hilfe von Punktmustern an Beispielen zu veranschaulichen. Da ich die Kinder gewähren lassen wollte, habe ich auch nicht darauf hingewiesen.

---

[21] Die Kinder haben in der Aufzählung $4 \cdot 5 \cdot 7 = 140$ vergessen. Deshalb gibt es nicht 14, sondern 15 Darstellungen.

9 Schlussbemerkungen

In diesem Buch konnte ich nicht auf alle Fragen und Probleme eingehen, die sich auf die Diagnostik und Förderung mathematisch begabter Grundschulkinder beziehen. Der Blick war gerichtet auf diejenigen Kinder, die mathematisch begabt sind und dies auch bereits während ihrer Grundschulzeit durch entsprechende Leistungen belegen. Bisher nicht erwähnt wurden z.B. die sog. hoch begabten „Underachiever" („Minderleister" oder „Leistungsversager"). Außerdem erfolgen hier noch ein paar Anmerkungen zum Mathematikunterricht mit allen Kindern.

Allgemein nennt man Schülerinnen und Schüler, die trotz nachgewiesener relativ hoher Intelligenz in der Schule keine überdurchschnittlichen oder sogar unter dem Durchschnitt liegende Leistungen zeigen, **Underachiever**. „Hinsichtlich der exakten Definition dieser Personengruppe besteht jedoch kein Konsens." (*Holling/Kanning 1999*, S. 63) Eine allgemein akzeptierte Schwelle, von der ab der Begriff „Underachiever" verwendet wird, ist in der einschlägigen Literatur nicht auszumachen.

Rost und *Hanses* (siehe *Rost/Hanses 1997* und *Hanses/Rost 1998*) haben versucht, den Begriff „hoch begabte Underachiever" zu präzisieren. Folgt man ihrer Festlegung (IQ-Prozentrang $\geq$ 96 und Schulleistungs-Prozentrang $\leq$ 50), so gehören nur etwa 12 % aller Hochbegabten (hier des Marburger Hochbegabtenprojekts, siehe *Rost/Hanses 1997*, S. 170) zu dieser Gruppe. Auch wenn dies nur eine kleine Minderheit ist, muss jede Grundschullehrkraft damit rechnen, im Laufe ihrer langen Unterrichtstätigkeit solchen Kindern zu begegnen und sich auf diese einstellen zu müssen.

Nach *Mönks/Ypenburg 2005* und *Glaser/Brunstein 2004* sind folgende Verhaltensmerkmale und Erfahrungen bei hoch begabten Underachievern auffällig:

- äußere Kontrollüberzeugung, d.h. die Kinder sind überzeugt, dass das eigene Verhalten hauptsächlich von außen festgelegt ist;
- geringe Konzentrationsfähigkeit im Unterricht und bei den Hausaufgaben;
- geringe Ausdauer bei schulrelevanten Aufgaben;
- negatives schulisches Selbstkonzept;
- im Vergleich zu den Mitschülerinnen und -schülern geringes Lerntempo;
- große Mühe beim Aneignen von schriftlichem Lernstoff;
- Vermeidung anspruchsvoller Aufgaben;
- Entmutigung bei neuen und komplexen Aufgaben;
- Desinteresse an schulrelevanten Fertigkeiten (z.B. am Lesen);
- Defizite in Lernstrategien;
- Ausreden als Entschuldigung für unerledigte Aufgaben;
- negatives Urteil über die Lehrerinnen und Lehrer sowie über die Schule;
- geringe Schulmotivation;
- Unzufriedenheit über die eigenen Lerngewohnheiten und die erreichten Resultate;
- zu viele außerschulische Aktivitäten auf Kosten der Hausaufgaben;
- zu hohe Erwartungen der Mitschülerinnen und -schüler bezüglich der Leistungsfähigkeit dieser Kinder;
- häufig wiederkehrende Behauptungen der Lehrerinnen und Lehrer, dass die schulischen Leistungen unter den tatsächlichen Möglichkeiten liegen;
- Unzufriedenheit der Eltern wegen der vergleichsweise schlechten schulischen Leistungen;
- Prüfungsangst;
- geringes soziales Selbstvertrauen;
- Gefühl der Nicht-Akzeptanz durch die Klassenkameraden.

Butler-Por 1993 nennt eine Reihe von Risikofaktoren, die dazu führen können, dass hoch begabte Kinder keine außergewöhnlichen Leistungen zeigen:

- nicht erwünschtes bzw. bewusst oder unbewusst abgelehntes Kind;
- Kind geschiedener Eltern;
- Kind mit sehr hoher Kreativität;
- weibliches Geschlecht;

■ Zugehörigkeit zu einer ethnischen Minderheit/Unterricht nicht in der Muttersprache/bildungsferne Familie;

■ physische, mentale und/oder emotionale Behinderungen oder Störungen, bei den mentalen Störungen z.b. Teilleistungsschwächen (auch Lese-Rechtschreib-Schwäche kann bei hoch begabten Kindern auftreten).

Wer sich einen kurzen Überblick über hoch begabte Underachiever verschaffen will, sei auf *Butler-Por 1993* oder *Peters et al. 2000* verwiesen. Über ein Interventionsprogramm berichtet *Whitmore (1980)*. Liegt die Vermutung nahe, dass ein Grundschulkind ein hoch begabter Underachiever sein könnte, sollte die Lehrkraft/ die Schule einen Psychologen zu Rate ziehen. (Ab einem Alter von 10 bis 12 Jahren muss von einer Stabilisierung des Underachievement-Syndroms ausgegangen werden. Um einer Chronofizierung entgegenzuwirken, sollten Interventionen früher einsetzen; zu Interventionen siehe auch *Glaser/Brunstein 2004*.)

Im Mathematikunterricht der Grundschule in Deutschland müsste m.E. das (mathematische) Problemlösen stärker als bisher gepflegt werden (siehe dazu insbesondere den Abschnitt 8.2). Nur so dürfte es möglich sein, den Anteil der **Kompetenzstufe V** bei deutschen Schülerinnen und Schülern (Problemlösen bei Aufgaben mit innermathematischem oder außermathematischem Kontext, Testwerte über 650 Punkte, Anteil bei der IGLU-E-Erhebung 2001: 6,5 %) zu erhöhen. Da bei den Mädchen der Anteil der Kompetenzstufe V (5,5 %) erheblich niedriger als bei den Jungen (7,5 %) ist, sollte im oberen Leistungsbereich „durch Förderung der Mädchen versucht werden, eine größere Leistungshomogenität bezüglich der Geschlechter zu erzielen" (*Bos et al. 2003*, S. 219).

Aus meiner Sicht können einzelne Vorschläge, die in diesem Buch für die Zwecke der Förderung mathematisch begabter Grundschulkinder gemacht wurden, auch für den **Mathematikunterricht mit allen Kindern** fruchtbringend aufgegriffen werden. Ich denke dabei insbesondere an den Einsatz heuristischer Hilfsmittel, an einzelne Strategien zum Lösen mathematischer Probleme, an das Erkennen von Mustern und Strukturen, an das Erweitern und Variieren von Aufgaben sowie an die Förderung der Raumvorstellung. Dieser Band bietet auch Hilfen bzw. Anregungen zur Einlösung der **Bildungsstandards** im Fach Mathematik für den Primarbereich (siehe *KMK 2004*), vor allem zu den allgemeinen mathematischen

Kompetenzen „Problemlösen", „Kommunizieren", „Argumentieren" und „Darstellen" sowie zu der inhaltsbezogenen mathematischen Kompetenz „Muster und Strukturen".

Literatur

Ahlbrecht, K.: Hochleistungsfähige Kinder in der Grundschule. Entwicklung und Evaluation eines Förderkonzepts. Bad Heilbrunn 2006 (Dissertation an der TU Braunschweig 2004)

Amelang, M./Bartussek, D.: Differentielle Psychologie und Persönlichkeitsforschung. Stuttgart ⁴1997

Anderson, J.R.: Kognitive Psychologie. Heidelberg 2001

Apel, K.-O.: Begründung. In: Seiffert, H./Radnitzky, G. (Hrsg.): Handlexikon zur Wissenschaftstheorie. München 1989, S. 14-19

Ausubel, D.P.: Psychologie des Unterrichts. Band 1. Band 2. Weinheim 1974

Bardy, P.: Eine Aufgabe – viele Lösungswege. In: Grundschule 34 (2002a), H. 3, S. 28-30

Bardy, P.: Mathematische Korrespondenzzirkel für Viertklässler – Ziele, Inhalte, Erfahrungen. In: Sache-Wort-Zahl 30 (2002b), H. 49, S. 54-58

Bardy, P.: Aufgaben zur Förderung mathematisch leistungsstarker Viertklässler – Ziele und Erfahrungen. In: Ruwisch, S./Peter-Koop, A. (Hrsg.): Gute Aufgaben im Mathematikunterricht der Grundschule. Offenburg 2003, S. 182-195 ·

Bardy, P./Bardy, T.: Eine Zählaufgabe für Viertklässler – viele Lösungsideen. In: Grundschulunterricht 51 (2004), H. 2, S. 35-39

Bardy, P./Hrzán, J.: Zur Förderung begabter Dritt- und Viertklässler in Mathematik. In: Peter-Koop ²2002a, S. 7-24

Bardy, P./Hrzán, J.: Förderung mathematisch leistungsstarker Dritt- und Viertklässler. In: Die Grundschulzeitschrift 16 (Dez. 2002b), H. 160, S. 18-20, 45-49

Bardy, P./Hrzán, J.: Aufgaben für kleine Mathematiker, mit ausführlichen Lösungen und didaktischen Hinweisen. Köln, 1. Auflage 2005, 2. Auflage 2006

Bardy, P./Hrzán, J.: Projekte zur Förderung besonders leistungsfähiger Grundschulkinder an der Universität Halle-Wittenberg. In: Bauersfeld/Kießwetter 2006, S. 10-16

Bardy, P. et al.: Mathematische Eigenproduktionen leistungsstarker Grundschulkinder. In: Mathematische Unterrichtspraxis 20 (1999), H. 4, S. 12-19

Bauersfeld, H.: Mathematische Lehr-Lern-Prozesse bei Hochbegabten – Bemerkungen zu Theorie, Erfahrungen und möglicher Förderung. In: Journal für Mathematik-Didaktik 14 (1993), H. 3/4, S. 243-267

Bauersfeld, H.: Theorien zum Denken von Hochbegabten. Bemerkungen zu einigen neueren Ansätzen und Einsichten. In: mathematica didactica 24 (2001), H. 2, S. 3-20

Bauersfeld, H.: Das Anderssein der Hochbegabten. Merkmale, frühe Förderstrategien und geeignete Aufgaben. In: mathematica didactica 25 (2002), H. 1, S. 5-16

Bauersfeld, H.: Hochbegabungen. Bemerkungen zu Diagnose und Förderung in der Grundschule. In: Baum/Wielpütz 2003, S. 67-90

Bauersfeld, H.: Interpretation zur Primzahl-Aufgabe (P. Bardy). Bielefeld 2004, unveröffentlichtes Manuskript

Bauersfeld, H.: Versuch einer Zusammenfassung der Erfahrungen. In: Bauersfeld/Kießwetter 2006, S. 82-91

Bauersfeld, H./Kießwetter, K. (Hrsg.): Wie fördert man mathematisch besonders befähigte Kinder? Offenburg 2006

Baum, M./Wielpütz, H. (Hrsg.): Mathematik in der Grundschule. Ein Arbeitsbuch. Seelze 2003

Beer, U./Erl, W.: Entfaltung der Kreativität. Tübingen 1972

Besuden, H.: Raumvorstellung und Geometrieverständnis. In: Mathematische Unterrichtspraxis 20 (1999), H. 3, S. 1-10

Bezirkskomitee Chemnitz zur Förderung mathematisch-naturwissenschaftlich begabter und interessierter Schüler: Aufgabensammlung für Arbeitsgemeinschaften – Klasse 4. Chemnitz o. J.

Bezirkskomitee Chemnitz zur Förderung mathematisch-naturwissenschaftlich begabter und interessierter Schüler: Aufgabensammlung für Arbeitsgemeinschaften – Klasse 5. Chemnitz o. J.

Blüher, A.: Begabte Grundschulkinder bearbeiten anspruchsvolle mathematische Probleme – Transkripte zu Videodokumentationen und Interpretationsversuche. Wissenschaftliche Hausarbeit für das Lehramt an Grundschulen. Halle 2004

Bock, H./Borneleit, P.: Logisches Denken – Einige Gedanken über ein altes Ziel und seine Verfolgung im Mathematikunterricht. In: Flade/Herget 2000, S. 59-68

Bösel, R.M.: Denken. Ein Lehrbuch. Göttingen 2001

Bos, W. et al. (Hrsg.): Erste Ergebnisse aus IGLU. Schülerleistungen am Ende der vierten Jahrgangsstufe im internationalen Vergleich. Münster et al. 2003

Brander, S. et al.: Denken und Problemlösen: Einführung in die kognitive Psychologie. Opladen 1985

Brinck, Ch.: Anders von Anfang an. In: Die Zeit Nr. 10/2005 (03.03.05)

Bruder, R.: Möglichkeiten und Grenzen von Kreativitätsentwicklung im gegenwärtigen Mathematikunterricht. In: Beiträge zum Mathematikunterricht 1999, S. 117-120

Bruder, R.: Kreativ sein wollen, dürfen und können. In: mathematik lehren, Juni 2001, Nr. 106, S. 46-50

Bruder, R.: Lernen, geeignete Fragen zu stellen. Heuristik im Mathematikunterricht. In: mathematik lehren, Dez. 2002, Nr. 115, S. 4-8

Bruder, R./Müller, H.: Heuristisches Arbeiten im Mathematikunterricht beim komplexen Anwenden mathematischen Wissens und Könnens. In: Mathematik in der Schule 28 (1990), H. 12, S. 876-886

Bruns, W.: 6. Marc – wie lernt man Lernen? In: Peter-Koop/Sorger 2002, S. 90-105

Büchter, A./Leuders, T.: Mathematikaufgaben selbst entwickeln. Lernen fördern – Leistung überprüfen. Berlin 2005

Bürger, H.: Zur Entwicklung allgemeiner mathematischer Fähigkeiten. Teil 2: Argumentieren und exaktes Arbeiten im Mathematikunterricht. In: Mathematik in der Schule 36 (1998), H. 11, S. 585-589

Bundesministerium für Bildung und Forschung (BMBF): Ein Ratgeber für Elternhaus und Schule. Begabte Kinder finden und fördern. Bonn 2003

Bund-Länder-Kommission für Bildungsplanung und Forschungsförderung (BLK): Begabtenförderung – ein Beitrag zur Förderung von Chancengleichheit in Schulen. Bonn 2001 (Materialien zur Bildungsplanung und Forschungsförderung, Heft 91)

Butler-Por, N.: Underachieving Gifted Students. In: Heller et al. 1993, pp. 649-668

Cabe, D.K.: An unfinished story about the genesis of maleness. In: HHMI Bulletin 13(2000), No. 3, pp. 20-25

Caesar, S.G.: Über Kreativitätsforschung. In: Psychologische Rundschau 32 (1981), S. 83-102

Cattell, R.B.: Die empirische Erforschung der Persönlichkeit. Weinheim 1973

Chauvin, R.: Die Hochbegabten. Bern/Stuttgart 1979 (Übers. aus dem Französischen) (Schriftenreihe Erziehung und Unterricht; H. 23)

Cropley, A.J.: Kreativität als integraler Bestandteil der Hochbegabung. In: Wagner, H. (Hrsg.): Begabungsforschung und Begabtenförderung in Deutschland 1980-1990-2000. Bad Honnef 1990, S. 67-75

Czeschlik, T.: Temperamentsfaktoren hochbegabter Kinder. In: Lebensumweltanalyse hochbegabter Kinder (Ergebnisse der Pädagogischen Psychologie, Band 11). Göttingen 1993, S. 139-158

Davis, P.J./Hersh, R.: Erfahrung Mathematik. Basel 1986 (Übers. aus dem Amerikanischen)

Denk, F.: Bedeutung des Mathematikunterrichtes für die heuristische Erziehung. In: Der Mathematikunterricht (MU) 10 (1964), H. 1, S. 36-57

Deutsche Gesellschaft für das hochbegabte Kind e.V. (Hrsg.): Hochbegabung und Hochbegabte. Eine Informationsbroschüre für Eltern und Lehrer. Hamburg [3]1984

Devlin, K.: Muster der Mathematik. Ordnungsgesetze des Geistes und der Natur. Heidelberg 1997 (Übers. aus dem Amerikanischen)

Devlin, K.: Das Mathe-Gen. München 2003 (Übers. aus dem Amerikanischen)

Dörner, D.: Problemlösen als Informationsverarbeitung. Stuttgart 1976

Donaldson, M.: Wie Kinder denken. Bern 1982

Dreyfus, T.: Was gilt im Mathematikunterricht als Beweis? In: Beiträge zum Mathematikunterricht 2002, S. 15-22

Drösser, Ch.: Das bittere Ende der Logik. In: Die Zeit Nr. 18/2006 (27.04.06)

Duncker, K.: Zur Psychologie des produktiven Denkens. Berlin et al. 1935

Edelmann, W.: Lernpsychologie. Weinheim 1996

Ey-Ehlers, C.: Hochbegabte Kinder in der Grundschule – eine Herausforderung für die pädagogische Arbeit unter besonderer Berücksichtigung von Identifikation und Förderung. Stuttgart 2001

Facaoaru, C.: Kreativität in Wissenschaft und Technik. Bern 1985

Fast, M.: Mathematische Leistung und intellektuelle Fähigkeiten. Integrative Begabungsförderung bei Sechs- bis Zehnjährigen. Wien 2005

Feger, B.: Hochbegabung. Chancen und Probleme. Bern et al. 1988

Feynman, R.: What is Science? In: The Physics Teacher 9/1969, pp. 313-320

Flade, L./Herget, W. (Hrsg.): Mathematik Lehren und Lernen nach TIMSS. Anregungen für die Sekundarstufen. Berlin 2000

Flade, L./Walsch, W.: Zum Beweisen im Mathematikunterricht. In: Flade/Herget 2000, S. 25-30

Frahm, J.: Mit Kilogauß ins menschliche Gehirn. Anatomie, Stoffwechsel und Funktion. In: Gauß-Gesellschaft e.V. Göttingen, Mitteilungen Nr. 37. Göttingen 2000, S. 3-16

Franke, M.: Didaktik der Geometrie. Heidelberg/Berlin 2000

Freudenthal, H.: Mathematik – eine Geisteshaltung. In: Grundschule 14 (1982), H. 4, S. 140-142

Fritzlar, T.: Die „Matheasse" in Jena – Erfahrungen zur Förderung mathematisch interessierter Grundschulkinder. In: Mathematikinformation (Zeitschrift von Begabtenförderung Mathematik e.V.) Nr. 43 (2005), S. 16-38

Fritzlar, T.: Die „Matheasse" in Jena – ein Projekt zur Förderung mathematisch interessierter und (potenziell) begabter Grundschüler. In: Bauersfeld/Kießwetter 2006, S. 27-36

Fritzlar, T.: Wie können mathematisch begabte Schülerinnen und Schüler im mittleren Schulalter gefördert werden? Erscheint 2007 im Band des Bildungskongresses „Individuelle Förderung: Begabungen entfalten – Persönlichkeit entwickeln" (27. - 30.09.06 an der Universität Münster)

Fuchs, M.: Vorgehensweisen mathematisch potentiell begabter Dritt- und Viertklässler beim Problemlösen. Empirische Untersuchungen zur Typisierung spezieller Problembearbeitungsstile. Berlin 2006 (Schriftenreihe des ICBF Münster/Nijmegen, Band 4), Dissertation

Gagné, F.: Understanding the Complex Choreography of Talent Development through GMGT-Based Analysis. In: Heller et al. 2000, pp. 62-79

Gardner, H.: Frames of Mind. The theory of multiple intelligences. New York 1983 – Dt. Abschied vom IQ. Die Rahmentheorie der vielfachen Intelligenzen. Stuttgart 1991

Glaser, C./Brunstein, J.C.: Underachievement. In: Lauth, G. et al. (Hrsg.): Interventionen bei Lernstörungen. Förderung, Training und Therapie in der Praxis. Göttingen 2004, S. 24-33

Goldberg, E.: Streitend das Begründen lernen. In: mathematik lehren, Jan. 2002, Nr. 110, S. 9-11

Goswami, U.: Analogical Reasoning in Children. Hove 1992

Greeno, J.G.: A study of problem solving. In: Glaser, R. (Ed.): Advances in Instructional Psychology, Vol. I. Hillsdale (N.Y.) 1978

Guilford, J.P.: Creativity. In: American Psychologist 5 (1950), pp. 444-454

Guilford, J.P.: Personality. New York 1959 – Dt. Persönlichkeit. Weinheim ³1965

Haas, N.: Das Extremalprinzip als Element mathematischer Denk- und Problemlöseprozesse. Untersuchungen zur deskriptiven, konstruktiven und systematischen Heuristik. Hildesheim/Berlin 2000 (Dissertation)

Haase, K./Mauksch, P.: Spaß mit Mathe. Leipzig et al. 1983

Hadamard, J.: An Essay On The Psychology of Invention in the Mathematical Field. Princeton 1949

Hanses, P./Rost, D.H.: Das «Drama» der hochbegabten Underachiever – «Gewöhnliche» oder «außergewöhnliche» Underachiever? In: Zeitschrift für Pädagogische Psychologie 12 (1998), H. 1, S. 53 -71

Hany, E.A.: Modelle und Strategien zur Identifikation hochbegabter Schüler. Dissertation, LMU München 1987

Hany, E.A.: Kreativität: Zufall, Mut und Strategie? Vortrag für den Regionalverband Bonn der Deutschen Gesellschaft für das hochbegabte Kind e.V., gehalten am 9. Januar 1999

Hartkopf, W.: Umriß eines systematischen Aufbaus der heuristischen Methodentheorie. In: Der Mathematikunterricht (MU) 10 (1964), H. 1, S. 16-35

Hasemann, K.: Anfangsunterricht Mathematik. Heidelberg 2003

Hasemann, K. et al.: Denkaufgaben für die 1. und 2. Klasse. Berlin 2006

Hefendehl-Hebeker, L./Hußmann, S.: 3.3 Beweisen – Argumentieren. In: Leuders 2003, S. 93-106

Heilmann, K.: Begabung, Leistung, Karriere. Die Preisträger im Bundeswettbewerb Mathematik 1971-1995. Göttingen et al. 1999 (Dissertation)

Heinbokel, A.: Überspringen von Klassen (Schriftenreihe Hochbegabte, Band 1). Münster 1996

Heinze, A.: Lösungsverhalten mathematisch begabter Grundschulkinder – aufgezeigt an ausgewählten Problemstellungen (Schriftenreihe Begabungsforschung des ICBF Münster/Nijmegen, Band 3). Münster 2005 (Dissertation)

Helbig, P.: Begabung im pädagogischen Denken. Ein Kernstück anthropologischer Begründung von Erziehung. Weinheim/München 1988

Heller, K.A.: Zielsetzung, Methode und Ergebnisse der Münchner Längsschnittstudie zur Hochbegabung. In: Psychologie in Erziehung und Unterricht 37 (1990), H. 2, S. 85-100

Heller, K.A.: Zur Rolle der Kreativität in Wissenschaft und Technik. In: Psychologie und Erziehung im Unterricht 39 (1992), S. 133-148

Heller, K.A.: Begabtenförderung – (k)ein Thema in der Grundschule? In: Grundschule 28 (1996), H. 5, S. 12-14

Heller, K.A. (Hrsg.): Begabungsdiagnostik in der Schul- und Erziehungsberatung. Bern et al. ²2000

Heller, K.A. (Hrsg.): Hochbegabung im Kindes- und Jugendalter. Göttingen 2001

Heller, K.A./Hany, E.A.: Psychologische Modelle der Hochbegabtenförderung. In: Weinert, F.E. (Hrsg.): Psychologie des Lernens und der Instruktion. Göttingen 1996, S. 477-514

Heller, K.A./Perleth, Ch. (Hrsg.): Münchner Hochbegabungs-Testsystem (MHBT). Göttingen 2000

Heller, K.A./Perleth, Ch.: Münchner Hochbegabungstestbatterie für die Primarstufe (MHBT-P). Göttingen 2007

Heller, K.A. et al. (Eds.): International Handbook of Research and Development of Giftedness and Talent. Oxford et al. 1993

Heller, K.A. et al. (Eds.): International Handbook of Giftedness and Talent, 2nd edition. Amsterdam et al. 2000

Heller, K.A. et al.: Hochbegabung im Grundschulalter. Erkennen und Fördern. Münster 2005

Hentig, H. von: Kreativität. Hohe Erwartungen an einen schwachen Begriff. München/Wien 1998

Hesse, H.: Unterm Rad. Frankfurt 1972

Heymann, H.W.: Allgemeinbildung und Mathematik. Weinheim/Basel 1996

Holling, H./Kanning, U.P.: Hochbegabung. Forschungsergebnisse und Fördermöglichkeiten. Göttingen et al. 1999

Holling, H. et al.: Intelligenzdiagnostik. Göttingen et al. 2004

Hoyenga, K.: Gender Related Differences. Boston 1993

Hrzán, J./Peter-Koop, A. (Hrsg.): Mathematisch besonders begabte Grundschulkinder. Einstellungen, Kenntnisse und Erfahrungen von Lehrerinnen und Lehrern sowie Studierenden. Münster 2001 (ZKL-Texte Nr. 12)

Hüther, G./Krenz, I.: Das Geheimnis der ersten neun Monate. Unsere frühesten Prägungen. Düsseldorf 2005

Ifrah, G.: Universalgeschichte der Zahlen. Frankfurt/New York ²1991 (Übers. aus dem Französischen)

Käpnick, F.: Mathematisch begabte Kinder. Modelle, empirische Studien und Förderungsprojekte für das Grundschulalter. Frankfurt a. M. et al. 1998 (Greifswalder Studien zur Erziehungswissenschaft, Band 5)

Käpnick, F.: Mathe für kleine Asse. Empfehlungen zur Förderung mathematisch interessierter und begabter Kinder im 3. und 4. Schuljahr. Berlin 2001

Käpnick, F.: Mathematisch begabte Grundschulkinder: Besonderheiten, Probleme und Fördermöglichkeiten. In: Peter-Koop ²2002, S. 25-40

Käpnick, F./Fuchs, M. (Hrsg.): Mathe für kleine Asse. Handbuch für die Förderung mathematisch interessierter und begabter Erst- und Zweitklässler. Berlin 2004

Kašuba, R.: Was ist eine schöne mathematische Aufgabe oder was soll es sein. In: Beiträge zum Mathematikunterricht 2001, S. 340-343

Keil, R./Pellegrino, J.W.: Human Intelligence. New York 1985 – Dt. Menschliche Intelligenz. Heidelberg 1988

Kießwetter, K.: Modellierung von Problemlöseprozessen – Voraussetzungen und Hilfe für tiefergreifende didaktische Überlegungen. In: Der Mathematikunterricht (MU) 29 (1983), H. 3, S. 71-101

Kießwetter, K.: Die Förderung von mathematisch besonders begabten und interessierten Schülern – ein bislang vernachlässigtes sonderpädagogisches Problem. In: Der Mathematisch-Naturwissenschaftliche Unterricht (MNU) 38 (1985), H. 5, S. 300-306

Kießwetter, K.: » Mathematische Begabung « – über die Komplexität der Phänomene und die Unzulänglichkeiten von Punktbewertungen. In: Der Mathematikunterricht (MU) 38 (1992), H. 1, S. 5-18

Kießwetter, K.: Können Grundschüler schon im eigentlichen Sinne mathematisch agieren – und was kann man von mathematisch besonders begabten Grundschülern erwarten, und was noch nicht? In: Bauersfeld/Kießwetter 2006, S. 128-153

Kilpatrick, J./Radatz, H.: How teachers might make use of research on problem solving. In: Zentralblatt für Didaktik der Mathematik (ZDM) 15 (1983), H. 3, S. 151-155

Kirsch, A.: Beispiele für „prämathematische Beweise". In: Dörfler, W./Fischer, R. (Hrsg.): Beweisen im Mathematikunterricht. Wien/Stuttgart 1979, S. 261-274

KMK: Bildungsstandards im Fach Mathematik für den Primarbereich. Beschlüsse der Kultusministerkonferenz vom 15.10.2004

Knipping, K. et al.: Dialoge in Klagenfurt I – Perspektiven empirischer Forschung zum Beweisen, Begründen und Argumentieren im MU. In: Beiträge zum Mathematikunterricht 2002, S. 271-274

König, H.: Einige für den Mathematikunterricht bedeutsame heuristische Vorgehensweisen. In: Der Mathematikunterricht (MU) 38 (1992), H. 3, S. 24-38

König, H.: Welchen Beitrag können Grundschulen zur Förderung mathematisch begabter Schüler leisten? In: Mathematikinformation (Zeitschrift der Begabtenförderung Mathematik e.V.) Nr. 43 (2005), S. 39-60

Krummheuer, G.: Wie wird Mathematiklernen im Unterricht der Grundschule zu ermöglichen versucht? – Strukturen des Argumentierens in alltäglichen Situationen des Mathematikunterrichts der Grundschule. In: Journal für Mathematik-Didaktik 24 (2003), H. 2, S. 122-138

Krutetskii, V.A.: The psychology of mathematical abilities in school children. Chicago 1976

Le Maistre, C./Kanevsky, L.: Factor influencing the realization of exceptional mathematical ability in girls: an analysis of the research. In: High Ability Studies 8 (1997), pp. 31-46

Lengnink, K./Peschek, W.: Das Verhältnis von Alltagsdenken und mathematischem Denken als Inhalt mathematischer Bildung. In: Lengnink, K. et al. (Hrsg.): Mathematik und Mensch. Sichtweisen der Allgemeinen Mathematik. Mühltal 2001 (Darmstädter Schriften zur Allgemeinen Wissenschaft, Bd. 2)

Leuders, T. (Hrsg.): Mathematik-Didaktik. Praxishandbuch für die Sekundarstufe I und II. Berlin 2003

Lorenz, J.H. (Hrsg.): Mathematikus 4, Übungsteil. Braunschweig 2006

Lucito, L.J.: Gifted Children. In: Dunn, L.M. (Ed.): Exceptional children in the schools. New York 1964, pp. 179-238

Maier, P.H.: Räumliches Vorstellungsvermögen. Donauwörth 1999

Malle, G.: Begründen. Eine vernachlässigte Tätigkeit im Mathematikunterricht. In: mathematik lehren, Jan. 2002, Nr. 110, S. 4-8

Mason, J. et al.: Hexeneinmaleins: kreativ mathematisch denken. München ³1992 (Übers. aus dem Englischen)

Meer, E. van der: Mathematisch-naturwissenschaftliche Hochbegabung. In: Zeitschrift für Psychologie 193 (1985), H. 3, S. 229-258

Merschmeyer-Brüwer, C.: Raumvorstellungsvermögen entwickeln und fördern. In: Die Grundschulzeitschrift 17 (2003), H. 167, S. 6-10

Michling, H.: Carl Friedrich Gauß. Aus dem Leben des Princeps mathematicorum. Göttingen ³1997

Miller, M.: Kollektive Lernprozesse. Frankfurt a.M. 1986

Mittelstraß, J. (Hrsg.): Enzyklopädie Philosophie und Wissenschaftstheorie, Band 1: A-G, Band 4: Sp-Z. Stuttgart/Weimar 2004

Mönks, F.J.: Ein interaktionales Modell der Hochbegabung. In: Hany, E.A./ Nickel, H. (Hrsg.): Begabung und Hochbegabung. Bern 1992, S. 17-23

Mönks, F.J.: Hochbegabung. In: Grundschule 28 (1996), H. 5, S. 15-17

Mönks, F.J./Ypenburg, J. J.: Unser Kind ist hochbegabt: Ein Leitfaden für Eltern und Lehrer. München/Basel ⁴2005

Müller, H.: Grundtypen des Begründens im Mathematikunterricht. In: Mathematik in der Schule 29 (1991), H. 11, S. 737-745

Niederer, K. et al.: Identification of Mathematically Gifted Children in New Zealand. In: High Ability Studies 14 (2003), No. 1, pp. 71-84

Nolte, M. (Hrsg.): Der Mathe-Treff für Mathe-Fans. Fragen zur Talentsuche im Rahmen eines Forschungs- und Förderprojekts zu besonderen mathematischen Begabungen im Grundschulalter. Hildesheim/ Berlin 2004

O'Boyle, M.W./Benbow, C.P.: Enhanced right hemisphere involvement during cognitive processing may relate to intellectual precocity. In: Neuropsychologia 28 (1990), pp. 211-216

O'Boyle, M.W. et al.: Enhanced right hemisphere activation in the mathematically precocious: A preliminary EEG investigation. In: Brain and Cognition 17 (1991), pp. 138-153

O'Boyle, M.W. et al.: Sex differences, hemispheric laterality and associated brain activity in the intellectually gifted. In: Developmental Neuropsychology 11 (1995), pp. 415-443

Oerter, R./Dreher, M.: Kapitel 13, Entwicklung des Problemlösens. In: Oerter, H./Montada, L. (Hrsg.): Entwicklungspsychologie. Weinheim et al. ⁵2002, S. 469-494

Padberg, F.: Elementare Zahlentheorie. Heidelberg/Berlin ²1996

Padberg, F.: Didaktik der Arithmetik für Lehrerausbildung und Lehrerfortbildung. München ³2005

Perleth, Ch. et al.: Husten Hochbegabte häufiger? Oder: Eignen sich Checklisten für Eltern zur Diagnostik hochbegabter Kinder und Jugendlicher? In: news & science. Begabtenförderung und Begabtenforschung. Sonderheft 2006, S. 27-30

Peter-Koop, A. (Hrsg.): Das besondere Kind im Mathematikunterricht der Grundschule. Offenburg ²2002

Peter-Koop, A./Sorger, P. (Hrsg.): Mathematisch besonders begabte Kinder als schulische Herausforderung. Offenburg 2002

Peter-Koop, A. et al.: Finden und Fördern mathematisch besonders begabter Grundschulkinder. In: Peter-Koop/Sorger 2002, S. 7-30

Peters, W.A.M. et al.: Underachievement in Gifted Children and Adolescents: Theory and Practice. In: Heller et al. 2000, pp. 609-620

Piaget, J./Inhelder, B.: Von der Logik des Kindes zur Logik des Heranwachsenden. Essay über die Ausformung der formalen operativen Strukturen. Stuttgart 1980

Poincaré, H.: Mathematical Creation. In: The Foundations of Science. New York 1913

Pólya, G.: Die Heuristik. Versuch einer vernünftigen Zielsetzung. In: Der Mathematikunterricht (MU) 10 (1964), H. 1, S. 5-15

Pólya, G.: Schule des Denkens. Tübingen ²1967

Pólya, G.: On Solving Mathematical Problems in High School. In: Krulik, S./Reys, R. E.: Problem Solving in School Mathematics, Yearbook – National Council of teachers of mathematics, 1980, p. 1f.

Popper, K. R.: Alles Leben ist Problemlösen. Über Erkenntnis, Geschichte und Politik. München 1994

Preiser, S.: Kreativitätsforschung. Darmstadt 1976

Radatz, H.: Leistungsstarke Grundschüler im Mathematikunterricht fördern. In: Beiträge zum Mathematikunterricht 1995, S. 376-379

Reichle, B.: Hochbegabte Kinder. Weinheim/Basel 2004

Reid, N.A.: Progressive Achievement Test of Mathematics: Teacher's manual. Wellington (New Zealand Council for Educational Research) 1993

Reiss, K.: Beweisen, Begründen und Argumentieren. Wege zu einem diskursiven Mathematikunterricht. In: Beiträge zum Mathematikunterricht 2002, S. 39-46

Reitmann, W. R.: Cognition and thought – an information–processing approach. New York 1965

Renzulli, J.S.: What makes giftedness? Reexamining a definition. In: Phi Delta Kappan 60 (1978), 11, pp. 180-184, 261

Renzulli, J.S.: Eine Erweiterung des Begabungsbegriffs unter Einbeziehung co-kognitiver Merkmale. In: Fischer, Ch. et al.: Curriculum und Didaktik der Begabtenförderung. Begabungen fördern, Lernen individualisieren. Münster 2004, S. 54-82

Roedell, W.C. et al.: Hochbegabung in der Kindheit. Besonders begabte Kinder im Vor- und Grundschulalter. Heidelberg 1989

Rohrmann, S./Rohrmann, T.: Hochbegabte Kinder und Jugendliche. Diagnostik – Förderung – Beratung. München 2005

Rost, D.H.: Raumvorstellung. Weinheim 1977

Rost, D.H.: 1. Kapitel: Grundlagen, Fragestellungen, Methode. In: Rost, D.H. (Hrsg.): Hochbegabte und hochleistende Jugendliche. Neue Ergebnisse aus dem Marburger Hochbegabtenprojekt. Münster 2000, S. 1-91

Rost, D.H./Hanses, P.: Besonders begabt: besonders glücklich, besonders zufrieden? (Zum Selbstkonzept hoch- und durchschnittlich begabter Kinder) In: Zeitschrift für Psychologie 202 (1994), H. 4, S. 379-399

Rost, D.H./Hanses, P.: Wer nichts leistet, ist nicht begabt? Zur Identifikation hochbegabter Underachiever durch Lehrkräfte. In: Zeitschrift für Entwicklungspsychologie und Pädagogische Psychologie 24 (1997), H. 2, S. 167-177

Ryser, G.R./Johnsen, S.K.: TOMAGS Primary. Test of Mathematical Abilities for Gifted Students, Primary Level. Austin (USA) 1998

Schiefele, H./Krapp, A.: Grundzüge einer empirisch-pädagogischen Begabungslehre. Studienhefte zur Erziehungswissenschaft. München 1973

Schmidt, S.: Wissen und Intelligenz beim Fördern mathematisch talentierter Grundschulkinder – oder: Elementarer – inhaltlich gebundener – Variablengebrauch beim Erfassen – und Begründen – von Mustern als Verstärkung der Bearbeitungsmöglichkeiten bereits bei Grundschulkindern. Erscheint 2007 im Band des Bildungskongresses „Individuelle Förderung: Begabungen entfalten – Persönlichkeit entwickeln" (27. - 30.09.06 an der Universität Münster)

Schröder, H.: Grundwortschatz Erziehungswissenschaft. Ein Wörterbuch der Fachbegriffe. München 1992

Schulte zu Berge, S.: Hochbegabte Kinder in der Grundschule. Erkennen – Verstehen – Im Unterricht berücksichtigen. Münster 2005

Schupp, H.: Ein (üb?)erzeugendes Problem. In: Selter, Ch./Walther, G. (Hrsg.): Mathematikdidaktik als design science. Festschrift für Erich Christian Wittmann. Leipzig 1999, S. 188-195

Schupp, H.: Thema mit Variationen oder Aufgabenvariation im Mathematikunterricht. Hildesheim/Berlin 2002

Schwarzkopf, R.: Argumentationsanalysen im Unterricht der frühen Jahrgangsstufen – eigenständiges Schließen mit Ausnahmen. In: Journal für Mathematik-Didaktik 22 (2001), H. 3/4, S. 253-276

Schweizer, K.: Hypothesen zu den biologischen und kognitiven Grundlagen der allgemeinen Intelligenz. In: Zeitschrift für Differentielle und Diagnostische Psychologie 16 (1995), H. 2, S. 67-81

Shapiro, S.: Thinking about mathematics. The philosophy of mathematics. New York 2000

Singer, W.: „In der Bildung gilt: Je früher, desto besser". In: Psychologie Heute, Dez. 1999, S. 60-65

Singh, S.: Fermats letzter Satz. Die abenteuerliche Geschichte eines mathematischen Rätsels. München ⁵2000

Spahn, C.: Wenn die Schule versagt. Vom Leidensweg hochbegabter Kinder. Asendorf 1997

Sternberg, R.J.: Intelligence, information processing and analogical reasoning. Hillsdale 1977

Sternberg, R.J.: Beyond IQ: A triarchic theory of human intelligence. Cambridge 1985

Sternberg, R.J.: Procedures for Identifying Intellectual Potential in the Gifted: A Perspective on Alternative "Metaphors of Mind". In: Heller et al. 1993, pp.185-207

Sternberg, R.J./Davidson, J.E. (Eds.): Conceptions of Giftedness. Cambridge 1986

Thurstone, L.L.: Primary mental abilities. Chicago 1938/1969

Toulmin, S.: Der Gebrauch von Argumenten. Weinheim ²1996 (Übers. aus dem Englischen)

Urban, K.K.: Besondere Begabungen in der Schule. In: Beispiele 14 (1996), H. 1, S. 21-27

Urban, K.K.: Kreativität. Herausforderung für Schule, Wissenschaft und Gesellschaft. Münster 2004

Vernon, P.E.: Ability factors and environmental influences. In: American Psychologist 20 (1965), pp. 723-733

Villiers, M. de: The Role and the Function of Proof in Mathematics. In: Pythagoras 24 (1990), pp. 17-24

Vitanov, T.: Extracurricular Mathematics for Gifted Students (5 th – 8 th Grade). In: Beiträge zum Mathematikunterricht 2001, S. 632-635

Vock, M.: Arbeitsgedächtniskapazität bei Kindern mit durchschnittlicher und hoher Intelligenz. Münster 2004 (Dissertation)

Walsch, W.: Zum Beweisen im Mathematikunterricht. Berlin (Ost) 1975

Weinert, F.E.: Begabung und Lernen. In: Neue Sammlung 40 (2000), H. 3, S. 353-368

Weisberg, R.W.: Creativity Beyond the Myth of Genius. New York 1993

Weth, T.: Kreativität im Mathematikunterricht. Begriffsbildung als kreatives Tun. Hildesheim/Berlin 1999

Whitmore, J.R.: Giftedness, conflict and underachievement. Boston 1980

Wieczerkowski, W. et al.: Die Erfassung mathematischer Begabung über Talentsuchen. In: Zeitschrift für Differentielle und Diagnostische Psychologie 8 (1987), H. 3, S. 217-226

Wieczerkowski, W. et al.: Nurturing Talents/Gifts in Mathematics. In: Heller et al. 2000, pp. 413-425

Wilmot, B.A.: The design, administration, and analysis of an instrument which identifies mathematically gifted students in grades four, five and six. University of Illinois (USA) 1983 (Thesis)

Winter, H.: Argumentieren im Arithmetikunterricht der Primarstufe. In: Beiträge zum Mathematikunterricht 1978, S. 293-295

Winter, H.: Zur Problematik des Beweisbedürfnisses. In: Journal für Mathematik-Didaktik 4(1983), H. 1, S. 59-95

Winter, H.: Entdeckendes Lernen im Mathematikunterricht. Einblick in die Ideengeschichte und ihre Bedeutung für die Pädagogik. Braunschweig [2]1991

Winter, H.: Perspektiven eines kreativen Mathematikunterrichts in der allgemeinbildenden Schule – das Wechselspiel von Gestalt und Zahl als heuristische Leitidee. In: Zimmermann et al. (Hrsg.): Kreatives Denken und Innovationen in mathematischen Wissenschaften, Tagungsband. Jena 1999, S. 213-225

Witelson, S.F. et al.: The exceptional brain of Albert Einstein. In: Lancet 353 (1999), pp. 2149-2153

Wittmann, A.D. et al.: Magnetresonanz-Tomografie des Gehirns von Carl Friedrich Gauß. In: Gauß-Gesellschaft e.V. Göttingen, Mitteilungen Nr. 36. Göttingen 1999, S. 9-19

Wittmann, E.Ch.: Was ist Mathematik und welche pädagogische Bedeutung hat das wohlverstandene Fach auch für den Mathematikunterricht der Grundschule? In: Baum/Wielpütz 2003, S. 18-46

Wittmann, E.Ch./Müller, G.: Wann ist ein Beweis ein Beweis? In: Bender, P. (Hrsg.): Mathematikdidaktik: Theorie und Praxis. Festschrift für Heinrich Winter. Berlin 1988, S. 237-257

Wölpert, H.: Materialien zur Entwicklung von Raumvorstellung im Mathematikunterricht. In: Der Mathematikunterricht (MU) 29 (1983), H. 6, S. 7-42

Ziegler, A./Heller, K.A.: Conceptions of Giftedness from a Meta-Theoretical Perspective. In: Heller et al. 2000, pp. 3-21

Anhang

Transkriptionsregeln

Das Transkript enthält – soweit rekonstruierbar – die verbalen Äußerungen der Beteiligten und erwähnenswerte nonverbale Aktivitäten (diese in eckigen Klammern und kursiv). Am Satzanfang erfolgt keine Großschreibung, Kommata und Punkte werden nur als paralinguistische Zeichen verwendet. Zeitangaben erfolgen nach inhaltlichen Gesichtspunkten (z. B. am Ende der jeweiligen Sequenz) in folgender Form: (31 : 15).

I.   Linguistische Zeichen

(a) Identifizierung des Sprechers

Jakob   Kennzeichnung eines Kindes

(b) Charakterisierung der Äußerungsfolge

Wegen der auftretenden gleichzeitigen bzw. zeitlich leicht verschobenen Äußerungen wird im Bedarfsfalle eine Partiturschreibweise verwendet. Die „Einsätze" stehen dabei in Relation zu den anderen Äußerungen. Die Partiturschreibweise ist durch große eckige Klammern gekennzeichnet.

II.   Paralinguistische Zeichen

(?)   akustisch unverständlich
,   kurzes Absetzen innerhalb einer Äußerung
(.)   kurze Pause (maximal 1 s)
(..)   kurze Pause (maximal 2 s)
(...)   längere Pause (maximal 3 s)

(ns)	Pause mit Angabe der Länge
.	Senken der Stimme am Ende einer Äußerung
-	Stimme bleibt am Ende einer Äußerung in der Schwebe
'	Heben der Stimme am Ende einer Äußerung
<u>falsch</u>	Unterstreichen für auffällige Betonung
<u>37 ist durch</u>	gebrochene Unterstreichung für Dehnung der Wörter

Index